DICTIONNAIRE GÉNÉALOGIQUE

DES

CHEVAUX DE PUR SANG

IMPORTÉS OU NÉS EN FRANCE

ET

LIVRÉS A LA REPRODUCTION

DEPUIS 1800 JUSQU'EN 1865

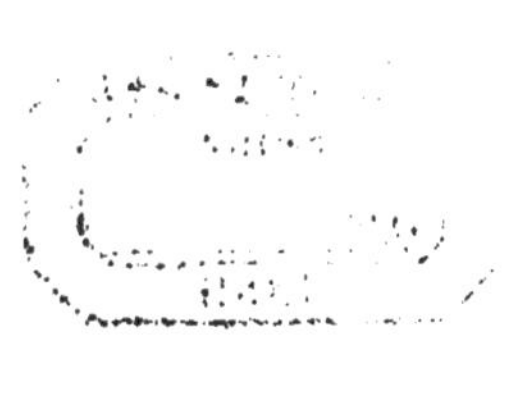

DICTIONNAIRE GÉNÉALOGIQUE

DES

CHEVAUX DE PUR SANG

IMPORTÉS OU NÉS EN FRANCE

ET

LIVRÉS A LA REPRODUCTION

DEPUIS 1800 JUSQU'EN 1865

PAR

TH. PONTET

Chevalier de la Légion d'honneur, Rédacteur du STUD-BOOK FRANÇAIS.

PARIS

IMPRIMERIE ET LIBRAIRIE ADMINISTRATIVES

DE PAUL DUPONT

RUE JEAN-JACQUES-ROUSSEAU, N° 41.

1869

PRÉFACE.

Les questions de sang aujourd'hui sont choses bien comprises dans la reproduction des animaux domestiques. C'est par l'industrie chevaline et par son côté le plus saillant qu'elles ont été introduites, débattues et finalement acceptées par les praticiens de l'élevage. Tout le monde sait, à présent, ce qu'il faut entendre par pur sang, et surtout ce qu'il faut en attendre dans les opérations de zootechnie les mieux conduites.

Lorsqu'on a commencé à parler du pur sang comme d'un moyen puissant d'amélioration des races chevalines, beaucoup se sont élevés contre la doctrine, et les partisans les plus rationnels ou les plus sagaces ont été mis par le grand nombre surpris au ban de ceux qu'on disait les plus expérimentés, les plus savants ou les plus sensés.

Ce n'est plus maintenant qu'une vieille histoire, et pourtant ceci est d'hier encore. Mais la cause a été entendue. L'expérience a prononcé. Le pur sang n'est pas un mot, c'est un principe, c'est la base solide sur laquelle s'appuie, quoi qu'on ait pu dire, toute entreprise sérieuse d'amélioration, du haut en bas de la petite échelle dont chacune des espèces domestiques forme un degré.

Mais quel rôle joue le pur sang dans le fait même de la reproduction ? Voilà ce dont on ne peut se rendre compte au juste que par la publication suivie des livres généalogiques.

Jusqu'ici deux seulement ont été régulièrement établis et méritent créance. Ils jouissent à bon droit d'un immense crédit et rendent les mêmes services à l'élevage universel : le Stud Book des races chevalines pures et le Herd Book spécial à la race bovine de Durham. En dehors de ces deux registres authentiques, il y a eu des livres particuliers à quelques écuries en renom et à quelques troupeaux d'élite, et puis c'est tout : ce n'est point assez. L'insuffisance vient des difficultés du sujet, difficultés très-réelles que l'on surmontera peut-être un jour, si les éleveurs deviennent moins indifférents ou plus judicieux, plus convaincus surtout de l'utilité d'un état civil complet, exact, tenu à jour avec autant de soin et de fidélité qu'on en met à tenir l'état civil des populations humaines.

On reconnaîtra alors combien peu de sujets vraiment supérieurs sont nécessaires au renouvellement des générations qui se succèdent et passent.

Cette découverte, d'un très-grand prix, conduit à n'utiliser à la reproduction que les animaux hors ligne, les plus capables, et à les y employer dans toute la mesure de leurs facultés. A cela, en effet, il y a deux avantages : exclure les médiocres et réduire aux limites strictement nécessaires l'entretien des mieux doués, en les conservant le plus possible à l'œuvre double qu'ils remplissent, la conservation de la race pure dans ses qualités les plus hautes et l'amélioration des races inférieures.

Compulsez le Stud Book et le Herd Book, et vous y verrez que les reproducteurs qui ont le plus marqué en donnant les produits les meilleurs et aussi les plus nombreux, sont précisément ceux dont la longévité a été la plus grande.

Voilà un premier enseignement bien précieux au point de vue général que les livres généalogiques pouvaient donner d'une façon indiscutable.

L'autre fait résultera de l'examen statistique de ce dictionnaire.

De 1800 à 1865, il y a déjà plus d'un demi-siècle : soixante et quelques années commencent à compter dans l'existence d'une race, et surtout dans le travail d'amélioration qu'elle a charge d'accomplir. Bornons-nous à mettre en tête de ce recueil de noms les nombres qu'ils représentent, en distinguant les sources auxquelles a été puisé le pur sang, en disant aussi en quelle puissance d'action les mieux doués ont été appliqués, hors de chez eux, à la conquête définitive du principe même du pur sang.

Les familles orientales et la race anglaise étaient les seules sources où l'on pût aller prendre des types supérieurs de reproduction. L'alliance entre elles de ces diverses tribus a formé une troisième branche qui a subsidiairement fourni son contingent. Le tableau qui suit donne des chiffres certains pour la période indiquée de 1800 à 1865.

	Race anglaise.	Race orientale.	Famille anglo-arabe.	TOTAUX.
Étalons et poulinières importés par l'État ou nés dans ses haras . . .	515	289	292	1096
Étalons et poulinières importés par les particuliers ou nés dans leurs établissements	3016	336	442	3794
TOTAUX. . . .	3531	625	734	4890
Le dernier chiffre se décompose comme ci-après				
Étalons	1009	403	246	1658
Poulinières.	2522	222	488	3232

Ainsi, 1,658 étalons seulement ont été appliqués en France depuis soixante-cinq ans, soit à la reproduction de la race pure, soit à verser le pur sang dans les diverses familles chevalines indigènes qui pouvaient le réclamer à dose plus ou moins haute.

Voilà qui ouvre un vaste champ aux recherches pratiques. Il suffit de cette simple indication pour montrer que l'utilité de ce dictionnaire ne s'arrête pas à la production du pur sang, mais qu'elle s'étend à toute la reproduction par le pur sang et ses nombreux dérivés à tous les degrés.

C'est là, sans doute, ce qu'il importait de mettre en relief.

La grande pratique de l'élevage ne doit rester indifférente à la publication d'aucun livre généalogique.

RÉSUMÉ STATISTIQUE

DES CHEVAUX DE RACE PURE

IMPORTÉS OU NÉS EN FRANCE

ET LIVRÉS A LA REPRODUCTION

DE

1800 A 1865

RACE ANGLAISE.

Étalons importés par les haras.	192	276
Id. par les particuliers. . .	84	
Étalons nés dans les haras	97	733
Id. chez les particuliers. . . .	636	
		1,009

POULINIÈRES ANGLAISES.

Poulinières importées par les haras . . .	45	619
Id. par les particuliers.	574	
Poulinières nées dans les haras.	181	1,903
Id. chez les particuliers. .	1722	
		2,522

FAMILLE ANGLO-ARABE.

Étalons nés dans les haras	147	246
Id. chez les particuliers. . . .	99	
Poulinières nées dans les haras	145	488
Id. chez les particuliers. .	343	
		734

RACE ORIENTALE.

Étalons importés par les haras.	125	306
Id. par les particuliers . .	181	
Étalons nés dans les haras	64	97
Id. chez les particuliers. . .	33	
		403

POULINIÈRES ORIENTALES.

Poulinières importées par les haras . . .	28	80
Id. par les particuliers.	52	
Poulinières nées dans les haras.	72	142
Id. chez les particuliers . .	70	
		222

RÉCAPITULATION.

Étalons anglais.	1,009	
— anglo-arabes	246	1,658
— orientaux.	403	
Poulinières anglaises	2,522	
— anglo-arabes. . . .	488	3,232
— orientales	222	
	Total.	4,890

Nota. Les astérisques placés devant les noms indiquent :
1° * Chevaux importés par l'industrie particulière.
2° ** Chevaux importés par l'Administration des Haras.

EXPLICATION DES ABRÉVIATIONS.

H. . . . . Né dans les haras.
Al. . . . . Alezan.
B. . . . . Bai.
Bb. . . . . Bai brun.
Bl. . . . . Blanc.
G. . . . . Gris.
Gb . . . . Gris blanc.
Nr . . . . Noir.
N. M. T. . . . . Noir mal teint.
R. . . . . Rouan.
An . . . . Anglais.
An.Ar. . . . . Anglo-arabe.
Ar . . . . Arabe.

G. . . . . Sa grand'mère.
G.G. . . . . Sa grand'grand'mère.
G.G.G. . . . . Sa grand'grand'grand'mère.

ÉTALONS ANGLAIS

A

Année de la naissance.	Robe.		Année de l'importation.
''1833.	B.	*A*..., par Voltaire et Schedule, par Octavian. . .	1837
' 1836.	N.	*Abraham-Cowley*, par Jerry et Eleanor, par Comus.	
**1820.	B.	*Abron*, par Whisker et Altisidora, par Dick Andrews	1828
1854.	B.	*Accroche-Cœur*, par Malton et Jocaste, par Deucalion	
1851.	B.	*Achille* (Voyez *Gladiator Young).*	
''1807.	B.	*Ad Libitum*, par Whisker et Sea Fowl, par Woodpecker	1817
1848.	B.	*Adolpho*, par Polecat et Ablette, par Agreeable.	
1839.	B.	*Adolphus*, par Royal Oak et Anna, par Godolphin.	
1857.	Bb.	*Adrien*, par Polecat et Adrienne, par Napoleon.	
''1830.	B.	*Ægyptus*, par Centaur et Pastille, par Rubens. .	1834

Année de la naissance.	Robe.		Année de l'importation.
1858.	Bb.	*Agamemnon*, par Ion et Queen of the May, par Sir Hercules.	
1854.	B.	*Agricole*, par Archy et Landrail, par Sir Hercules.	
1849.	B.	*Aguila*, par Gladiator et Cassandra, par Priam.	
1858.	Al.	*Ainsi-soit-il*, par Weathergage et The Empress, par Defence.	
1839.	Al.	*Ajax*, par Javan et Félicia, par Rainbow.	
1835.	Al.	*Aladin*, par Buzzard et The Shrew, par Master Henry.	
1843.	B.	*Alaric*, par Rowlston et Hornet, par Partisan.	
1837.	Bb.	*Albatros*, par Cadland et Almaïda, par Tigris.	
1844.	B.	*Albert*, par Ali-Baba et Grisi, par Petworth.	
1849.	B.	*Albion*, par Caravan et Olinga (ex *Illusion)*, par Napoleon.	
1855.	B.	*Alcaston*, par Garry Owen et Castagnette (ex *Castanette*), par Lanercost.	
1830.	..	*Alcibiade*, par Harry et Fair-Helen, par Crécy.	
1852.	N.	*Alcide*, par Nunnykirk et Tanaïs, par Terror.	
··1816.	Bb.	*Aldford*, par Pavillon et Olive Branch, par Sir Peter	1822
H1837.	B.	*Alexander* (H. I. du Pin), par Cadland et Cloton, par Eastham.	
··1821.	B.	*Alfred*, par Filho Da Puta et Staweley Lass, par Shuttle ou Hambletonian	1828
H1833.	B.	*Algerien* (H. I. du Pin), par Captain Candid et Tigresse, par Tigris.	
1856.	B.	*Ali*, par Débardeur et Flavia, par Ali-Baba.	
H1834.	B.	*Ali-Baba* (H. I. du Pin), par Holbein et Cloton, par Eastham.	
1843.	B.	*Aliboron*, par Alteruter et Anna, par Godolphin.	
H1835.	Al.	*Allegro* (H. I. de Rosières), par Belmont et Caracolle, par Doge of Venice.	
1852.	B.	*Allez-y-gaîment*, par The Emperor et Francesca, par Cadland ou Royal Oak.	
··1826.	G.	*Allington*, par Gustavus et Canvas, par Rubens.	1833
1849.	Al.	*Alpha*, par Caravan et Emeraude, par Lutzen. .	
··1831.	Bb.	*Alteruter*, par Lottery ou Figaro et Orville Mare, par Orville.	1836

Année de la naissance.	Robe.		Année de l'importation
H1830.	..	*Amadis* (H. I. du Pin), par Easlham et Canvas, par Rubens.	
1848.	..	*Amalfi*, par Gladiator ou Y. Emilius et Tarantella, par Tramp.	
1839.	Al.	*Ambassadeur*, par Plenipotentiary et Merlin Mare, par Merlin.	
1859.	B.	*Amiral II*, par Napier et Mademoiselle Dangeville, par Ali-Baba.	
''1860.	B.	*Anaticulas*, par Neville et Wild Duck, par Pompey.	1864
' 1846.	B.	*Andalusian*, par Liverpool Junior et Myrrha, par Whalebone	1852
''1830.	Al.	*Anglesea*, par Sultan et Mona, par Partisan. . .	1837
1839.	B.	*Angora*, par Lottery et y Mouse, par Godolphin.	
1858.	Bb.	*Angus*, par Castor et Nicotine, par Sting.	
1843.	B.	*A Parté*, par Royal Oak et Ada, par Captain Candid.	
H1849.	B.	*Aramis* (H. I. du Pin), par Royal Oak et Chimère, par Holbein.	
1859.	B.	*Argos*, par Papillon et Tyne, par Ali Baba	
1852.	B.	*Argus*, par Ionian et Olga, par Premium.	
1858.	B.	*Artaban*, par Couceron et Satisfaction, par Renonce.	
1850.	B.	*Artenay* (ex *Embonpoint*), par Polecat et Camélia, par Camel.	
''1842.	Bb.	*Arthur*, par Dick et Susan, par Mango.	1848
' 1848.	B.	*Artisan*, par Lanercost et Skilful, par Partisan.	1854
1859.	B.	*Arundel*, par Sting et Albione, par Y. Emilius.	
1838.	B.	*Arwed*, par Hercule *(France)*, et Queen Mab, par Pioneer.	
1854.	B.	*Arwed*, par Sting et Azora, par Voltaire.	
''1835.	Bb.	*Ascot*, par Gaberlunzie et Ida, par Whalebone.	1840
1834.	B.	*Ashaverus*, par Rowlston et Manœuvre, par Rubens.	
''1837.	B.	*Assassin*, par Taurus et Sneaker, par Camel. . .	1845
' 1845.	B.	*Assault*, par Touchstone et Ghuznee, par Pantaloon	1851
1852.	B.	*Assur*, par Gladiator et Victoria, par Royal Oak.	

Année de la naissance	Robe		Année de l'importation
1846.	Al.	*Astre*, par Ali Baba et Stella, par Count Porro.	
n1830.	Al.	*Athol* (H. I. de Rosières), par General Mina et Vandyke Junior Mare, par Vandyke Junior.	
1853.	B.	*Athos*, par Schamyl et Cochlea, par Mameluke.	
*1818.	B.	*Atom*, par Phantom et Mite, par Meteor. . . .	. . . .
n1838.	Bb.	*Attila* (H. I. du Pin), par Terror et Juliette, par Mustachio.	
**1839.	Bb.	*Auckland*, par Touchstone et Maid of Honor, par Champion.	1852
1837.	B.	*Auriol*, par Royal Oak et Burlesque, par Blucher.	
1853.	B.	*Aviceps*, par Irish-Birdcatcher et Maid of Hart, par The Prevost.	
1853.	Al.	*Avron*, par Nuncio et Coquette, par Mr Wags.	

B

1847.	Bb.	*Babiega*, par Attila et Essler, par Cadland.	
1849.	B.	*Backgammon*, par Prince Caradoc et Pauletta, par Prospero.	
1849.	B.	*Badpay*, par Caravan et Miss Rainbow, par Rainbow.	
1856.	B.	*Bakaloum*, par The Baron ou Ion et Sérénade (ex *Posthume*), par Royal Oak.	
**1839.	Bb.	*Ballinkeele*, par Irich Birdcatcher et Perdita, par Langar.	1850
1847.	Al.	*Bambo* (*Young*). (Voyez *Scarborough*.)	
**1848.	Al.	*Ban* (*The*), par Don John et Y. Defiance, par Saracen	1852
**1823.	Al.	*Barelegs*, par Tramp et Anticipation, par Beninbrough.	1828
1850.	B.	*Barnabé*, par Fitz Emilius et Bella Dona, par Harlequin.	
**1842.	Al.	*Baron* (*The*), par Irish Birdcatcher et Echidna, par Economist.	1849
1857.	B.	*Baron*, par Lancercost et Baroness, par The Baron.	

Année de la naissance.	Robe.		Année de l'importation
1856.	Bb.	*Barter* (Voyez *Mandarin*).	
1844.	B.	*Bataclan*, par Lanercost et Bassinoire, par Emilius.	
1849.	Bb.	*Beaucens*, par Sting et Ecola, par Bay Middleton.	
1844.	B.	*Beau-Coq*, par Napoleon et Miss Ann, par Filho da Puta.	
1858.	Bb.	*Beau-Sire*, par Womersley et Barricade, par Commodor Napier.	
1857.	Bb.	*Beauvais*, par Elthiron et Wirthschaft, par Gigès.	
* 1847.	Al.	*Bedford*, par California (Brother to Riddlesworth) et The Colonel Marc, par The Colonel	1853
**1834.	Bb.	*Bedlamite* (*Young*), par Bedlamite et Jenny, par Whalebone.	1834
**1835.	B.	*Beggarman*, par Zinganee et Adeline, par Soothsayer	1841
1844.	B.	*Beggarman* (*Young*), par Beggarman et Victoire, par Napoleon.	
1847.	B.	*Bélisaire*, par Y Emilius et Emilina, par Emilius.	
**1819.	Bb.	*Belmont*, par Thunderbolt et Fanina, par Sir Salomon	1831
1857.	Al.	*Belus*, par Napier et Mademoiselle de Brie, par Ali-Baba.	
1852.	B.	*Bengali*, par Premier-Août et Fanny, par Y. Emilius.	
* 1808.	Bb.	*Ben Novis*, par Paynator et Miss Topping, par Coriander	1823
1850.	B.	*Berbery*, par Monsieur d'Ecoville et Pointe-à-Pitre, par Ali-Baba.	
H1844.	B.	*Berenger* (H. I. du Pin), par Y. Emilius et Cloton, par Eastham.	
1856.	Al.	*Bethleem*, par Gladiator et Pauline, par Volcano.	
1852.	B.	*Biberon*, par The Emperor et Xenodice, par Commodor Napier.	
**1811.	B.	*Bijou*, par Orville et Dungannon mare, par Dungannon.	1818
**1849.	B.	*Birdcatcher* (*Young*), par Irish Birdcatcher et Flower of the Tees, par Langar.	1853

Année de la naissance.	Robe.		Année de l'importation.
H1833.	B.	*Biron* (H. I. du Pin), par Captain Candid et Hélène, par Eastham.	
1856.	Bb.	*Bissextile*, par Malton et Sylvandire, par Terror.	
**1820.	Bb.	*Bizarre*, par Orville et Bizarre, par Peruvian. .	1840
1853.	Bb.	*Black-Brown*, par Nunnykirk et Tanaïs, par Terror.	
1838.	N.	*Black-Domino*, par Y. Reveller et Don Cossack Mare, par Don Cossack.	
1856.	Al.	*Black-Eyes*, par Malton et Rosabelle, par Terror ou Premium.	
1855.	Al.	*Bois-Robert*, par Elthiron et Coquette, par Mr Wags.	
1861.	B.	*Bois-Roussel*, par The Nabob et Agar, par Sting.	
H1844.	B.	*Bolero* (H. I. du Pin), par Y. Emilius et Doris, par Terror.	
H1833.	B.	*Boleslas* (H. I. du Pin), par Eastham et Thalie, par Tigris.	
1826.	Al.	*Bolivar*, par Tooley et Hirondelle, par Gohanna.	
1852.	Al.	*Bonbon*, par Garry-Owen et Couette, par Paillasse.	
**1831.	Al.	*Bon-Ton*, par Phantom et Miss Kim, par Skim.	1838
1858.	B.	*Bon-Vivant*, par Sting et Lora, par Garry Owen.	
1854.	B.	*Bon-Voyage*, par Malton et Fringante, par Terror.	
1837.	Al.	*Borodino*, par Glaucus et Meliora, par Tramp.	
*1821.	B.	*Borysthènes*, par Smolensko et Shuttle mare, par Shuttle.	
1849.	B.	*Bougeoir*, par Y. Emilius et Belvidère, par Actoeon.	
1856.	B.	*Bourreau*, par Assassin et Lantara, par Fitz Emilius.	
1849.	Al.	*Boxeur*, par Gladiator et Retamosa, par Reveller.	
*1836.	B.	*Brabant*, par Lapdog et Beguine, par Waxy Pope.	1843
1853.	Bb.	*Brandy face* (*Young*), par Brandy face et Jane, par Deucalion.	
1844.	Bb.	*Brandy face*, par Inheritor et Tiffany, par Jerry.	1850

Année de la naissance.	Robe.		Année de l'importation.
1854.	B.	*Bravo*, par Sylvio et Belle-de-Nuit, par Y. Emilius.	
1860.	B.	*Brennus*, par Morok et Potence, par Assassin.	
1851.	Al.	*Bretignolles*, par Caravan et Margaret, par Gigès.	
**1822.	B.	*Brigand*, par X. Y. Z. et Pipator mare, par Pipator.	1826
H1834.	Al.	*Brighton* (H. I. de Rosières), par General Mina et Vanity, par Doge of Venice.	
1852.	Al.	*Brimstone*, par Cotherstone et Allumette, par Taurus.	
1852.	B.	*Brin-d'Amour*, par Commodor Napier et Miss Exile, par Exile.	
1852.	B.	*Bristol*, par Y. Emilius et Nautila, par Nautilus.	
**1843.	Bb.	*Brocardo*, par Touchstone et Brocade, par Pantaloon.	1848
**1833.	Bb.	*Brooklan*, par Filho da Puta et Nell Gwynne, par Tramp.	1839
1833.	B.	*Brougham*, par Captain Candid et Coral, par Orville.	
1848.	B.	*Brutus*, par Beggarman et Lady Albert, par Langar.	
1857.	Bb.	*Bucephalus*, par Y. Gladiator et Bougie, par Marcellus.	
**1849.	B.	*Buckthorn*, par Venison et Zelia, par Emilius. .	1855
1859.	Al.	*Buzet*, par Lamartine et Diletta, par Y. Emilius.	
1854.	Al.	*Buzzard*, par Napier et Teresina, par Jereed.	

C.

1858.	Al.	*Cadet-Roussel*, par Napier et Camelia, par Vendredi.	
1841.	B.	*Cadichon*, par Tetotum et Medea, par Truffle.	
**1825.	Bb.	*Cadland*, par Andrew et Sorcery, par Sorcerer .	1834
1847.	B.	*Caen*, par Mr Wags et Destiny, par Centaur.	

Année de la naissance.	Robe.		Année de l'importation.
1855.	Al.	*Cagliostro,* par Nunnykirk et Fair Helen, par Priam.	
**1846.	B.	*Calderstone*, par Touchstone et Caroline, par Whisker.	1851
1840.	B.	*Caméléon,* par Camel et Christobel, par Woful.	
**1808.	Al.	*Camerton*, par Hambletonian et Precipate mare, par Precipitate.	1818
1855.	B.	*Candide* (ex- *Sébastopol*), par Richmond et Candida, par Prospectus.	
**1840.	Al.	*Canton,* par Caïn et Bustard mare, par Bustard (Castrel).	1845
1854.	B.	*Capdevielle* (ex- *Whisker*), par Sting et Bella Dona, par Harlequin.	
1856.	Bb.	*Capéra*, par Sting et Lady Maud, par Ionian.	
1840.	B.	*Capharnaüm*, par Touchstone et Sweetlips, par Emilius.	
1856.	B.	*Caporal*, par Guignolet et Nicotine, par Jocko.	
1842.	B.	*Caprice*, par Mazaniello et Miss Blunt, par Camel.	
**1813.	B.	*Captain Candid*, par Cerberus et Mandane, par Pot8o's.	1825
1849.	Al.	*Captain Rous* (ex- *Zegry*), par Gladiator et Georgina, par Rainbow.	
**1827.	B.	*Captive*, par Cervantes et Shoveler, par Scud. .	1831
u1838.	B.	*Caramba* (H. I. du Pin), par The Colonel et Y. Espagnolle, par Partisan.	
*1834.	Bb.	*Caravan*, par Camel et Vings, par The Flyer. .	1842
1850.	B.	*Caravan* (*Young*), par Caravan et Olinga (ex *Illusion*), par Napoleon.	
**1817.	B.	*Carbon*, par Waxy et Charcoal, par Sir Peter. .	1828
1844.	Bb.	*Carhaix*, par Franck et Marionnette, par Sylvio.	
1846.	Bb.	*Carhaix* (*Young*), par Carhaix et Midsummer, par Filho da Puta.	
1852.	B.	*Carnaval*, par Ballinkeele et Zille, par Friedland.	
1852.	B.	*Cartouche*, par Nunnykirk et Nelly, par Terror.	
1828.	B.	*Caspian* (Voy. *Crispin*).	
1847.	Bb.	*Casse-Cou*, par Napoleon et Bride of Abydos, par Belzoni.	

Année de la naissance.	Robe.		Année de l'importation.
1850.	B.	*Cassique*, par Y Emilius et Cassica, par Touchstone.	
**1840.	B.	*Castor (The)*, par Emilius et Castaside, par Mameluke ou Camel.	1855
1849.	Bb.	*Castor*, par Caravan et Pétronille, par Emancipation.	
*1840.	B.	*Cataract*, par Hornsea et Oxygen, par Emilius.	1851
H1830.	B.	*Caton* (H. I. du Pin), par Tigris et Eléonore, par Dick Andrews.	
*1859.	Bb.	*Cat's Paw*, par Paymaster et Sybil, par The Prevost.	1863
1838.	Bb.	*Cedar*, par Terror et Burlesque, par Blucher.	
1827.	B.	*Cederic*. par Captain Candid et Priestess, par Vandyke junior.	
1840.	B.	*Céladon*, par Lottery et Manille, par Orville	
1857.	Al.	*Cellarius*, par The Baron et Erycina, par Saint-Martin.	
1841.	B.	*Cerf-Volant*, par Royal Oak et Ada, par Whisker.	
1840.	Al.	*Chactas*, par Mameluke et Noémi, par Tigris.	
1856.	B.	*Chalusset*, par Ionian et Prétendante, par Fra Diavolo.	
**1833.	Bb.	*Chance*, par Lottery et Smolensko mare, par Smolensko.	1837
1855.	B.	*Charlatan*, par Caravan et Lady Charlotte, par Reveller.	
1856.	Al.	*Charles-le-Téméraire*, par The Baron et Plenipotentiary mare, par Plenipotentiary.	
*1825.	B.	*Charon*, par Woful et Charcoal, par sir Peter. .	1828
1860.	B.	*Chat-Botté* (ex- *Pussin Bouts*), par Marsyas et Whril, par Alarm.	
1846.	B.	*Chatelain*, par Napoleon et Danaé, par Terror.	
H1835.	B.	*Chatterton* (H. I. du Pin), par Captain Candid et Fair Forester, par Agricola.	
**1844.	Al.	*Chesterfield junior*, par Chesterfield (frère de Crucifix) et Glaucus mare, par Glaucus	1849
1836.	B.	*Chip of the Old Block*, par Royal Oak et Maria, par Walton.	
1848.	Al.	*Chulo*, par Pigeon et Victoria.	

Année de la naissance	Robe.		Année de l'importation.
*1820.	Bb.	*Cinder*, par Woful et Charcoal, par Sir Peter. .	....
*1828.	B.	*Clarion*, par Catton et Henrietta, par Sir Salomon.	1834
*1819.	B.	*Claude*, par Haphazard et Landscape, par Rubens.	1825
**1798.	Bb.	*Clayton*, par Overton et Matchem mare, par Matchem.	1815
1852.	Ro.	*Clovis*, par Tipple Cider et Danaïde, par Ægyptus.	
1843.	B.	*Club Stick*, par Royal Oak et Vesper, par Merlin.	
1836.	G.	*Coalition*, par Rouncival et Vanessa, par Guliver.	
*1850.	Al.	*Cobnut*, par Nutwith et Glenara, par Sultan. . .	1864
1850.	B.	*Cœur-de-Chêne* (ex- *Hanneton*, ex- *Oak*), par Polecat et Feuille-de-Chêne, par Royal Oak.	
1856.	Al.	*Colbert*, par The Baron et Holbein Filly, par M. Wags.	
**1843.	Bb.	*Colingwood*, par Sheet Anchor et Kalmia, par Magistrate	1855
1854.	B.	*Colomban* (Voy. *Coradin*).	
1849.	B.	*Colonel Peel*, par Ionian et Flora par Partisan.	
1844.	B.	*Colonel Peel*, par M. Wags et Silhouette, par Paradox.	
1837.	B.	*Colwick* (*Young*), par Colwick et Frantic, par Partisan.	
H1835.	B.	*Comminges* (H. I. du Pin), par Captain-Candid et Hélène, par Eastham.	
1841.	B.	*Commodor Napior*, par Royal Oak et Flighty, par Y. Phantom,	
1848.	B.	*Compère*, par Ali-Baba ou Beggarman et Sylvie, par Sylvio.	
1858.	Al.	*Compiègne*, par Fitz-Gladiator et Maid of Hart, par The Provost.	
1853.	Al.	*Comte Ory (le)*, par The baron et Cassica, par Touchstone.	
*1843.	B.	*Comus*, par Chesnut Comus et une fille de Tramper.	
H1841.	Al.	*Conjecture* (H. I. du Pin), par Y. Emilius et Fair Forster, par Agricola ou Egremont.	

Année de la naissance.	Robe.		Année de l'importation.
1859.	Al.	*Connetable,* par Loadstone et Warplot, par Pyrrhus the First.	
**1848.	Bb.	*Constellation*, par Lanercost et Moonbeam, par Tomboy.	1852
**1829.	Al.	*Copper Captain*, par Bobadil et Cervantes mare, par Cervantes	1835
1841.	B.	*Coq-à-l'Ane*, par Ibrahim (Sultan) et Vittoria, par Milton.	
1854.	B.	*Coradin* (ex- *Colomban*), par Garry Owen et Coqueluche, par Royal Oak.	
1848.	B.	*Corazon*, par Swinton et Duet, par Mambrino.	
1860.	B.	*Coriolan*, par Tragedian et Lady Tartufe, par Ion.	
**1804.	B.	*Coriolanus*, par Gohanna Shysweeper, par Highflyer.	1818
1855.	B.	*Corpus Juris*, par The Baron et Quiz, par Hercule (Rainbow).	
1848.	Bb.	*Cossack*, par Camel et Frisure, par Stockport. .	
* 1844.	Al.	*Cossack* (*The*), par Hetman Platoff Joannina, par Priam	1856
1845.	Al.	*Coueron*, par Caravan et Penance, par Emilius.	
**1833.	Bb.	*Count d'Orsay*, par Doctor Faustus et Prime Minster mare, par Prime Minster	1836
1855.	Al.	*Coup-d'Essai*, par The Ban et Désespérée, par Maroon ou Morotto.	
1851.	Al.	*Coustranville*, par Gladiator et Bee's Wing, par Doctor Syntax.	
**1848.	Bb.	*Craven*, par Giraffe et Mab, par Duncan Grey. .	1851
H1844.	B.	*Creps* (H. I. du Pin), par Lottery et Whalebona (Gipsy), par Wgalebone.	
**1828.	B.	*Crispin* (ex- *Caspian*), par Lottery et Occana, par Cerberus.	1835
1841.	B.	*Crispin* (*Young*), par Crispin et Grenada, par Muley.	
1847.	Bb.	*Croissant*, par Caravan et Discrète, par Eastham.	
1842.	Bb.	*Croque-en-Bouche*, par Lottery et Margarita, par Royal Oak.	

Année de la naissance.	Robe.		Année de l'importation
1849.	Bb.	*Cupidon*, par Nelson et Vesper, par Merlin.	
1840.	Bb.	*Curé de Silly*, par Ibrahim et Anne of Geierestein, par Caton.	

D

Année de la naissance.	Robe.		Année de l'importation
1845.	Al.	*Dacia*, par Gladiator et Polyxena, par Priam.	
H1834.	B.	*Dandolo* (H. I. du Pin), par Holbein et Pamela, par Tigris.	
**1838.	Al.	*Dangerous*, par Tramp et Defiance, par Rubens .	1836
1854.	Al.	*Daniel*, par Ballinkeele et Jessica, par Bizarre.	
H1833.	Al.	*Dardanus* (H. I. du Pin), par Tigris et Evelina, par Orville.	
1857.	B.	*Dardanus*, par Stronbow et Phrygia, par Phlegon.	
1857.	B.	*Darius*, par Strongbow et Clematite, par Quoniam.	
1839.	G.	*Dark* (Voyez *Dash*).	
**1829.	Bb.	*Darlingtou*, prr Cleveland et Eoïna, par Haphazard.	1835
1853.	B.	*Dartagnan*, par Schamyl et Clara Fontaine, par Royal Oak.	
1839.	G.	*Dash* (ex- *Dark*), par Ibrahim (Sultan) et Eglé, par Rainbow.	
1848.	B.	*Dash*, par Polecat et Aline, par Ali-Baba.	
1848.	B.	*Débardeur*, par Y. Emilius et Dona Pilar, par Royal Oak.	
1856.	B.	*Debout*, par Ionian et Felonie, par Physician.	
*1853.	B.	*De Ginkel*, par de Ruyter et Birdcatcher mare, par Birdcather.	1857
1848.	Al.	*Delegate*, par Nuncio et Loïsa, par Harlequin.	
**1840.	Al.	*Delphi*, par Elis et Albania, par Sultan.	1842
1854.	B.	*Derviche*, par Sting et Deer Filly, par Fitz Emilius.	

Année de la naissance.	Robe.		Année de l'importation.
1857.	B.	*Désiré*, par Ethelwolf et Bassilca, par Y. Emilius.	
1828.	B.	*Deucalion*, par Trance et Reading Lass, par Orville.	
1858.	B.	*Diable-au-Corps*, par Pédagogue et Scythia, par Hetman Platoff.	
1847.	B.	*Diamant*, par Beggarman et Rubis, par Sylvio.	
**1792.	Bb.	*Diamant*, par Highflyer et Matchem mare, par Matchem.	1818
**1831.	B.	*Dick*, par Lamplighter et Blue Stockings, par Popingay	1836
1857.	B.	*Dick*, par Buckthorn et Fenella, par Schamyl.	
**1813.	Al.	*D. I. O.*, par Whitworth et Hambletonian mare, par Hambletonian	1818
**1852.	Bb.	*Dirk-Hatteraick*, par Van Tromp et Blue Bonnet, pas Touchstone	1855
H1840.	B.	*Djinn* (H. I. du Pin), par Spectre et Worry, par Weful.	
**1818.	Al.	*Doge of Venice*, par Sir Oliver et Maid of Lorn, par Castrel.	1825
*1818.	Bb.	*Dominechino*, par Vandyke Junior et July, par Waxy	1828
H1835.	B.	*Don Juan* (H.-I. du Pin), par Captain Candid et Mouche, par Eastham.	
1849.	Al.	*Don Juan*, par Skirmisher et Chercheuse d'Esprit, par Tigris.	
H1835.	B.	*Don Quichotte* (H.-I. du Pin), par Sylvio et Moïna, par Tigris.	
1848.	B.	*Drinn*, par Mr Wags et Destiny, par Centaur.	
1841.	B.	*Driver*, par Crispin et Vénus, par Smolensko.	
1851.	B.	*Duc de Richelieu* (ex- *Noël*), par Caravan et Midsummer, par Filho da Puta.	
*1853.	B.	*Duffer*, par Flatcacher et Restoration, par Recovery.	1862
1852.	B.	*Duguesclin*, par Caravan et Midsummer, par Filho da Puta.	
1845.	B.	*Dumnacus*, par Napoleon et Danaë, par Terror.	

E

Année de la naissance.	Robe.		Année de l'importation.
**1818.	Bb.	*Eastham*, par sir Oliver et Cowslip, par Alexander.	1825
H1829.	Al.	*Eastham (Young)* (H. I. du Pin), par Eastham et Canvas, par Rubens.	
*1805.	Bb.	*Easton*, par Stamford et Rupee, par Coriander.	1823
1849.	B.	*Eclair*, par Worthless et Bella-Dona, par Harlequin.	
1853.	B.	*Eclaireur*, par Mr Wags et Lanterne, par Hercule (*Rainbow*.).	
1840.	B.	*Edgard*, par Tetotum et Vénus, par Smolensko.	
**1824.	Bb.	*Edmund*, par Orville et Emmeline, par Waxy . .	1835
1840.	Bb.	*Edwin*, par Royal Oak et Beguine, par Waxy Pope.	
1829.	Al.	*Egbert*, par Trance et Rebecca (ex- *Miss Stephens*), par Eagle.	
**1815.	Al.	*Egremont*, par Skiddaw et sir Peter mare, par sir Peter.	1819
1848.	B.	*Electrique*, par Y. Emilius et Kermesse, par Camel.	
**1820.	B.	*Electrometer*, par Thunderbolt et Pearl, par sir Peter.	1828
H1839.	B.	*Eliezer* (H. I. du Pin), par Lottery et Rachel, par Whalebone.	
**1846.	B.	*Elthiron*, par Pantaloon et Phyrne, par Touchstone.	1852
1850.	B.	*Embonpoint* (Voyez *Artenay*).	
H1847.	B.	*Emilien* (H. I. du Pin), par Royal Oak et Corysandre, par Holbein.	
1831.	B.	*Emilius*, par Frogmore et Lady, par Seymour.	
1854.	B.	*Emilius*, par Marly et Fanny, par Y. Emilius.	
**1828.	B.	*Emilius* (*Young*), par Emilius et Cobweb, par Phantom	1831
**1827.	B.	*Emilius* (*Young*), par Emilius et Sal, par Scud.	1832

Année de la naissance.	Robe		Année de l'importation.
1851.	Al.	*Empereur*, par Caravan et Creusa, par Priam.	
**1841.	Al.	*Emperor* (*The*) par Defence et Reveller mare, par Reveller.	1850
1856.	Al.	*Empire*, par The Baron et Annetta, par Ibrahim (*Sultan*).	
**1822.	Al.	*Enamel*, par Phantom et Miniature, par Rubens.	1831
1859.	B.	*En avant*, par Sting et Deer Chase, par Venison.	
1849.	B.	*Eperon*, par Sting et The Maid of Fez, par Muley-Moloch.	
1850.	B.	*Épervier*, par Caravan et Emilia, par Y. Emilius.	
1840.	B.	*Ésaü*, par Royal-Oak et Creusa, par Priam.	
1843.	Al.	*Escobar*, par Fang et Lunacy, par Blacklock.	
1848.	B.	*Espérance*, par Gladiator et Nativa (ex-*Lanterne*), par Royal Oak.	
1853.	Bb.	*Esteemed-Friend* (Voyez le *Monsieur*).	
**1849.	Bb.	*Ethelwolf*, par Faugh a Ballagh et Espoir, par Liverpool	1855
H1847.	B.	*Eugène* (H. I. du Pin), par Royal Oak et Pecora, par Sylvio.	
*1850.	Al.	*Eulogist*, par Irish Birdcatcher et Eulogy, par Euclid	1854
1857.	B.	*Euphrosion*, par Ion et Euphrosine, par Erymus ou Commodor.	
1850.	B.	*Exemple*, par Nelson et Hard heart, par Physician.	
1852.	B.	*Exili*, par Brandy face et Phenice, par Deucalion.	
1846.	B.	*Expérience*, par Physician et Aspasie, par Royal Oak.	
1847.	Bb.	*Extra*, par Y. Emilius et Eva, par Sultan.	

F

*1851.	Bb.	*Fact*, par Touchstone et Event, par Toss Up. .	1857
1851.	B.	*Fa-Dieze*, par Commodor Napier et Sylvina, par Fra Diavolo.	

Année de la naissance.	Robe.		Année de l'importation.
1854.	B.	*Fagus*, par Elthiron et Discretion, par Napoleon.	
1852.	Bb.	*Fair Fax*, par Brocardo et Eyebrow, par Whisker.	
H1838.	B.	*Falstaff*(H. I. du Pin), par Pickpocket et Hélène, par Eastham.	
**1829.	B.	*Fang*, par Langar et Steam, par Waxy Pope. .	1834
1858.	B.	*Fantaisie*, par Malton ou Collingwood et Felonie, par Physician.	
1851.	B.	*Fantasio*, par Sting et The Maid of Fez, par Muley Moloch.	
1852.	Bb.	*Fantôme*, par Nuncio et Bienséance, par Friedland.	
1853.	Al.	*Farfadet*, par Malton et Rosabelle, par Terror ou Premium.	
1847.	B.	*Farfadet*, par Saint-Francis et Samphire, par Slane.	
*1819.	Bb.	*Farmer*, par Pericles et Harvest home, par Eagle.	
*1836.	Al.	*Farmington*, par Caïn et Whalebone mare, par Whalebone	1841
*1849.	Al.	*Father Thames*, par Faugh a Ballagh et Bran mare, par Bran.	1854
**1841.	Bb.	*Faugh a Ballagh*, par sir Hercules et Guiccioli, par Bob Booty.	1855
*1831.	B.	*Faunus*, par Whalebone et Harpalice, par Gohanna.	1836
H1838.	B.	*Faust* (H. I. du Pin), par Hœmus et Amazone, par Captain Candid.	
**1851.	Al.	*Faust*, par Loutherbourg et Rambler mare, par Rambler	1856
1855.	B.	*Faverolles*, par Mr Wags et Xenodice, par Commodor Napier.	
1858.	B.	*Favori*, par The Prime Warden et Mylady, par Franck.	
**1843.	B.	*Félix*, par Accident et Mameluke mare, par Mameluke	1847
*1820.	B.	*Félix*, par Comus et Beningbrough mare, par Beningbrough	1826

Année de la naissance.	Robe.		Année de l'importation.
1828.	B.	*Félix*, par Rainbow et Y. Folly, par Asmodeus.	
1839.	B.	*Félix*, par Royal George et Syrène, par Mustachio.	
1856.	B.	*Félix*, par Sting et Yelva, par Gladiator.	
1853.	Al.	*Fénélon* (Voyez *Trouvère*).	
1857.	Al.	*Feruk Khan*, par The Baron ou Annetta, par Ibrahim (*Sultan*)	
1851.	Bb.	*Festival*, par Nuncia et Bienséance, par Friedland.	
1832.	Bb.	*Fidler*, par Mustachio et Lady, par Seymour.	
1848.	Bb.	*Fight-Away*, par Gladiator et Flighty, par Y. Phantom.	
H1834.	Al.	*Fingal* (H. I. du Pin), par Emilius (*Orville*) et Worry, par Woful.	
1848.	Bb.	*Fist Born*, par Nuncio et Bienséance, par Friedland.	
1830.	B.	*Fitz Candid*, par Captain Candid et Nanny Shanks, par Mac Orville.	
1848.	B.	*Fitz Carolus*, par Charles XII et Revival, par Pantaloon.	
1842.	B.	*Fitz Emilius*, par Y. Emilius et Miss. Sophia, par Shakespeare.	
1853.	Al.	*Fitz Garry*, par Garry Owen et Cesarine, par Harlequin.	
1850.	Al.	*Fitz Gladiator*, par Gladiator et Zarah, par Reveller.	
1847.	Al.	*Fitz Hercules*, par sir Hercules et Elis mare, par Elis.	
**1847.	B.	*Fitz Pantaloon*, par Pantaloon et Rebuff, par Camel	1851
1855.	B.	*Fitz Richmond*, par Richmond et Mimie, par Fitz Emilius.	
1848.	Bb.	*Fitz Touchstone*, par Touchstone et Rose of Sharon, par Pantaloon.	
**1852.	B.	*Flagellator*, par Ithuriel et Lucy, par Epirus . . .	1864
1851.	B.	*Flatman*, par Mr Wags et Jenny, par Royal Oak.	

Année de la naissance.	Robe.		Année de l'importation.
1846.	Al.	*Fleury*, par Reggarman ou Paillasse et Emma, par Napoleon.	
1858.	Al.	*Flibustier*, par Nuncio et Aurélie, par Brocardo.	
1859.	Al.	*Florestan*, par The Baron et Florest Flower, par Glaucus.	
1854.	Al.	*Florin*, par Surplice et Payment, par Slane.	
*1850.	B.	*Florist*, par Fancy Boy et Malay, par Mulatto.	
**1846.	Bb.	*Flying Dutchman (The)*, par Bay Middleton et Barbelle, par Sandbeck.	....
1850.	B.	*Fontaine*, par Mr. Wags et Lanterne, par Hercule (*Rainbow*).	
1855.	Bb.	*Forban*, par Womersley et Phenice, par Deucalion.	
H1831.	Al.	*Forcland*, (H. I. de Rosières), par Premium et Vandyke Junior mare, par Vandyke Junior. .	
1855.	B.	*Fort-à-Bras*, par The Baron et Suprema, par Physician.	
**1850.	B.	*Fortunatus*, par Picaroon et Granby mare (*Lucia*), par Granby.	1853
1859.	B.	*Fortunio*, par Caravan et Esquisse, par Sting .	
1828.	B.	*Foscarini*, par Captain Candid et Crystal, par Triumvir,	
1852.	B.	*Fox*, par Antithèse et Hébé, par Abron.	
1830.	B.	*Fra-Diavolo*, par Filho da Puta et Teneriffe, par Blacklock.	
1851.	B,	*Fragile*, par Y. Emilius et Eloa, par Royal Oak ou Terror.	
1833.	B.	*Franck*, par Rainbow et Verona, par Whitwoth ou Ardrossan.	
H1842.	Al.	*Fretillus* (H. I. du Pin), par Bizarre et Fretillon, par Sylvio.	
*1841.	B.	*Freystrop*, par Uncle Toby et Dinah, par Champion.	1846
H1835.	B.	*Friedland* (H. I. du Pin), par Napoleon et Cloton, par Eastham.	
1845.	B.	*Frisk*, par Royal Oak et Flirtation, par Rococo.	
**1822.	B.	*Frogmore*, par Phantom et Rubens mare, par Rubens	1828

Année de la naissance.	Robe.		Année de l'importation.
1851.	Al.	*Frohsdorff*, par Copper Captain et Alma, par Mameluke ou Paradox.	
1860.	Bb.	*Frontignan*, par Nuncio et Favorita, par Inheritor.	
1859.	B.	*Fructus-Belli*, par Pédagogue et Figurante, par Venison.	
**1812.	B.	*Fulford*, par Orville et Maniac, par Shuttle. . .	1820
1853.	B.	*Fulgur*, par Y. Emilius et Candida, par Prospectus.	

G

1855.	B.	*Gagne-Tout*, par Électrique et Danaïde, par Ægyptus.	
1843.	Al.	*Gallus*, par Hercule et miss Allen, par Captain Candid.	
1841.	Al.	*Gallus*, par Marcellus et Fatime, par Captain Candid.	
1845.	B.	*Gambetti*, par Emilius et Tarantella, par Tramp.	
H1839.	B.	*Gargantua*, (H. I. du Pin), par Lottery et Vesta, par Mustachio.	
**1837.	Al.	*Garry Owen*, par St. Patrick et Excitement, par Emilius	1849
1856.	B.	*Garry Owen* (*Young*), par Garry Owen et Colette, par Fitz Emilius.	
1846.	B.	*Gay Boy*, par Brabant et Flirtation, par Rococo.	
**1820.	Al.	*General Mina*, par Camillus et Williamson's ditto mare, par Williamson's ditto	1839
1850.	Al.	*Generosity* (Voyez *Papillon*).	
1846.	B.	*Gentil Bernard*, par Napoleon et Midsummer, par Filho da Puta.	
1851.	Al.	*Gentilhomme*, par The Baron, Sting ou Nelson, et Tomate, par Lottery.	
1850.	B.	*Geometrician*, par Theon et Jew Girl, par Elis.	

Année de la naissance.	Robe.		Année de l'importation.
1852.	Al.	*Geranium*, par The Emperor et Anemone, par Bizarre.	
H1837.	Bb.	*Gericault* (H. I. de Pompadour), par Y Vandyke et Brunette, par Clavelino.	
1860.	B.	*Germain*, par Rémus et Fabula, par Beaucens.	
1858.	B.	*Germanicus*, par The Baron et Lysisca, par Sting.	
1851.	B.	*Gibbon*, par Skirmisher et mademoiselle de Brie, par Ali-Baba.	
1837.	Al.	*Gigès*, par Priam et Eva, par Sultan.	
1831.	Bb.	*Gilblas*, par Mustachio et Nanny Shanks, par Marc Orville.	
1860.	B.	*Gilblas*, par Pretty Boy et The Little Fawn, par Venison.	
**1833.	Al.	*Gladiator*, par Partisan et Pauline, par Moses. .	1846
1851.	B.	*Gladiator* (*Young*) (ex-*Achille*), par Gladiator et Emilia, par Y. Emilius	
1851.	Bb.	*Gladiator* (*Young*), par Gladiator et Regatta, par Camel.	
1860.	B.	*Glaucus*, par Trajan ou Pédagogue et Glaucopis, par Melbourne.	
* 1843.	Bb.	*Glory*- (ex*Bold Archer*), par Glycon ou Assassin et Joséphine, par Doctor Syntax.	1847
1860.	B.	*Goer*, par Pyrrhus the First et Emmy, par Slane.	
1848.	B.	*Gogo*, par Terror et Kate-Nickleby, par Paradox.	
**1810.	G.	*Gohanna* (*Young*), par Gohanna et Grek Skim, par Woodpecker.	1820
1860.	B.	*Goliath*, par Strongbow et Phrygia, par Phlegon.	
1855.	B.	*Golumpus*, par Napier et Emilia, par Fitz Emilius.	
1856.	B.	*Gontran*, par Polecat et Louisa, par Tomboy.	
1857.	Bb.	*Good Boy*, par Pyrrhus the First et Malice, par Iago.	
1860.	B.	*Good Deer*, par Collingwood et Deer Filly, par Fitz Emilius.	
1855.	B.	*Goodman*, par Annandale et Simoom mare (sœur de *Wanota*), par Simoom.	

Année de la naissance.	Robe.		Année de l'importation.
1859.	B.	*Gouvernail*, par Collingwood et Miss Jenny, par Ali-Baba.	
1857.	B.	*Gouverneur*, par Pédagogue et Glaucopis, par Melbourne.	
1855.	B.	*Gouvieux*, par The Baron ou Lanercost et Fatima, par Elis.	
1840.	B.	*Governor*, par Royal-Oak et Lydia, par Rainbow.	
1858.	B.	*Grabuge-* (ex *Gazer*), par Castor et Charley boy mare, par Charley Boy.	
1847.	B.	*Gracieux*, par Prospectus et Bella Dona, par Harlequin.	
1848.	B.	*Grand Espoir*, par Y. Emilius et Aspasie, par Royal-Oak.	
**1849.	G.	*Grey Tommy*, par Sleight of hand et Comus mare, par Comus.	1856
1848.	Al.	*Gringalet*, par Mr Wags et Marcella, par Zingance.	
1846.	N.	*Grog*, par Nautilus et Discrète, par Eastham.	
1849.	B.	*Guignolet*, par Gladiator ou Sting et Discrete, par Eastham.	
1860.	B.	*Guillaume-le-Taciturne*, par The Flywig Dutchman et Strawberry hill, par Old England.	
1857.	Bb.	*Gustave*, par Lanercost et Bounty, par Inheritor.	

H

**1808.	Al.	*Hamlet*, par Hambletonian et Marianne, par Mufti.	1818
1850.	B.	*Hanneton* (ex-*Oak*) (Voyez *Cœur-de-Chêne*).	
**1825.	Al.	*Harlequin*, par Cervantes et Flora, par Camillus.	1831
H1838.	Al.	*Hazard* (H. I. de Rosières), par Chance et Filagreé, par Lottery.	
**1853.	Al.	*Heir of Linne (The)*, par Galaor et Mrs Walker, par Jereed.	1859

Année de la naissance.	Robe.		Année de l'importation.
1830.	Al.	*Hercule*, par Rainbow et Aimable, par Élection.	
1832.	B.	*Hercule*, par Trance et Felicia, par Rainbow.	
**1848.	Bb.	*Hernandez*, par Pantaloon et Black Bess, par Camel	1853
1858.	B.	*Highlander*, par Commodor Napier et Fringante, par Terror.	
*1825.	Bb.	*His Highness*, par Filho da Puta et Eleanor, par Governor	1839
1851.	Al.	*Historian*, par Gladiator et Jew Girl, par Elis.	
**1828.	Bb.	*Hœmus*, par Sultan et Bess, par Waxy.	1834
**1819.	B.	*Holbein*, par Rubens et Golumpus mare, par Golumpus.	1826
**1822.	B.	*Homer*, par Catton et Queen Coil, par Sweet William	1826
1861.	B.	*Horace* (ex-*Figaro*), par Horace et Horace, par Électrique.	
1841.	B.	*Horace*, par Mameluke et Bellone, par Sober Robin.	
1849.	N.	*Hospitality*, par Inheritor et Aspasie, par Royal Oak.	
1860.	B.	*Hospodar*, par Monarque et Sunrise, par Emilius.	
1848.	B.	*Huguenot*, par Pagan et Annette, par Lottery.	
**1853.	B.	*Huntsman*, par Tupsley et The Abbess, par Y. Augustus.	1862
*1835.	B.	*Hurricane*, par Caïn et Gaiety, par Frolic.	

I

**1843.	B.	*Iago*, par Don John et Scandal, par Selim. . . .	1853
1831.	B.	*Ibis*, par Rainbow et Leopoldine, par Hedley.	
**1832.	B.	*Ibrahim*, par Sultan et Phantom mare, par Phantom	1835
1852.	Al.	*Incertain*, par Tipple Cider et Emerald, par Merchant.	

Année de la naissance.	Robe.		Année de l'importation.
1849.	Bb.	*Indemnity*, par Inheritor et Emerald, par Merchant.	
**1831.	N.	*Inheritor*, par Lottery et Hand Maiden, par Walton.	1849
1839.	Bb.	*Invincible*, par Hœmus et Regatta, par Camel.	•
**1835.	Bb.	*Ion*, par Caïn et Margaret, par Edmund	1851
**1841.	B.	*Ionian*, par Ion et Malibran, par Whisker . . .	1847
1855.	B.	*Ionick*, par Ionian et Misadventure (ex-*Miss Adventure*), par Sting.	
1822.	B.	*Ipsilanti*, par Truffle et Crystal, par Triumvir.	
1851.	Bb.	*Iron*, par Sting et Margaret, par Edmund.	
1848.	Al.	*Ismael*, par Titus et Eucharis, par Tigris.	
1853.	Bb.	*Isolier*, par Nunnykirk ou The Baron et Deception, par Defence.	
1831.	G.	*Ivanhoë*, par Rainbow et Y. Urganda, par Treasurer.	

J

1848.	B.	*James*, par Y. Emiilus et Jenny, par Royal Oak.	
H1836.	B.	*Janissaire* (H. I. du Pin), par Hœmus et Chesnut-Filly, par Grey Walton.	
**1830.	B.	*Jason*, par Centaur et Merlin mare, par Merlin.	1834
1851.	Bb.	*Java*, par Nautilus et Bride of Abydos, par Belzoni.	
1834.	Bb.	*Javan*, par Deucalion et Doris, par Trance . . .	
1850.	Bb.	*Javelot*, par Gladiator et Rhinoplastic, par Royal Oak.	
1834.	Bb.	*Jean-Bart*, par Harlequin et Nanny Shanks, par Mac Orville.	
1860.	B.	*Jean-sans-Peur*, par Tragedian et Olinga (ex-*Illusion*), par Napoleon.	
1835.	B.	*Jeroboam*, par Cadland et Manœuvre, par Rubens.	
1856.	B.	*Jespiney*, par The Prime Warden et Podarge, par Royal Oak.	

Année de la naissance.	Robe.		Année de l'importation.
1837.	B.	*Jocelyn*, par Cadland ou Royal Oak et Biondetta, par Rainbow.	
1834.	B.	*Jocko*, par Harlequin et Priestess, par Vandyke junior.	
1853.	Al.	*Johann*, par Y. Emilius ou Garry Owen et Miss Jenny, par Ali-Baba.	
**1831.	B.	*Jonas*, par Whalebone et Rectory, par Octavius.	1835
**1832.	Bb.	*Juggler* (The), par Wamba et Pantechnetheca, par Master Henry	1837
H1837.	B.	*Jules* (H. I. du Pin), par Pickpocket et Amazone, par Captain Candid.	
1845.	B.	*Juxon*, par Quoniam ou Y. Emilius et Abjer mare, par Abjer.	

K

H1838.	Bb.	*Kam* (H. I. du Pin), par Y. Emilius et Odine, par Tigris.	
1851.	B.	*Kanac*, par Sting et Pomaré, par Physician ou Royal Oak.	
1839.	B.	*Karl*, par Tetotum et Lilly, par Partisan.	
H1836.	B.	*Kermes* (H. I. de Pompadour), par Y. Vandyke et Crotchet, par Partisan.	
*1810.	Bb.	*Knight-Errant*, par Sancho et Pipator mare, par Pipator.	1823
H1836.	B.	*Korsac* (H. I. de Pompadour), par Napoleon et Miss Ann, par Figaro.	
H1833.	Al.	*Koverdal* (H. I. de Rosières), par General Mina et Vanity, par Doge of Venice.	

L

1847.	Al.	*La Clôture*, par Mr Wags et Clorinde, par Holbein.	

Année de la naissance	Robe.		Année de l'importation.
*1848.	Al.	*Lamartine*, par Epirus et Grace Darling, par Defence.	1854
1845.	Al.	*Lamballe* (ex- *Lansquenet*), par Quoniam et Miranda, par Pickpocket	
H1838.	Al.	*Lampion* (H. I. du Pin), par Mameluke et Lucette, par Captain Candid.	
1837.	Al.	*Lancastre*, par Harlequin et Lady, par Seymour.	
1853.	B.	*Landry*, par Y. Emilius et Miss King, par Muley Moloch.	
**1835.	Bb.	*Lanercost*, par Liverpool et Otis, par Bustard (fils de Buzzard)	1853
1849.	B.	*Lanercost*, (*Young*), par Lanercost et Io, par Taurus.	
1845.	Al.	*Lansquenet* (Voyez *Lamballe*).	
1836.	B.	*Lantara* (ex-*Lanterne*), par Royal Oak et Naiad, par Whalebone.	
1836.	B.	*Lanterne* (Voyez *Lantara*).	
1834.	B.	*Laocoon*, par Rainbow et Aimable, par Election.	
H1837.	N.	*Laocoon* (H. I. de Pompadour), par Terror et Miss. Henry, par Tiresias.	
1839.	Al.	*Lawton*, par The Colonel et Malida, par Orville.	
1856.	B.	*Le Bancal*, par Castor et Miss Rainbow, par Rainbow.	
1860.	B.	*Le Fraisse*, par Caravan et Dame Blanche, par Harlequin.	
1859.	Bb.	*Lesko*, par Womersley et Myszka, par Bizarre.	
1835.	N.	*Lestocq*, par Sir Hercules et Clatter, par Clinker.	
1852.	Al.	*Lézard*, par Caravan et Polyxène, par Gigès.	
**1820.	B.	*Libertine*, par Filho da Puta et Sancho mare, par Sancho.	1831
1845.	B.	*Lieutenant*, par Royal Oak et Lydia, par Rainbow.	
1856.	B.	*Light*, par The Prime Warden et Balaclava, par Medoro.	
1857.	Bb.	*Ligh foot*, par Nuncio et Aspasie, par Royal Oak.	
1852.	B.	*Lilliput* (ex *Sting's son*), par Sting et Miss Lot, par Lottery.	

Année de la naissance.	Robe.		Année de l'importation.
H1836.	B.	*Lincée* (H. I. de Pompadour), par Ægyptus et Poozy, par Partisan.	
1852.	B.	*Lindor*, par The Emperor et Suavita, par Napoleon.	
1851.	Al.	*Lingot d'Or*, par The Baron et Eusebia, par Emilius.	
*1823.	B.	*Link Boy*, par Aladin et Doll Tearsheet, par Sorcerer.	
1845.	B.	*Lioubliou*, par Alteruter et Jenny, par Royal Oak.	
**1831.	B.	*Little-Rover*, par Cydnus et Skim mare, par Skim.	1837
1849.	B.	*Little Saint-Martin*, par Nuncio et Pamela *(bis)*, par Tigris.	
1851.	Al.	*Little Woful*, par Gladiator et Eyebrow, par Whisker.	
1843.	B.	*Liverpool*, par Liverpool et Shirine, par Blacklock.	
*1854.	B.	*Liverpool* (ex-*Villie Crawford*), par Springy Jack et Anne Page, par Touchstone	1857
1855.	Al.	*Livré*, par Velox et Biche, par Y. Emilius.	
*1845.	Bb.	*Loadstone*, par Touchstone et Latitude (sœur d'*Élis*), par Langan	1854
*1822.	Al.	*Lockell*, par Selim et Williamson's ditto mare, par Williamson's ditto.	....
**1817.	B.	*Locksley* (ex-*Stamford)*, par Smolensko et Tooee, par Buzzard	1827
1841.	B.	*Lodin*, par Terror et Eugenia, par Trance.	
1853.	B.	*Lord Byron* (Voyez *Remicourt*).	
1848.	B.	*Lord George*, par Don John et Muff, par Vélocipède.	
1855.	Bb.	*Lord Spleen*, par Ionian et Sylvina, par Fra-Diavolo.	
1844.	B.	*Loto*, par Lottery et Huraca, par Pickpocket.	
1841.	Bb.	*Loto*, par Lottery et Zora, par Catton.	
1856.	Bb.	*Loto* (*Young*), par Sting et Emilia, par Fitz Emïlius.	
**1820.	Bb.	*Lottery* (ex-*Tinker*), par Tramp et Mandane, par Poto's	1834

Année de la naissance.	Robe.		Année de l'importation.
H1836.	B.	*Lottery (Young)* (H. I. du Pin), par Lottery et Princess Mary, par Emilius.	
H1837.	Al.	*Lucullus* (H. I. de Pompadour), par Harlequin et Crotchet, par Partisan.	
1842.	B.	*Lugarto*, par Crispin et Vénus, par Smolensko.	
H1850.	Al.	*Lully* (H. I. du Pin), par Tipple Cider et Pecora, par Sylvio ou Mameluke.	
1852.	Al.	*Lustre*, par Mr Wags et Lanterne, par Hercule (Rainbow).	
1838.	B.	*Lutin*, par Lottery et Lustre, par Swiss.	
1853.	B.	*Lutino*, par Nuncio et Discretion, par Napoleon.	
*1824.	Al.	*Lutzen*, par Gustavus et Shrimp, par Scud. . .	1829
1836.	B.	*Lycurgue*, par Carbon et Doris, par Trance.	
H1836.	B.	*Lyncée* (H. I. du Pin), par Ægyptus et Poozy, par Partisan.	

M

Année de la naissance.	Robe.		Année de l'importation.
1856.	B.	*Macaron*, par The Prime Warden et Elvina, par Caïn.	
1853.	B.	*Madrigal*, par Napier et Céleste, par Lottery.	
1857.	B.	*Magister*, par Pédagogue et Panacea, par Physician.	
**1824.	Bb.	*Mahomet*, par Muley et Dick Andrews mare, par Dick Andrews	1835
1841.	B.	*Maître d'École*, par Royal Oak et The Shrew, par Master Henry.	
H1838.	Al.	*Major* (H. I. de Rosières), par General Mina et Folla, par Premium.	
1853.	Bb.	*Make Haste*, par Ionian, et Mademoiselle Béjart, par Ali Baba.	
1857.	B.	*Malakoff*, par Buckthorn et Doris, par Terror.	
1856.	N.	*Malidor*, par Caravan et School Mistress, par Liverpool.	

Année de la naissance.	Role.		Année de l'importation.
*1845.	B.	*Malton*, par Sheet Anchor et Fair Helen, par Priame.	1852
**1824.	B.	*Mameluke*, par Partisan et Miss Sophia, par Buzzard	1837
1847.	R.	*Mameluke* (*Young*) (Voyez *Mourrahd*).	
1856.	Bb.	*Mandarin* (ex *Barter*), par Caravan et Free Trade, par Brabant.	
1856.	B.	*Mandrin*, par Nathaniel et Nelly, par Terror.	
*1819.	B.	*Marcellus*, par Selim et Briscis, par Beningbrough.	1834
1838.	B.	*Marengo*, par Alteruter et Y. Urganda, par Treasurer.	
1859.	B.	*Marignan*, par Womersley et Margaret, par Drayton.	
*1825.	Bb.	*Mariner*, par Merlin et Goosander, par Hambletonian	1832
1833.	B.	*Marino*, par Mariner et Fair Helen, par Crecy.	
1853.	B.	*Malborough*, par Tragedian et Urania, par Mameluke.	
1847.	Bb.	*Marly*, par Attila et Maria (sœur d'*Emma*), par Whisker.	
H1842.	Al.	*Mars* (H.I. de Rosières), par General Mina ou Dangerous et Folla, par Premium.	
H1838.	B.	Mars (H. I. de Pompadour), par Napoleon et Louise, par Mustachio.	
1847.	Bb.	*Mars*, par Tarrare et Bellone, par Sober Robin.	
1855.	B.	*Martel-en-tête*, par Womersley et Margaret, par Drayton.	
H1848.	B.	*Maryland* (H. I. du Pin), par Royal Oak et Pecora, par Sylvio ou Mameluke.	
1835.	B.	*Masaniello*, par Félix (*Rainbow*) et Georgina, par Rainbow.	
1838.	B.	*Masque*, par Ægyptus et Gaiety, par Abron.	
*1833.	B.	*Mr Wags*, par Langar et Parthenessa, par Cervantes	1841
H1850.	B.	*Mastrillo* (H. I. du Pin), par Sylvio et Miss Ann, par Figaro.	
1847.	B.	*Mazuline* (Voyez *Voyageur*).	

Année de la naissance.	Robe.		Année de l'importation.
1839.	B.	*Medocain*, par Crispin et Medea, par Truffle.	
1846.	B.	*Meillant*, par Cédar ou Physician, et Merlin mare, par Merlin.	
1848.	Al.	*Memory*, par Nuncio et Pamela, par Tigris.	
**1833.	Al.	*Mendicant*, par Trance et Lunacy, par Blacklock.	1840
H1836.	B.	*Méphistophélès* (H. I. du Pin), par Hœmus et Cloton, par Eastham.	
1858.	B.	*Mercure*, par Sting et Menalippe, par Merchant.	
H1849.	B.	*Meriadec* (H. I. du Pin), par Prince Caradoc et Fretillon, par Sylvio.	
H1834.	Al.	*Merino* (H. I. du Pin), par Holbein et Fair Forester, par Agricola ou Egremont.	
**1827.	Al.	*Merlin* (*Young*), par Merlin et Mona, par Partisan.	1831
1849.	B.	*Météore*, par Jocko et Jessica, par Bizarre.	
**1806.	Al.	*Middletorpe*, par Shuttle et Little Nan, par Pipator.	1818
1859.	B.	*Milan*, par Sting et Owenia, par Garry Owen.	
1850.	Al.	*Milesian*, par Irish Birdcatcher et Virginie, par Rowton.	
1846.	Bb.	*Miller (The)* (Voyez sir *Benjamin*).	
*1853.	Bb.	*Milton*, par Bay Middelton et Bohémienne, par Confederale.	
*1813.	B.	*Milton*, par Waxy et Miltonia, par Patriot. . . .	1820
**1818.	B.	*Minister*, par Prime Minster et Ruler mare, par Ruler.	1825
1838.	B.	*Minonick*, par Y. Whisker et Vénus, par Smolensko.	
1858.	B.	*Minos*, par Sting et Margaret, par Gigès.	
**1840.	Al.	*Minotaur*, par Taurus et Lyrnessa, par The Flyer.	1853
H1838.	Al.	*Minotaure* (H. I. de Rosières), par General Mina et Pulchra, par Premium.	
**1829.	B.	*Minster*, par Catton et Orville mare, par Orville.	1835
1839.	B.	*Miraculeux*, par Hœmus et Y Miracle, par Harry.	
*1861.	Bb.	*Mirliton*, par Corranna et Miss, par Sir Hercules.	1861
H1839.	Al.	*Mirobolan* (H. I. du Pin), par Y. Reveller ou Pickpocket et Elsy, par Holbein.	
1843.	B.	*Missy*, par Y. Emilius et Marcella, par Zinganee.	

Année de la naissance.	Robe.		Année de l'importation.
1838.	B.	*Mistral*, par Lottery et Midsummer, par Filho da Puta.	
**1826.	Bb.	*Mohican*, par Woful et Sorcerer mare, par Sorcerer	1832
1846.	B.	*Moineau*, par Beggarman et Aquila, par General Mina.	
*1847.	Al.	*Mokanna*, par Gladiator et Zenobia, par Whalebone	1854
1831.	B.	*Moloch*, par Milton et Darthula, par Scud.	
1848.	B.	*Momérès*, par Worthless et Elba, par Royal Oak ou Terror.	
H1837.	Al.	*Momus* (H. I. du Pin), par Dangerous et Comùs mare, par Comus.	
1857.	B.	*Monaco*, par Stoker et Dione, par Berenger.	
1852.	B.	*Monarque*, par The Baron, Sting ou The Emperor et Poetess, par Royal Oak.	
*1811.	Bb.	*Monekey*, par Shuttle et Sir Peter mare, par Sir Peter.	....
1853.	Bb.	*Monsieur* (le) (ex-*Esteemed Friend*), par Gladiator ou Nuncio et Constance, par Gladiator.	
1841.	B.	*Monsieur d'Écoville* (ex-*Bolero*), par Tarrare et Princess Edwis, par Emilius.	
1852.	B.	*Monsieur de Saint-Jean*, par Commodor Napier et Jocaste, par Deucalion.	
1853.	B.	*Monsieur Henry*, par Ion et Victorine, par Quoniam.	
1846.	Bb.	*Monte-Christo*, par Nautilus et Bellone, par Sober Robin.	
1850.	B.	*Montgarnaud*, par Sting et Tertullia, par Lottery.	
*1854.	Al.	*Moonshine*, par Corranna et Mist, par Sir Hercules.	1861
**1822.	Bb.	*Moor* (*The*), par Muley et Black Beauty, par Sorcerer.	1830
1844.	B.	*Morok*, par Beggarman et Wanda, par Truffle.	
*1831.	G.	*Morotto*, par Gustavus et Marrowfat, par Orville	1834
1853.	Al.	*Mors-aux-dents*, par Napier et Curl, par Confederate.	

Année de la naissance.	Robe.		Année de l'importation.
1847.	B.	*Mourrahd* (ex-*Mameluke*), par Mameluke et Elvire, par Vampire.	
1850.	Bb.	*Moustique*, par Sting et Essler, par Cadland.	
**1833.	B.	*Muezzin*, par Sultan (*Selim*), et Miss Cantley (sœur de *Burleigh*), par Stamford	1837
1836.	G.	*Mulatto*, par Royal Oak et Églé, par Rainbow.	
H1838.	Al.	*Murillo* (H. I. de Rosières), par General Mina et Vandyke Junior mare, par Vandyke Junior.	
1855.	B.	*Muscadin*, par Sting et Mademoiselle Béjart, par Ali-Baba.	
1857.	Bb.	*Musqué*, par Napier et Mademoiselle Béjart, par Ali-Baba.	
*1821.	B.	*Mustachio*, par Whisker et Léon Forte, par Eagle	1828
1841.	B.	*Mustapha*, par Mameluke et Clorinde, par Holbein .	
H1851.	B.	*Myosotis* (H. I. du Pin), par Volcano et Honey Moon, par Quoniam.	
*1821.	B.	*Myrmidon*, par Partisan et Sea Mew (sœur de *Saylor*), par Scud.	1824
1845.	Al.	*Mytheme*, par Caravan et miss Rainbow, par Rainbow.	
1852.	Bb.	*Mytheme II*, par Shylock et Iris, par Marcellus.	

N

Année de la naissance.	Robe.		Année de l'importation.
*1840.	N.	*Nabob* (*The*), par The Nob et Hester, par Camel.	1857
1859.	Al.	*Nabob* (*Young*), par The Nabob et Inspection, par Irish-Birdcatcher.	
**1846.	Al.	*Napier*, par Gladiator et Marion, par Tramp . .	1850
1854.	B.	*Napier*, par Pollecat et Bella, par Ali-Baba.	
1853.	B.	*Napier* (*Young*), par Napier e Valentine, par Ibrahim (*Sultan*).	
**1824.	B.	*Napoleon*, par Rob Booty et Pope mare, par Waxy Pope	1834

Année de la naissance.	Robe.		Année de l'importation.
1849.	B.	*Nathaniel*, par Mr Wags et Nativa, par Royal Oak.	
1835.	B.	*Nautilus*, par Cadland et Vittoria, par Milton.	
**1826.	B.	*Navarin*, par Orville et Lacerta, par Zodiac. . .	1837
1837.	Bb.	*Nelson*, par Dangerous et Nell, par Don Cossack.	
1854.	Al.	*Nelson*, par Garry Owen et Zamire, par Skirsmisher.	
1857.	B.	*Nevers*, par Lantara et Rose of Sharon, par Pantaloon.	
*1851.	B.	*Noël* (Voyez *Duc de Richelieu*).	
**1829.	B.	*Novelist*, par Waverley et Aigrette, par Rubens.	1835
**1839.	Bb.	*Nuncio*, par Plenipotentiary et Ally, par Partisan	1847
**1846.	N.	*Nunnykirk*, par Touchstone et Bee's Wing, par Doctor Syntax	1550

O

1850.	B.	*Oak* (ex-*Hanneton*) (Voyez *Cœur-de-Chêne*).	
1835.	Bb.	*Oak Stick*, par Royal Oak et Teneriffe, par Blacklock.	
H1834.	B.	*Obberton* (H. I. de Rosières), par General Mina et Vandyke Junior mare, par Vandyke Junior.	
**1833.	Al.	*Odessa*, par Androit et Vocabulary, par Inheritor.	1837
1859.	Al.	*Oiselcar*, par Ballinkeele et Dalilah, par Rabelais.	
1854.	B.	*Omer Pacha*, par Brocardo et Cochlea, par Mameluke.	
H1840.	Al.	*Opéra* (H. I. de Pompadour), par Terror et Waverley mare, par Waverley.	
H1840.	Al.	*Oreste* (H. I. de Pompadour), par Terror et Brunette, par Clavelino.	
1856.	Bb.	*Oriflamme*, par Garry Owen et Nanetta, par Alteruter.	

Année de la naissance.	Robe.		Année de l'importation.
1857.	Al.	*Orlandino*, par Teddington et Hopeless, par Melbourne.	
1859.	Al.	*Orphelin*, per Fitz Gladiator et Échelle, par Sting.	
1852.	B.	*Orphelin*, par Napier et mademoiselle Duparc, par Beggarman	
1853.	B.	*Oscar*, par Y. Emilius et Conquête, par The Scavenger.	
1856.	Al.	*Oscar*, par Meteore et Stella, par Count Porro.	
1840.	B.	*Osiris*, par Fidler et Jane, par Deucalion.	
*1804.	B.	*Osiris*, par Sir Peter et Ibis, par Woodpecker.	
1853.	Bb.	*Ossian*, par Shamil et Mi-Carême, par Royal-Oak.	
1855.	Al.	*Oubli*, par The Baron et Victoria, par Elizondo.	

P

1838.	B.	*Paddywhack*, par Anglesea et Orvillina, par Orville.	
**1838.	Bb.	*Pagan*, par Mulcy Moloch et Fanny, par Jerry. .	1846
1848.	Bb.	*Paganus*, par Pagan et Miss Ann, par Filho da Puta.	
H1838.	Al.	*Paillasse* (H. I. du Pin), par Chance et Ipsara, par General Mina.	
H1839.	B.	*Pain d'Epice* (H. I. du Pin), par Pickpocket et Cloton, par Eastham.	
1854.	Al.	*Paladin*, par The Baron ou Caravan et Honey Moon, par Quoniam.	
1859.	Al.	*Palestro*, par Bedford et Forfeta, par Harkaway.	
1858.	B.	*Palestro* (ex-*Coquet*), par Fitz Gladiator et Lady Saddler, par Assault.	
1850.	B.	*Pamphlet (The)*, par The Libel et Eoline, par Muley Moloch.	
1858.	Al.	*Paon*, par Papillon et mademoiselle de Brie, par Ali-Baba.	

Année de la naissance.	Robe.		Année de l'importation
H1841.	Al.	*Paphos* (H. I. de Pompadour), par Harlequin et Citron, par Centaur.	
1850.	Al.	*Papillon* (ex-*Generosity*), par Gladiator et Effie Deans, par Brabant.	
1855.	B.	*Papillon*, par Toison d'Or et Bayadère, par Dangerous ou Napoleon.	
**1827.	B.	*Paradox*, par Merlin et Pawn, par Trumpator. .	1834
**1817.	Bb.	*Parchement* (ex-*Tring*), par Thunderbolt et Nepenthe, par Walton	1824
H1837.	Bb.	*Paris* (H. I. du Pin), par Sylvio et Hélène, par Eastham.	
1857.	B.	*Paros*, par Papillon et Tync, par Ali-Baba. . .	
1850.	Bb.	*Pasqual*, par Y. Emilius et The Maid of Fez, par Muley Maloch	
1838.	B.	*Patricks*, par Félix (*Rainbow*) et Léopoldine, par Hedley.	
H1842.	Bb.	*Paul de Kock* (H. I. du Pin), par Y. Reveller et Hélène, par Eastham.	
**1811.	Bb.	*Paulus*, par Sir Paul et Antæus mare, par Antæus.	1818
1857.	B.	*Pauvre-Mignon* (ex-*Angelo*), par Fitz Gladiator et Nativa (ex-*Lanterne*), par Royal-Oak.	
1851.	B.	*Pédagogue*, par Nuncio et Éoline, par Muley Moloch.	
1859.	B.	*Pedilekos*, par Lanercost et Cochlea, par Mameluke.	
*1826.	B.	*Pegasus*, par Tiresias et Saffi, par un fils de Dick Andrews.	1835
1851.	Bb.	*Penkam*, par Caravan et Mariquita, par Physician.	
h1842.	B.	*Perspicax* (H. I. du Pin), par Mameluke et Diocrète, par Eastham.	
1838.	B.	*Peter*, par Hercule (*Rainbow*) et Elvira, par Erix.	
**1822.	Al.	*Peter Liberty*, par Amadis et Juniper mare, par Juniper.	1825
1850.	B.	*Pétrarque*, par Caravan et Lauretta, par Doctor Faustus.	

Année de la naissance.	Robe.		Année de l'importation.
**1825.	G.	*Petworth*, par Little John et Canopus mare, par Canopus	1833
1857.	Al.	*Peu-de-Chance*, par Iago et Olinga (ex-*Illusion*), par Napoleon.	
1852.	B.	*Peu-d'Espoir*, par Sting, The Baron ou The Emperor et Belvidere, par Actœon.	
*1852.	Al.	*Peyrusse*, par A. British Yeoman et Decrepit, par Défence	1855
1852.	Al.	*Pharaon*, par Gladiator ou Nautilus et Destiny, par Centaur.	
H1837.	Bb.	*Phénix*, (H. I. du Pin), par Cadland et Sapho, par Eastham .	
1843.	B.	*Philip Shah*, par The Shah et Philip's Dam (ex-*Catton mare*), par Catton.	
*1844.	Bb.	*Philosopher*, par Voltaire et Minx (sœur de *Melbourne*), par Humphrey Clinker.	1850
1855.	Bb.	*Phœbus* par The Baron et Tenebreuse, par Y. Emilius.	
**1850.	Al.	*Phosphor*, par Meteor et Mop, par Sir Peter. .	1819
**1829.	B.	*Physician*, par Brutandorf et Primette, par Prime Minster.	1841
**1800.	Al.	*Picadilly*, par Buzzard et Alexander mare, par Alexander	1814
*1828.	B.	*Picadilly*, par Reveller et Spermacoti, par Whalebone.	....
1833.	B.	*Pickle*, par Mustachio et Luna, par The Flyer.	
**1828.	B.	*Pickpocket*, par St. Patrick et Hedley mare, par Hedley.	1836
1838.	Al.	*Pickpocket (Young)*, par Pickpocket et Syrène, par Mustachio.	
1845.	Bb.	*Pied-de-Chêne*, par Royal-Oak et Essler, par Cadland.	
1848.	B.	*Piedestal*, par Commodor Napier et Sylvina, par Fra Diavolo.	
1859.	Bb.	*Pigeon-Vole*, par Castor et Millwood, par Sir Hercules.	
H1840.	B.	*Pile-ou-Face* (H. I. du Pin), par Lottery et Cloton, par Eastham.	

Année de la naissance.	Robe.		Année de l'importation.
1856.	Bb.	*Pilgrim*, par Sting et Picciola, par Assassin. , .	
1860.	B.	*Pimlico*, par Pyrrhus The First et Yorkshire Lass, par Jereed.	
H1840.	Bb.	*Pirate* (H. I. du Pin), par Pickpocket et Hélène, par Eastham.	
1844.	Al.	*Pitre*, par Napoleon ou Marcellus et Creusa, par Priam.	
1857.	B.	*Plantagenet*, par Iago et Emilia, par Y. Emilius.	
1839.	B.	*Plower*, par Royal Oak et Destiny, par Centaur.	
1854.	Bb.	*Pluduno*, par The Prime Warden et Midsummer, par Filho da Puta.	
1853.	B.	*Point-et-Virgule*, par Brandy Face et Sylvandire, par Terror.	
**1843.	B.	*Polecat*, par Bay Middleton et Pussy, par Pollio.	1846
1848.	B.	*Polecat (Young)*, par Polecat et Ursule, par Lottery.	
1857.	Bb.	*Polygala*, par Iago et Biche, par Y. Emiliu.	
1841.	B.	*Pontchartrain*, par Windcliffe et Essler, par Cadland.	
H1841.	B.	*Pope* (H. I. de Pompadour), par Premium et Chansonnette, par Napoleon.	
1854.	Bb.	*Potocki*, par The Baren ou Nunnykirk et Myszka, par Bizarre.	
1847.	B.	*Potopy*, par Commodor Napier ou Quoniam et Pointe-à-Pitre, par Ali-Baba.	
H1839.	B.	*Pourceaugnac* (H. I. du Pin), par Pickpocket et Odine, par Tigris.	
1843.	B.	*Premier-Août*, par Physician et Princess Edwis, par Emilius.	
**1820.	Al.	*Premium*, par Aladdin et Gohanna mare, par Gohanna.	1825
1857.	B.	*Prétendant*, par Faugh a Ballagh et Prédestinée, par Mr Wags.	
**1853.	Al.	*Pretty-Boy*, par Idle Boy et Lena, par Glaucus.	1859
1844.	B.	*Priape*, par Terror et Miss Schneitz Hœffer, par Count-Porro.	
**1834.	B.	*Prime-Warden (The)*, par Cadland et Zarina, par Morisco	1847

Année de la naissance.	Robe.		Année de l'importation.
1849.	Al.	*Prince*, par Napoleon et Moselle, par Château Margaux.	
**1838.	B.	*Prince Caradoc*, par The Colonel et Queen of Trumps, par Vélocipède.	1847
n1850.	B.	*Prince-Colibri* (ex.-*X*), (H. I. du Pin), par Sylvio et Fraga, par Harlequin.	
1851.	B.	*Prince-Eugène*, par Y. Emilius et Adamantine, par Pickpocket.	
1855.	N.	*Prince-Noir*, par Womersley et Arabelle, par Paradox.	
1838.	B.	*Prince-Paul*, par Félix *(Rainbow)* et Aimable, par Election.	
1851.	N.	*Profil*, par Nelson et Silhouette, par Paradox,	
1849.	B.	*Prophète*, par Y. Snail et Zille, par Friedland.	
1839.	B.	*Prospectus*, par Camel et Jenny Vertpré, par Robadil.	
1840.	B.	*Prospero*, par Royal George et Princess Edwis, par Emilius.	
1856.	B.	*Prudent*, par Ali-Baba et Djali, par Skirmisher.	
1843.	Bb.	*Punch*, par Paradox et Marionnette, par Sylvio.	
1860.	Bb.	*Pygmalion*, par Pédagogue et Fille de Marbre, par Nunnykirk.	
**1843.	Al.	*Pyrrhus the First*, par Epirus et Fortress, par Defence	1859

Q

1842.	B.	*Quadrilatère*, par Mameluke et Noëmi, par Tigris.	
1846.	B.	*Quia*, par Quoniam et Sylvina, par Fra-Diavolo.	
1842.	B.	*Quibus*, par Harlequin et Jocaste, par Deucalion.	
1856.	B.	*Quid juris*, par The Baron et Quiz, par Hercule (*Rainbow*).	
1841.	B.	*Quinola*, par Terror et Rubena, par Waxy Pope.	
1841.	Al.	*Quinquina*, par Harlequin et Hébé, par Abron.	

Année de la naissance.	Robe.		Année de l'importation
n1842.	B.	*Quintessence* (H. I. du Pin), par Y. Emilius et Y. Espagnolle, par Partisan.	
1861.	B.	*Quintinmetzis*, par The Nabob et Quiz, par Hercule *(Rainbow)*.	
1838.	B.	*Quiproquo*, par Royal Oak et Naiad, par Whalebone.	
1841.	Al.	*Quirina*, par Harlequin et Hébe, par Abron.	
1839.	B.	*Quirinus*, par Félix *(Rainbow)* et Aimable, par Election.	
1837.	B.	*Quoniam*, par Royal Oak et Nœma, par Rowlston.	

R

*1844.	B.	*Rabat-Joie*, par sir Hercules et Harmony, par Reveller	1846
1848.	B.	*Rabelais*, par Royal Oak et Emelina, par Emilius.	
*1808.	B.	*Rainbow*, par Walton et Iris, par Brush . . .	1823
1853.	Al.	*Ramadan*, par Garry Owen et Rhodante, par Vélocipède.	
1855.	Al.	*Rameau*, par Garry Owen et Flitta, par Fitz Emius.	
n1845.	B.	*Ramsay* (H. I. du Pin), par Sylvio et Emelina, par Emilius.	
1852.	Al.	*Rape-Tout*. (Voyez *Sampson*.)	
n1832.	Bb.	*Rapide* (H. I. du Pin), par Libertine et Evelina par Orville.	
1840.	Bb.	*Ratopolis*, par Lottery et Y. Mouse, par Godolphin.	
**1819.	B.	*Rembrandt*, par Vandyke Junior et Filagree, par Soothsayer.	1831
1853.	B.	*Remicourt* (ex-Lord *Byron)*, par Polecat et Bella, par Ali-Baba	
1851.	B.	*Rémunérateur*, par The Baron et Margarita, par Royal Oak.	

Année de la naissance.	Robe.		Année de l'importation
—	—		—
1852.	Al.	*Rémus*, par Garry Owen et Rhodante, par Vélocipède.	
1838.	B.	*Rémus*, par Royal-Oak et Ressemblance, par Gainsborough.	
1840.	Al.	*Renoncé*, par Y. Emilius et Miss Tandem, par Tandem.	
1853.	Al.	*Répartiteur*, par Tipple Cider et Whalebone mare, par Harlequin.	
H1830.	Bb.	*Reveller* Y. (H. I. du Pin), par Reveller et Scornful, par Woful.	
1857.	B.	*Rewolver*, par Weathergage et Bénédiction, par Physician.	
H1835.	N.	*Richemont* (H. I. du Pin), par Peter Lely et Princess Mary, par Emilius.	
**1849.	B.	*Richmond*, par Melbourne et la Femme Sage, par Gainsborough ou Physician.	1853
1857.	Al.	*Rigoletto*, par The Baron et Ténébreuse, par Y. Emilius.	
1857.	B.	*Rigoletto*, par Yatagan et Palmyre, par Arthur.	
1855.	Al.	*Rinaldo*, par Garry Owen ou Richmond et Rhodante, par Vélocipède.	
H1840.	B.	*Rinaldo* (H. I. du Pin), par Pickpocket et Henrica, par Woful.	
1857.	B.	*Robinson*, par Castor et Olivia, par Gladiator.	
H1845.	B.	*Robinson* (H. I. du Pin), par Y. Emilius et Whalebona *(Gipsy)*, par Whalebone.	
1839.	Al.	*Rob-Roy*, par Pickpocket et Zaida, par Tigris.	
1836.	B.	*Rocquencourt*, par Logic et Contrition, par Tiresias.	
**1842.	B.	*Roebuck*, par Venison et Katherine, par Camel.	1847
1857.	Al.	*Roger Bontemps*, par Buckthorn et Anna, par Tipple-Cider.	
H1841.	B.	*Roi de Rome* (H. I. du Pin), par Napoleon et Sapho, par Eastham.	
1851.	B.	*Roland*, par Gladiator et Miss Rainbow.	
**1842	Bb.	*Romager*, par Venison et Minima, par Sultan. .	1847
**1833.	Al.	*Roméo*, par Emilius et Worry, par Woful. . .	1843
1840.	Al.	*Rominagrobis*, par Ismaël et Minetta, par Woful.	

Année de la naissance.	Robe.		Année de l'importation.
1836.	B.	*Romulus*, par Cadland et Wittoria, par Milton.	
1860.	Al.	*Romulus*, par Garry Owen et Zélia, par Brocardo.	
1848.	Bb.	*Ronald*, par Polecat et Regatta, par Camel.	
1850.	B.	*Ronconi*, par Sting et Lydia, par Rainbow.	
1841.	B.	*Rosas*, par Mameluke et Noëmi, par Tigris.	
**1846.	Al.	*Roue (The)*, par Claret et Roulette, par Philip the First.	1851
*1819.	G.	*Rowlston*, par Camillus et Miss Zilia Teazle, par sir Peter	1827
1834.	B.	*Royal George*, par Royal Oak et Maria, par Walton.	
**1833.	Bb.	*Royal George*, par Royal Oak et Destiny, par Centaur.	1837
1857.	Al.	*Royal Junior*, par Royal quand même et Catherina, par Bramble.	
*1851.	B.	*Royalist*, par Melbourne et Her Royal highness, par Vélocipède.	1856
1856.	Bb.	*Royal Macaire*, par Womersley et Exquisite, par Royal Oak.	
*1823.	Bb.	*Royal Oak*, par Catton et Smolensko mare. . .	1833
1850.	Al.	*Royal quand même*, par Gigès et Eusebia, par Emilius.	
1851.	B.	*Rozé*. (Voyez *Volcano*.)	

S

Année de la naissance.	Robe.		Année de l'importation.
1838.	Bb.	*Sablonville*, par Royal Oak et Anna (sœur de *Flexible*), par Whalebone.	
1858.	B.	*Saïb*, par Napier et Sélina, par Mr Wags.	
1858.	Bb.	*Saint-Aignant*, par Iago et Emilia, par Y. Emilius.	
1860.	Bb.	*Saint-Clair*, par Father Thames et Junction, par Sting, Nunnykirk ou Nuncio.	

Année de la naissance.	Robe.		Année de l'importation
1847.	Al.	*Saint-Germain*, par Attila et Curency, par Saint-Patrick.	
1847.	Bb.	*Saint-Léger*, par Attila et Cassandra, par Priam.	
1860.	Al.	*Saint-Léon* (ex-*Eclipse*), par Ethelwolf et Lune de miel, par Skirmisher.	
1848.	B.	*Saint-Simon*, par Gladiator et Sweetlips, par Emilius.	
1852.	Al.	*Sampson* (ex-*Rape-Tout*), par Y. Emilius et Bella Dona, par Harlequin.	
1834.	B.	*Sancho* (H. I. du Pin), par Alcaston et Chesnut Filly, par Walton.	
1845.	B.	*Sandwich* (H. I. du Pin), par Y. Emilius et Pecora, par Sylvio ou Mameluke.	
1850.	B.	*Sans-Façon*, par Morok et Symmetry, par Sheet Anchor.	
1852.	B.	*Sans-Tache*, par Tipple Cider et Camelia, par Camel.	
1858.	B.	*Sans-Vanité*, par Sting et Térésina, par Jereed.	
1844.	B.	*Sapling*, par Royal Oak et Vanessa, par Gulliver.	
**1852.	B.	*Saucebox*, par St-Lawrence et Priscilla Tomboy, par Tomboy	1856
1856.	B.	*Sautcret*, par Napier et Céleste, par Lottery.	
**1847.	Al.	*Scarborough* (ex-*Bamboo*), par Ratan et Muley Moloch mare	1852
**1840.	B.	*Scavenger* (*The*), par Slane et Vulture, par Langar	1846
**1845.	B.	*Schamyl*, par Rough Robin et Kate Kearney, par Napoleon	1851
1825.	Bb.	*Schedony*, par Milton et Darthula, par Scud.	
1837.	B.	*Schubry*, par Pickpocket et Worry, par Woful.	
1855.	B.	*Sébastopol*. (Voyez *Candide*.)	
*1836.	B.	*Secundus*, par Scipio et Sir Malachi Malagrowther mare	. . . .
H1828.	B.	*Sémillant* (H. I. du Pin), par Tigris et Deer, par Vandyke Junior.	
1856.	B.	*Sénéchal*, par Pédagogue et Glaucopis, par Melbourne.	

Année de la naissance.	Robe.		Année de l'importation
1851.	Bb.	*Serious*, par Tory et Semisaria, par Voltaire.	
**1848.	B.	*Setter (The)*, par The Castor et Y. Medora, par Prince (fils d'*Hollyhock*).	1853
1845.	B.	*Shamil*, par Redshanke et Currency, par Saint-Patrick.	
**1849.	B.	*Sharavogue*, par Freney et Skylark marc. . .	1856
**1845.	Bb.	*Shylock*, par Simoom et The Queen, par Sir Hercules	1849
1858.	B.	*Singapore*, par Ballinkeele et Zille, par Friedland.	
1840.	B.	*Singleton*, par Ibrahim (*Sultan*) et Lady Bird, par Bustard (*Castrel*).	
*1846.	Bb.	*Sir Benjamin* (ex-*The Miller*), par Lanercost et Queen of Beauty, par The Saddler	1851
**1829.	B.	*Sir Benjamin Backbite*, par Whisker et Scandal, par Selim	1835
**1846.	B.	*Sir Charles*, par Sleight of hand et Macbeth mare.	1852
1855.	B.	*Sir* de *Franc Boisy* par Lanercost ou Nunnykirk et Belvédère, par Actoéon.	
**1817.	B.	*Sir Joshua*, (*Young*), par Rubens et sir Peter mare.	1825
**1845.	B.	*Sir Roland de Bois*, par Touchstone et Falerina, par Château-Margaux.	
**1833.	B.	*Skirmisher*, par The Colonel et Luna, par Wanderer	1837
1839.	B.	*Slane*, par Royal Oak et Naiad, par Whalebone.	
**1831.	B.	*Slang*, par Sober Robin et Billingsgate, par Selim	1835
**1848.	B.	*Sledmere*, par Sleight of hand et Hamptonia, par Hampton	1852
1845.	Bb.	*Sly*, par The Juggler et Cloton, par Eastham.	
1860.	B.	*Small Money*, par Pyrrhus the First et Plumstead, par Chatam.	
*1811.	B.	*Smolensko*, par Stamford et Pegasus mare.	

Année de la naissance.	Robe		Année de l'importation.
1855.	B.	*Smolensko*. (Voyez *Venison*.)	
**1805.	G.	*Snail*, par Stamford et Bourdeaux mare. . .	1819
H1827.	B.	*Snail (Young)* (H. I. du Pin), par Snail et Comus mare.	
H1832.	B.	*Sonnant* (H. I. du Pin), par Captain Candid et Pamela, par Tigris.	
H1836.	Al.	*Sophiste* (H. I. du Pin), par Paradox et Comus mare.	
1841.	B.	*Sophiste*, par Tarrare et Miss Sophia, par Shakespeare.	
1850.	B.	*Soulouque*, par Beggarman et Molokine, par Molock.	
1855.	Bb.	*Souvenir*, par Elthiron ou Bataclan et Ruthful, par Beiram.	
1852.	Al.	*Spartacus*, par Gladiator et Discrete, par Eastham.	
1855.	Al.	*Spartacus*, par Gladiator et Elfride, par Royal Oak.	
**1835.	B.	*Spatterdash*, par Sir Benjamin et Andrew mare.	1842
**1815.	B.	*Spectre*, par Phantom et Fillikins, par Gouty .	1831
1848.	B.	*Sprightly*, par Y. Emilius et Margaret, par Gigès.	
**1813.	Bb.	*Spy*, par Walton et Chryseis, par Aspargus . .	1818
1817.	B.	*Stamfort*. (Voyez *Locksley*.)	
*1858.	Al.	*Starlight*, par Chanticleer et Sunflower, par Bay Middleton	1864
**1797.	Al.	*Statesman*, par Rockingham et Violet, par Sweetbriar.	1811
**1815.	Al.	*Statesman (Young)*, par Statesman et Sancho mare.	1819
**1814.	N.	*Staveley (Young)*, par Sir David et Beningbrough mare	1819
1854.	Bb.	*Stenworde*, par Malton et Gipsy, par Sir Hercules.	
1837.	B.	*Sterne*, par Harlequin et Eugenia, par Trance.	
1858.	B.	*Sting*, par Coueron et Molokine, par Moloch.	

Année de la naissance.	Robe.		Année de l'importation
**1843.	Bb.	*Sting*, par Slane et Écho, par Emilius	1847
1854.	B.	*Sting's son*, par Sting et Skirmish (ex-*Skirmishere*), par Skirmisher.	
1852.	B.	*Sting's son*. (Voyez *Lilliput*.)	
**1842.	Bb.	*Stoker*, par Steamer et Motley, par Pantaloon. .	1852
**1810.	B.	*Streat Lam Lad*, par Remembrancer et Béatrice, par Sir Peter.	1818
**1846.	Bb.	*Strongbow*, par Touchstone et Miss Bow, par Catton	1852
1843.	B.	*Sulphur*, par Terror et Enchanteresse, par Abron.	
1842.	Bb.	*Suprême*, par Napoleon et Danaïde, par Ægyptus.	
*1821.	G.	*Swallow*, par Skim et Sir Petronel mare	. . .
1851.	Al.	*Sword*, par Gladiator et Defy, par Défence.	
1860.	B.	*Sybarite*, par Pédagogue et Baïonnette, par Irish Birdcatcher.	
1842.	B.	*Sycomore*, par Little Rover et Céleste, par Lottery.	
1857.	Al.	*Sylphe*, par Napier et Stella, par Count-Porro. .	
H1836.	B.	*Sylphe* (H. I. du Pin), par Sylvio et Eucharis, par Tigris.	
1854.	B.	*Sylvain*, par Malton et Sylvandire, par Terror. .	
1854.	B.	*Sylvain*, par Malton et Sylvia, par Commodor Napier.	
1832.	B.	*Sylvino*, par Sylvio et Fair Helen, par Crecy. .	
1857.	B.	*Sylvio*, par Garry Owen et Mainada, par Beggarman.	
1826.	Bb.	*Sylvio*, par Trance et Hébé, par Rubens.	

T

1853.	B.	*Taboraï (Young)*, par Y. Emilius et Carioca, par Worthless.	
1852.	B.	*Tais-toi*, par The Emperor et Sérénade (ex-*Posthume*), par Royal Oak.	

Année de la naissance.	Robe.		Année de l'importation.
1852.	B.	*Talisman (Young)*, par Garry Owen et Skirmish (ex-*Skimishere*), par Skirmisher.	
1829.	B.	*Talma*, par Tancred et Crystal, par Triumvir.	
1859.	Al.	*Tamberlick*, par Fitz Gladiator et Maid of Hart, par The Prevost.	
1844.	B.	*Tamburini*, par Terror et Nœma, par Premium .	
*1820.	B.	*Tancred*, par Selim et Hambletonian mare. . .	1828
1856.	B.	*Tancrède*, par Polecat et Christobel, par Charles XII.	
**1816.	Al.	*Tandem (Multum in Parvo)*, par Rubens et Jannette, par King Bladud	1829
**1823.	B.	*Tarrare*, par Catton et Henriette, par Sir Salomon.	1839
1831.	Al.	*Tartare*, par Eastham et Witch, par Sorcerer. .	
1859.	B.	*Telegraph*, par Fitz Gladiator et Mika, par Polecat.	
1844.	B.	*Télémaque*, par Ali-Baba et Calipso, par Milton.	
1853.	B.	*Telesphore*, par Gladiator et Victoria, par Royal Oak.	
H1828.	B.	*Téméraire* (H. I. du Pin), par Captain Candid et Witch, par Sorcerer.	
1854.	B.	*Tender*, par Strongbow et Miss Tarrare, par Tarrare.	
**1825.	Bb.	*Terror*, par Magistrate et Torelli, par Cerberus.	1835
**1828.	B.	*Tetotum*, par Lottery et Smolensko mare. . . .	1834
*1819.	B.	*Theodore*, par Woful et Coriander mare	1838
1850.	B.	*Tic-Tac*, par Caravan et Miss Rainbow, par Rainbow.	
**1812.	Al.	*Tigris*, par Quiz et Persepolis, par Alexander. .	1818
**1830.	Al.	*Tim*, par Middleton et Merlin mare.	1836
1820.	Bb.	*Tinker*. (Voyez *Lottery*.)	
1841.	B.	*Tinker Junior*, par Lottery et Flora, par Partisan.	
**1833.	Al.	*Tipple-Cider*, par Défence et Deposit *(Chesnut)*, par Blacklock.	1846
1855.	Al.	*Tippler*, par Tipple Cider et Boutique, par Y. Emilius ou Gigès.	

Année de la naissance.	Robe.		Année de l'importation.
1850.	Al.	*Tippler*, par Tipple Cider et Emelina, par Emilius.	
1836.	B.	*Tobie* (ex-*Lemovix*), par Napoleon et Desdemona, par Premium.	
**1823.	Bb.	*Toil and Trouble*, par Manfred et Witchery, par Sorcerer	1828
H1850.	Al.	*Toison d'Or* (H. I. du Pin), par Prince Caradoc et Honey Moon, par Quoniam.	
1855.	Al.	*Tonnerre des Indes*, par The Baron et Sérénade (ex-*Posthume*), par Royal Oak.	
*1809.	Bb.	*Tooley*, par Walton et Phantasmagoria, par Precipitate.	1819
1849.	B.	*Topinambour*, par Ionian et Eugenia, par Trance.	
1861.	B.	*Torticolis* (ex-*Royal Espoir*), par Royal Quand même et Défiance, par Royal Oak.	
1856.	B.	*Totleben*, par Commodor Napier et Bénédiction, par Physician.	
1855.	B.	*Tôt-ou-Tard*, par Ionian et Egeste, par Royal Oak.	
**1829.	N.	*Tourist*, par Doctor Syntax et Governor mare.	1836
*1854.	B.	*Tournament*, par Touchstone et Happy Queen (ex-*Hind of the Forest*), par Venison.	1864
**1811.	B.	*Tozer* (ex-*Miskate*), par Flydener et Fortunio mare.	1818
**1845.	B.	*Tragedian*, par Sir Isaac et Fanny Kemble, par Paulowitz	1847
1852.	Al.	*Trajan*, par The Emperor et Myszka, par Bizarre.	
*1817.	B.	*Trance*, par Phantom et Pope Joan (sœur de *Pledge*), par Waxy.	1825
1840.	Bb.	*Trilby*, par Tipple Cider et Ketty, par Tramp.	
1817.	Bb.	*Tring*. (Voyez *Parchement*.)	
1845.	B.	*Tristan*, par Y. Emilius et Malvina, par Manfred.	
1857.	Bb.	*Troc*, par Iago et Vision, par Marcellus.	
1848.	B.	*Trois-Heures*, par Royal Oak et Zille, par Friedland.	
1848.	B.	*Trompe-la-Mort*, par Mr Wags et Miss Exile, par Exile.	

Année de la naissance.	Robe.		Année de l'importation
1849.	Al.	*Trompeur*, par Terror et Magnelina (ex-*Maquilina*), par Crispin.	
1853.	Al.	*Trouvère* (ex-*Fénelon*), par Tipple Cider et Colombine, par Harlequin.	
1860.	B.	*Trouville*, par Fitz Gladiator ou Tipple Cider et Clémentine, par Governor.	
**1808.	B.	*Truffle*, par Sorcerer et Hornby Lass, par Buzzard	1817
1856.	B.	*Trumpator*, par Nuncio et Margarita, par Royal Oak.	
1841.	Al.	*Turbulent*, par General Mina et Tapage, par Pollio.	
*1824.	Bb.	*Turcoman*, par Selim et Pope Joan (sœur de *Pledge*), par Waxy.	
**1853.	Al.	*Typhon*, par The Hydra et Blue Bell, par Ion. .	1859
*1836.	B.	*Tyrius*, par Laurel et Antiope, par Whalebone .	

U

1845.	B.	*Ulric*, par Terror et Luna, par Napoleon.	
1843.	B.	*Ulysse*, par Elis et Déception, par Defence.	
1852.	Bb.	*Uriel*, par Nunnykirk et Opale, par Terror ou Quoniam.	
1857.	Bb.	*Utinam*, par Weathergage et Fringante, par Terror.	

V

1852.	Bb.	*Valbruant*, par Nuncio et Wirthschaft, par Gigès.	
1847.	Bb.	*Val-de-Sair*, par Adolphus et Ida, par Whalebone.	

Année de la naissance.	Robe.		Année de l'importation.
1856.	Bb.	*Valentin*, par Beauceus et Valentine, par Ibrahim *(Sultan)*.	
**1817.	B.	*Vampyre*, par Waxy et Vestal, par Walton. . .	1830
**1853.	Bb.	*Vandermulin*, par Van Tromp et Miss Julia Bennett, par Muley Moloch.	1862
**1817.	Bb.	*Vandyke (Young)*, par Vandyke Junior et Buzzard mare	1827
*1817.	B.	*Vanloo*, par Rubens et Louisa, par Pegasus. . .	1830
**1827.	B.	*Vanloo*, par Waterloo et Sprite, par Phantom. .	1836
1843.	B.	*Va-nu-Pieds*, par Physician ou Royal Oak et Vittoria, par Milton.	
H1840.	Al.	*Vautrin* (H. I. du Pin), par Pickpocket et Odine, par Tigris.	
**1846.	Al.	*Velox*, par Velocipède et Whisker mare	1852
**1813.	Al.	*Velve'*, par Sorcerer et Woodpecker mare. . .	1818
1835.	B.	*Vendredi*, par Caïn et Naïad, par Whalebone.	
1855.	B.	*Venison* (ex-*Smolensko*), par Sting et Deer Chase, par Venison.	
1855.	B.	*Ventre-Saint-Gris*, par Gladiator et Belle-de-nuit, par Y. Emilius.	
1853.	B.	*Verdelay*, par Gladiator et Polyxène, par Gigès.	
1860.	Al.	*Vermillon*, par The Cossack et Vermeille (ex-*Merveille*), par The Baron.	
1854.	Al.	*Vert-Galant*, par The Baron et Fair Helen, par Priam.	
1855.	Al.	*Vert-Galant*, par The Prime Warden et Fanny Hill, par Hetman Platoff.	
1846.	B.	*Vesperus*, par Terror et Enchanteresse, par Abron.	
H1834.	B.	*Vestris* (H. I. du Pin), par Holbein et Poozy, par Partisan.	
1846.	Bb.	*Victot*, par Mr Wags et Destiny, par Centaur.	
H1830.	N.	*Vigilant* (H. I. du Pin), par Mustachio et Sir David mare.	
1854.	B.	*Villie Crawford*. (Voyez *Liverpool*).	

Année de la naissance.	Robe.		Année de l'importation.
1850.	B.	*Vingt-deux Juin*, par Freystrop et Lady Henriette, par Y. Emilius ou Partisan.	
1858.	B.	*Vingt Mars*, par Faugh a Ballagh et Lady Crompton, par Scheik.	
1851.	B.	*Violens*, par Fitz Emilius et Couette, par Paillasse.	
1860.	B.	*Vire-Volte*, par Collingwood et Acerrime, par Garry Owen.	
1855.	Al.	*Virtuose*, par Brocardo et Isole, par Prince Caradoc.	
*1796.	B.	*Vivaldi*, par Woodpecker et Mercury mare. . .	1801
**1846.	Bb.	*Volcano*, par Vulcan et Mansfield Lass, par Filho da Puta.	1849
1851.	B.	*Volcano (Young)* (ex-*Rozé)*, par Volcano et Zaida, par Tigris.	
1856.	B.	*Volontaire*, par Elthiron et Naphtha, par Slane.	
1847.	B.	*Voyageur* (ex-*Mazuline)*, par Royal Oak et Zicka, par Napoleon.	

W

1841.	B.	*W*, par Pickpocket et Ida, par Whalebone.	
1850.	B.	*Wag*, par Sting et Eva, par Sultan.	
1842.	B.	*Wagram*, par Napoleon et Bellone, par Sober Robin.	
1848.	B.	*Wanton*, par Napoleon ou Jeroboam et Danaë, par Terror.	
**1821.	B.	*Wark Worth*, par Filho da Puta et Delpini mare.	1828
1843.	Bb.	*Warrior*, par Pantaloon et Pasquinade, par Camel.	
1831.	B.	*Waxy*, par Milton et Luna, par The Flyer.	
**1839.	Bb.	*Weatherden*, par Weatherbit et Birdcatcher mare.	1834

Année de la naissance.	Robe.		Année de l'importation.
*1849.	B.	*Wealhergage*, par Weatherbit et Taurina, par Taurus.	1855
1839.	Al.	*Well Done*, par Paradox et Ida, par Whalebone.	
*1850.	Bb.	*West-Australian*, par Melbourne et Mowerina, par Touchstone.	1860
1854.	B.	*Whisker*. (Voyez Capdevielle.)	
1830.	B.	*Whisker* (*Young*), par Whisker et Election mare.	
1837.	Al.	*Whiteface*, par Pickpocket et Ida, par Whalebone.	
1859.	B.	*Wild Deer*, par Sting et Deer Filly, par Fitz Emilius.	
1842.	Al.	*William*, par Tarrare et Ida, par Whalebone. .	
1848.	B.	*William the Conqueror*, par Charles XII et Emerald, par Merchant.	
1841.	Bb.	*Willions*, par Tarrare et Ketty, par Tramp.	
**1827.	Bb.	*Windcliffe*, par Waverley et Catton mare. . . .	1836
**1849.	B.	*Womersley*, par Irish Birdcatcher et Cinizelli, par Touchstone.	1853
**1842.	B.	*Worthless*, par Camel et Mouche, par Emilius. .	1846
1848.	B.	*Worthles* (*Young*), par Worthless et Adamantine, par Pickpocket.	

X

1857.	B.	*Xercès*, par Monarch et Badinage, par Mango.

Y

1849.	B.	*Yatagan*, par Ionian et Jocaste, par Deucalion.
H1848.	B.	*Yedo* (H. I. de Pompadour), par Commodor Napier et Venezia, par Belmont . . . .
1853.	B.	*York*, par Y. Emilius et Picciola, par Assassin.

Année de la naissance.	Robe.		Année de l'importation.
—	—		—

Z

1850.	B.	*Zadig*, par Commodor Napier et Jocaste, par Deucalion.	
1845.	B.	*Zagal*, par Ratcatcher et Miss King, par Muley Moloch.	
1849.	Al.	*Zegry*. (Voyez Captain Rous.)	
1848.	B.	*Zéphir*, par Y. Emilius et Miss Tandem, par Tandem.	
1850.	B.	*Zeste*, par Sylvio et Chimère, par Holbein. . .	
*1805.	Al.	*Zoroaster*, par Sorcerer et Louisa, par Ancient Pistol.	
1855.	B.	*Zouave-Impérial*, par Arthur et Bella, par Ali-Baba.	
1855.	Al.	*Zouave*, par The Baron et Dacia, par Gladiator.	

POULINIÈRES ANGLAISES.

A

Année de la naissance.	Robe.		Année de l'importation.
*1839.	B.	*Abbess* (*The*), par The Saddler et Blacklock Mare.	1853
**1818.	Al.	*Abigail*, par Haphazard et Audrey mare, par Marmion.	1829
1856.	Bb.	*Abigail*, par Sting et Skirmish (ex-*Skirmishère*), par Skirmisher.	
H1836.	B.	*Abjer Filly* (H. I. du Pin), par Ægyptus et Abjer mare.	
**1826.	B.	*Abjer Mare*, par Abjer et Orville mare.	1833
*1846.	B.	*Ablette*, par Agreeable et Whisker mare. . . .	1845
*1826.	B.	*Absence*, par Erix et Misery, par Camerton.	
*1826.	Al.	*Acacia*, par Phantom et Augusta, par Woful. .	1844
1856.	B.	*Acerrime*, par Garry Owen et Candida, par Prospectus.	
*1843.	Al.	*Achaia*, par Elis et Miss Craven, par Mr Lowe.	1846
1855.	Bb.	*Action*, par Ion et Belle-Poule, par Marcellus.	
1859.	Al.	*Actrice*, par Ali-Baba et Daphné, par Garry Owen.	
1828.	B.	*Ada*, par Captain Candid et Penelope, par Don Cossack.	

Année de la naissance.	Robe		Année de l'importation.
*1824.	B.	*Ada*, par Whisker et Anna Bella, par Shuttle.	1829
1852.	Al.	*Adalgize*, par Liverpool et Wren, par Irish Birdcatcher.	
1854.	B.	*Adalgise* (ex-*Vélocité*), par Malton et Betzy, par Napoleon.	
1856.	Al.	*Adalvy*, par The Baron ou Saint-Germain et Ziheline, par Actœon.	
H1839.	B.	*Adamantine* (H. I. du Pin), par Pickpocket et Pamela (*bis*), par Captain Candid.	
*1846.	B.	*Ada Mary*, par Bay Middleton et Tramp Mare.	1859
1859.	B.	*Adda*, par Grey Tommy et Tamise.	
1859.	B.	*Adda*, par Sting et Skirmish (ex-*Skirmishere*), par Skirmisher.	
1843.	Al.	*Adèle*, par Y. Emilius et Doris, par Terror.	
1840.	B.	*Adèle*, par Tetotum et Calliope, par Milton.	
H1843.	B.	*Adeline* (H. I. du Pin), par Lottery et Rachel, par Whalebone.	
1855.	B.	*Adeline*, par Morok et Yelva, par Gladiator.	
1848.	B.	*Adeline*, par Terror et Adèle, par Tetotum.	
*1855.	B.	*Admiralty*, par Collingwood et Black Bird, par Irish Birdcatcher.	1860
1845.	Bb.	*Adrienne*, par Napoleon et Miss Henry, par Tiresias.	
*1856.	B.	*Adulation*, par Newminster et Tomboy Mare.	1864
1845.	B.	*Ægyptsy*, par Ægyptus et Filagree, par General Mina.	
1851.	Bb.	*Aella*, par Prince Caradoc et Pointe-à-Pitre, par Ali-Baba.	
1857.	B.	*Afra*, par Buckthorn et Pharmacopeia, par Physician.	
1853.	B.	*Aganisia*, par Assault et Stream, par Sheet Anchor.	
1850.	Al.	*Agar*, par Brocardo et Rachel, par Terror.	
1850.	Al.	*Agar*, par Sting et Georgina, par Rainbow.	
1850.	Al.	*Agathe*, par Napoleon et Moselle, par Château-Margaux.	

Année de la naissance.	Robe.		Année de l'importation.
1853.	B.	*Aglaure*, par Ion. et Emilia, par Y. Emilius.	
1849.	B.	*Agnès Sorel*, par Mr Wags et Shérine, par Blacklock.	
1849.	B.	*Aidée*, par Prospectus et Emma, par Napoleon.	
1840.	B.	*Aigline*, par Pickpocket et Arab, par Woful.	
1822.	B.	*Aimable*, par Election et Y. Whisker mare.	
1847.	B.	*Aimée*, par Minster et Veronica, par Félix Rainbow.	
1843.	B.	*Ajaccio*, par Ajax et Fauvette, par Trance.	
*1851.	N.	*Alabama*, par Van Tromp et Ohio, par Jerry . .	1855
1855.	B.	*Alba*, par Napier et Mademoiselle de Brie, par Ali-Baba.	
1832.	Al.	*Albania*, par Sultan et Marinella, par Soothsayer.	1842
1830.	B.	Albany mare. (Voyez *Papillotte*.)	
1850.	B.	*Albertine*, par Ali-Baba et Lady Albert, par Langar.	
1839.	Bb.	*Albertine*, par Pickpocket et Abjer mare.	
1854.	B.	*Albina*, par The Ban et Miona, par Trueboy.	
1853.	B.	*Albione*, par Y. Emilius et Catanno (ex-*Cattano*), par Minster.	
1859.	B.	*Alerte*, par Alarm et Aunt Phyllis, par Epirus.	
1862.	G.	*Alerte*, par Collingwood et Grey Tommine, par Grey Tomury.	
1854.	N.	*Alerte*, par Sting et Aquila, par General Mina.	
1845.	B.	*Alexandra*, par Napoleon et Regatta, par Camel.	
*1818.	Al.	*Alexandria*, par Comus et Alexandria, par Alexander	1824
1845.	B.	*Alexandrine*, par Mr Wags et Zarah, par Reveller.	
*1826.	B.	*Alexina*, par Wkisker et Calypso, par Sorcerer.	1829
1861.	Al.	*Alice*, par Astre et Mira, par Skirmisher.	
1855.	B.	*Alice*, par The Baron ou Nuncio et Annetta, par Mango.	

Année de la naissance.	Robe.		Année de l'importation.
*1852.	Bb.	*Alice*, par Muley Moloch et Days of Yore, par Old England	1862
1851.	Bb.	*Alice*, par Sting et Ebauche, par Emancipation.	
1848.	Al.	*Alicia*, par Monsieur d'Ecoville et Huraca, par Pickpocket.	
1853.	B.	*Alida*, par Morok et Emma, par Napoleon.	
1850.	B.	*Alifri*, par Ali-Baba et Frisure, par Stockport.	
1856.	Al.	*Alina* (ex-*Ali-Napier*), par Napier et Alifri, par Ali-Baba.	
1856.	Al.	*Ali-Napier*, (Voyez *Alina*.)	
1840.	B.	*Aline*, par Ali-Baba et Lady Emely, par Caïn.	
1845.	B.	*Aline*, par Ali-Baba et Sylvie, par Sylvio.	
1855.	Al.	*Aline*. par Astre et Swallow, par Little Rover.	
1856.	Al.	*Aline*, par Garry Owen et Coqueluche, par Royal Oak.	
1834.	G.	*Allarock*, par Rowlston et Elvira, par Erix.	
*1859.	N.	*All Black*, par Voltigeur et The Nun, par St-Martin.	1863
*1819.	Bb.	*Allegretta*, par Orville et Allegretta, par Trumpator.	1824
1856.	B.	*Alliance*, par Elthiron et Discretion, par Napoleon.	
1853.	B.	*All-Right*, par The Prime Warden et Norma, par Sylvio.	
*1848.	Al.	*All's Lost now*, par Iris-Birdcatcher et Madame Vestris, par The Distingue.	1862
*1840.	B.	*Allumette*, par Taurus et Orville mare.	1851
1856.	Bb.	*Alma*, par Beaucens et Zamire, par Skirmisher.	
1855.	B.	*Alma*, par Garry Owen et Nautila, par Nautilus.	
1854.	B.	*Alma* (ex-*Berthine*), par The Prime Warden et Berthe, par Hœmus.	
1855.	B.	*Alma*, par Richmond et Bellone, par Minster.	
1856.	B.	*Alma*, par Slane et Potence, par Assassin.	
n1829.	B.	*Almaida* (H. I. du Pin), par Tigris et Tramp mare.	

Année de la naissance.	Robe.		Année de l'importation.
1840.	B.	*Almée*, par Lottery et Almaida, par Tigris. . .	
H1840.	B.	*Almée* (H. I. du Pin), par Mameluke ou Paradox et Pyrrha, par Bedlamite.	
*1841.	Bb.	*Alva*, par Bay Middleton et Malvina, par Oscar.	1846
*1818.	Bb.	*Amabel*, par Octavius et Canopus mare	1823
1849.	B.	*Amanda*, par Ali-Baba et Atalanta, par Muley Moloch.	
H1823.	Bb.	*Amanda* (H. I. de Rosières), par Spy et Vandyke Junior mare.	
1859.	B.	*Amaranthe*, par The Cossack et Taffrail, par Sheet-Anchor.	
1847.	B.	*Amathonte*, par Ibrahim (*Sultan*) et Ablette, par Agreeable.	
*1856.	Bb.	*Amazon*, par Voltigeur et Battery, par Assault.	1862
1833.	B.	*Amazone*, par Abron et Election mare, par Election	
H1832.	Bb.	*Amazone* (H. I. du Pin), par Captain Candid et Hélène, par Eastham.	
*1834.	Bb.	*Amélie*, par Camel et Lady Bird, par Bustard (*Castrel*).	
1849.	B.	*Amélie*, par Worthless et Camélia, par Vendredi.	
H1843.	B.	*Amelina* (H. I. du Pin), par Y. Emilius et Henrica, par Woful.	
*1844.	Al.	*Amesbury* mare, par Amesbury et Edris, par Rubello	1855
H1843.	B.	*Amethiste* (H. I. du Pin), par Y. Emilius et Crotchet, par Partisan.	
1857.	B.	*Amica*, par Buckthorn et Naïm, par Sting.	
H1843.	B.	*Amie* (H. I. du Pin), par Beggarman et Petronille, par Emancipation.	
1844.	Bb.	*Amine*, par Novelist et Rubis, par Sylvio.	
1861.	B.	*Ammany*, par Sting et Eliala, par Sting.	
1855.	B.	*Amphitrite*, par The Baron et Jelly Fish, par Venison.	
1852.	B.	*Amulette*, par The Baron ou Sting et Deception, par Defence.	
*1852.	N.	*Amy Robsart*, par Sweetmeat et une sœur de Porto Bello, par Muley Moloch	1863

Année de la naissance.	Robe.		Année de l'importation.
н1834.	B.	*Analie* (H. I. de Pompadour), par Holbein et Miss Ann., par Figaro.	
1856.	Al.	*Anapa*, par Bedford et Wieillieska, par Physician.	
1854.	B.	*Anatolie*, par Nutwith et Scutari mare.	
1841.	B.	*Anémone* (Voyez *Odette*.)	
1841.	B.	*Anémone*, par Bizarre et Fleur-de-Lis, par Bourbon.	
1834.	B.	*Angèle*, par Augustus et Sweetlips, par Emilius.	
1856.	Al.	*Angèle* (ex-*Ressource*), par Beaucens et Miss Antiope, par Garry Owen.	
1841.	B.	*Angelina*, par Bizarre et Anne Gray, par Belzoni.	
*1850.	Bb.	*Angeline*, par Heron et Ardelia, par Emilius. .	1854
н1836.	B.	*Angiolina* (H. I. de Rosières), par General Mina et Vandyke Junior mare.	
1826.	B.	*Anna*, par Godolphin et Barrosa, par Vermin. .	1834
1853.	B.	*Anna*, par Tipple Cider et Aigline, par Pickpocket.	
1826.	Bb.	*Anna* (sœur de *Flexible*), par Whalebone et Themis, par Sorcerer.	1834
1841.	Bb.	*Anna Perenna*, par Alfred et Corinthian mare.	1855
1834.	B.	*Anne Grey*, par Belzoni et Anne of Geierestein, par Catton	1838
1829.	B.	*Anne of Geierestein*, par Catton et Rebecca, par Soothsayer.	1833
1839.	Al.	*Annetta*, par Ibrahim *(Sultan)*, et Miss Annette, par Reveller.	
1845.	Al.	*Annetta*, par Mango et Ada, par Whisker. . . .	1855
1851.	B.	*Annette*, par Boleslas et Berthe, par Hœmus.	
	Al.	*Annette*, par Gladiator et Annetta, par Ibrahim *(Sultan)*.	
1848.	B.	*Annette*, par Lottery et Miss Ann, par Filho da Puta.	

Année de la naissance.	Robe.		Année de l'importation.
1858.	Al.	*Annexion*, par The Baron et Annette, par Gladiator.	
1849.	Bb.	*Annuity*, par Inheritor et Angelina, par Bizarre.	
1858.	B.	*Anonyme*, par Father Thames et Illusion, par Bay Middleton.	
1855.	Al.	*Antelly*, par Elthiron et Naphtha, par Slane.	
H1839.	B.	*Antigone* (H. I. du Pin), par Sylvio et Amazone, par Captain Candid.	
1855.	Al.	*Antilope* (ex-*Calodisa*), par Malcolm et Start, par Irish Birdcatcher.	
1844.	Al.	*Antiope*, par Novelist et Lady Albert, par Langar.	
*1851.	Al.	*Antonia*, par Epirus et The Ward of Cheap, par Colwick	1856
H1843.	B.	*Antonia* (H. I. du Pin), par Napoleon et Jenny, par Whalebone.	
*1831.	B.	*Antwerp*, par Waterloo et Election mare. . .	1837
1858.	B.	*Anxiety*, par Lanercost et Security, par The Baron.	
1846.	B.	*Aphra*, par Physician et Miranda, par Y. Emilius.	
1861.	B.	*Aphrodite*, par Pédagogue et Débutante, par Pyrrhus the First.	
1837.	Al.	*Applause*, par Glencœ et Tapage, par Pollio.	
*1850.	B.	*Appleton*, par Bay Middleton et Mangosteen, par Emilius.	1856
*1850.	B.	*Aprilis*, par Lanercost et Mantle, par Reveller.	
*1851.	B.	*A Propos*, par Alarm et Glaucus mare	1857
H1840.	Bb.	*Aquila*, (H. I. de Rosières), par General Mina et Iveline, par Belmont.	
*1824.	Bb.	*Arab*, par Woful et Zeal, par Partisan.	1830
1851.	B.	*Arabella*, par Weatherbit et Azora, par Voltaire.	
H1838.	B.	*Arabelle* (H. I. du Pin), par Paradox et Pamela *(bis)*, par Captain Candid.	
1860.	B.	*Aramis*, par Sting et Faribole, par Gigès.	
1845.	B.	*Araris*, par Cameleon et Doris, par Trance.	

Année de la naissance.	Robe.		Année de l'importation.
*1859.	B.	*Arcadia*, par Arthur Wellesley et Pauline, par The Emperor.	1863
*1845.	B.	*Archery*. (Voyez *Fanny Hill*.)	
1857.	B.	*Archi-Duchesse*, par Dirk Hatteraick et Ellen Loraine, par The Lord Mayor.	
1859.	Bb.	*Aricie*, par Lanercost et The Maid of Fez, par Muley Moloch.	
1855.	B.	*Arlette*, par Richmond et Méduse, par Renonce ou Worthless.	
1856.	B.	*Arlette*, par Sting et My Dear, par Assassin.	
1853.	B.	*Armide*, par Y. Emilius et Azora, par Voltaire.	
1852.	Al.	*Armide*, par Garry Owen et Hirondelle, par Renonce.	
1861.	B.	*Arrogante*, par The Cassack et Impérieuse, par Orlando.	
1854.	B.	*Artemise*, par Sting et Catanno (ex-*Cattano*), par Minster.	
1857.	B.	*Arzal*, par Cassique et Velleda, par Y. Snail.	
1836.	B.	*Aspasie*, par Royal Oak et Waverley mare.	
1860.	B.	*Atala*, par Chactas et Deception (ex-*Ondine*), par Royal Oak.	
1840.	B.	*Atala*, par Pickpocket et Corinne, par Holbein .	
*1839.	Bb.	*Atalanta*, par Muley Moloch et Lilla, par Blacklock.	1848
1829.	B.	*Athalie*, par Milton et Seud mare (ex-*Merlin mare*), par Seud ou Merlin.	
1853.	Al.	*Attica*, par Pyrrhus the First et Ellipsis, par Emilius.	
1847.	B.	*Attrape-Qui-Peut* (ex-*Kiss*), par Ibis et Cyprienne, par Camel.	
1843.	B.	*Augusta*, par Y. Colwick et Fatime, par Captain Candid.	
1849.	B.	*Augusta*, par Sting et Teresina, par Jareed. . .	
1859.	B.	*Aunt Cloe* par Father Thames et Junction, par Sting, Nunnykirk ou Nuncio.	
*1850.	Al.	*Aunt Phillis*, par Epirus et The Lady of Penydaran, par Pantaloon.	1853

Année de la naissance.	Robe.		Année de l'importation.
1849.	B.	*Aura*, par Ali-Baba et Sylvie, par Sylvio.	
1856.	Bb.	*Aureole*, par Malton et Aurora, par Pantaloon.	
1848.	Al.	*Aurora*, par Pantaloon et Lady, par Zingance.	
H1837.	B.	*Aurore* (H. I. du Pin), par Pickpocket et Whalebona *(Gipsy)*, par Whalebone.	
1855.	Al.	*Aurore*, par Richmond et Progné, par Y. Emilius.	
1853.	B.	*Australie*, par Nuncio et Essler, par Cadland.	
1858.	Al.	*Avalanche*, par Ftiz Gladiator et Annetta, par Mango.	
1839.	Al.	*Avant-Garde*, par General Miua et Tapage, par Pollio.	
H1843.	N.	*Aveline* (H. I. du Pin), par Beggarman ou Napoleon et Pamela, par Tigris.	
1848.	Al.	*Aveline*, par Commodor Napier et Olympic, par Deucalion.	
1858.	B.	*Aventure*, par Allez-y Gaîment et Agar, par Sting.	
1843.	Al.	*Ayouba*, par Hercule *(Rainbow)* et Feuille-de-Chêne, par Royal Oak.	
*1843.	B.	*Azora*, par Voltaire et Minikin, par Manfred . .	1850
H1840.	Al.	*Azurine* (H. I. du Pin), par Mameluke et Discrete, par Eastham.	

B

*1849.	Al.	*Babette*, par Faugh A. Ballagh et Barbarina, par Plenipotentiary.	1860
1858.	B.	*Babine*, par Napier et Topaze, par Shirmisher.	
1860.	B.	*Babiole*, par Fitz Gladiator et Peronelle, par Elthiron.	
1853.	B.	*Babiole*, par Gladiator et Bride of Abydos, par Belzoni.	

Année de la naissance.	Robe.		Année de l'importation.
1853.	B.	*Babiole*, par Rosas et Iris, par Alteruter.	
1851.	B.	*Bacchante*, par Brocardo et Noema, par Premium.	
*1842.	B.	*Badinage*, par Mango et Drab, par Reveller. . .	1857
1861.	B.	*Bagneraise*, par Morok et Molokine, par Moloch.	
1854.	B.	*Bagneraise*, par Sting et Penitence, par Assassin.	
1838.	Bb.	*Bahia*, par Philip Shah et Brésilia, par Napoleon.	
1838.	Bb.	*Bai-Brune*, par Terror et Dionne, par Rainbow.	
1855.	Al.	*Baionnette*, par Irish-Birdcatcher et Needle, par Lanercost.	
1842.	Bb.	*Balaclava* (ex-*Medoro mare*), par Medoro et Mosti, par Confederate	1854
1837.	B.	*Baleine*, par Jonas et Don Cossack mare.	
1845.	B.	*Baliverne*, par Ibrahim ou Gigès et Bassinoire, par Emilius.	
1856.	Bb.	*Ballerina* (ex-*Hirondelle*), par Nunnikirk et Annetta, par Mango.	
1844.	B.	*Bellerina*, par Pontchartrain et Miranda, par Y. Emilius.	
*1847.	Bb.	*Ballet-Girl (The)*, par The Earl of Richmond et Glaucus mare.	1852
*1857.	Bb.	*Balloon*, par The Flying Dutchman et Plenary, par Emilius	1864
1839.	B.	*Balsamine*, par Lottery et Fleur-de-Lis, par Bourbon.	
1856.	N.	*Bamboche*, par Nuncio et Lady Arthur, par Arthur.	
1856.	B.	*Bamboche*, par Womersley et mademoiselle Marco, par Ion.	
*1849.	Al,	*Banshee*, par The Ugly Buck et The Elect, par Distingue	1862
1855.	B.	*Baraque*, par Liverpool et Elvina, par Caïn.	
1835.	B.	*Barbarina*, par Brutandorf et Whisker mar e.	

Année de la naissance.	Robe.		Année de l'importation.
1858.	Al.	*Barbe-d'Or*, par Womersley et Stella, par Jocko.	
1851.	B.	*Baroness*, par The Baron et Dorade, par Royal Oak.	
1853.	Al.	*Baronne*, par The Baron et Victoria, par Elizondo.	
1849.	B.	*Barricade*, par Commodor Napier et Arabelle, par Paradox.	
1855.	Al.	*Bas-Bleu*, par Strongbow ou The Prime Warden et Doctor Syntax mare, par Doctor Syntax.	
1850.	B.	*Bassilea*, par Y. Emilius et Barbarina, par Brutandorf.	
1828.	Bb.	*Bassinoire* (ex-*Emilius mare*), par Emilius et Surprise, par Scud	1843
1855.	B.	*Bataglia* (ex-*Cochlea*), par Melbourne et Black Bess, par Camel	
n1842.	Al.	*Bathilde* (H. I. de Pompadour), par Y. Emilius et Odine, par Tigris.	
'1846.	B.	*Batwing*, par Pantaloon et Retort, (sœur de *Touchtone*), par Camel	1853
n1849.	B.	*Bayadère* (H. I. du Pin), par Dangerous ou Napoleon et Sylphide, par Tramby.	
1836.	B.	*Bayadère*, par Napoleon et Vénus, par Smolensko	
'1836.	Bb.	*Bay Araby*, par Camel et Bay Bess, par Sultan.	1853
'1850.	B.	*Bay mare*. (Voyez *British Yeoman mare*.)	
1848.	B.	*Bay mare*. (Voyez *Theon mare*.)	
'1839.	B.	*Bay Middleton mare* (mère d'*Orinoco*), par Bay Middleton et Arbis, par Quiz	1855
'1854.	Al.	*Beatrice*, par Irish Birdcatcher et Viviana (ex *Myrthe*), par Voltaire	1862
1838.	B.	*Bee's Wing* (ex-*Miss Edwards*), par Doctor Syntax et Destiny, par Centaur.	
1842.	Al.	*Beggard Girl*, par Mendicant et Violat, par Emilius.	
1848.	B.	*Beggarly*, par Beggarman et Judith, par Royal Oak.	

Année de la naissance.	Robe.		Année de l'importation
*1832.	Al.	*Béguine* (ex-*Bequine*), par Waxy Pope et Dinarzade, par Selim.	1838
1833.	Al.	*Belida*, par Tendem et Teneriffe, par Blacklock.	
H1842.	B.	*Bella* (H. I. de Rosières), par Ali-Baba et Venezia, par Belmont.	
H1842.	B.	*Bella Dona* (H. I. du Pin), par Harlequin et Miss Henry, par Tiresias.	
1850.	Bb.	*Bellah*, par Sting et Ablette, par Agreeable.	
1857.	B.	*Belle Angevine*, par Iago et Elvina, par Cain.	
H1844.	B.	*Belle-de-Nuit* (H. I. du Pin), par Y. Emilius et Odine, par Tigris.	
1840.	Bb.	*Belle-Poule*, par Marcellus et Miss Ann, par Filho da Puta.	
1854.	Al.	*Bellière*, par Hercule et Mistress Brady, par Mameluke.	
1836.	N.	*Bellina*, par Lottery ou Cadland et Dubica, par Tiresias.	
1851.	B.	*Bellone*, par Brocando et Miriam, par Harlequin.	
H1835.	B.	*Bellone* (H. I. de Pompadour), par Cadland et Crotchet, par Partisan.	
1848.	B.	*Bellone*, par Minster et Camarine, par Camel.	
H1830.	Bb.	*Bellone*, (H. I. du Pin), par Sober Robin et Pasquinade, par Severeign.	
*1836.	B.	*Belvidere*, par Actœon et Belvoirina, par Stamford	1845
1844.	B.	*Bénédiction* (H. I. du Pin), par Physician et Fretillon, par Sylvio.	
1843.	Bb.	*Benefit*. (Voyez *Convalescence*.)	
H1835.	B.	*Bérésina* (H. I. du Pin), par Napoleon et Philomele, par Eastham.	
H1828.	B.	*Bergère* (H. I. du Pin), par Eastham et Selim mare.	
H1838.	B.	*Bergerette* (H. I. du Pin), par Y. Emilius et Bergère, par Eastham.	

Année de naissance.	Robe.		Année de l'importation.
1863.		*Bergeronnette*, par Prétendant et Babiole, par Gladiator.	
1861.	B.	*Bergeronnette*, par Sting et Fragola, par Gladiator.	
1839.	B.	*Berthe*, par Hæmus et Fatime, par Captain Candid.	
1854.	B.	*Berthine*. (Voyez *Alma*.)	
1853.	B.	*Betty*, par Mr. d'Ecoville et Vanilla, par Commodor Napier.	
1851.	B.	*Betty*, par Nautilus et Ipsara, par General Mina.	
1854.	B.	*Betty*, par Sting et Ymone, par Gladiator.	
1833.	B.	*Betzy*, par Captain Candid et Milady, par Mustachio.	
H1835.	B.	*Betzy* (H. I. de Pompadour), par Napoleon et Louise, par Mustachio.	
1854.	B.	*Betzy*, par Tipple Cider et Regatta, par Camel.	
1856.	Al.	*Beziade*, par Garry Owen et Couette, par Paillasse.	
1850.	B.	*Biche*, par Caravan et Lovely, par Harlequin.	
1848.	B.	*Biche*, par Y. Emilius et Petronille, par Emancipation.	
1844.	Al.	*Biche*, par Friedland et Chloris, par Partisan.	
1847.	B.	*Biche*, par Little Rover et Hornet, par Partisan.	
H1844.	B.	*Bienséance* (H. I. du Pin), par Friedland et Miss Ann, par Figaro.	
1857,	B.	*Bienvenue*, par Beaucens et Tamise, par Garry Owen.	
1834	B.	*Bigottini* (H. I. du Pin), par Captain Candid et Hélène, par Eastham.	
1836.	B.	*Bigottini*, par Spectre et Gazelle, par Gulliver.	
*1849,	Bb.	*Bilberry*, par Touchstone et Lady Sarah, par Vélocipède	1856
*1819.	Al.	*Birondetta*, par Rainbow et Jeannette, par Camillus	1835
1850.	B.	*Biscara*, par Tanger et Norma, par Sylvio.	
1855.	Bb.	*Bistra*, par Maryland et Xenia, par Glory.	

Année de la naissance.	Robe.		Année de l'importation.
1844.	B.	*Bize*, par Bizarre et Viola, par Emilius.	
*1857.	Bb.	*Black* Bess, par Camel et Scud mare	1854
1834.	G.	*Blanche*, par Chateau-Margaux ou Skim et Thalestris, par Alexander.	
1845.	B.	*Blanche*, par Physician et Anna, par Godolphin.	
1854.	Al.	*Bletia*, par Slane et Twilight, par Velocipede.	
1858.	B.	*Bluette*, par Sampson et Miss Normandine, par Foscarini.	
**1855.	Bb.	*Bobine*, par Saint-Germain et Reel, par Camel.	
1832.	Al.	*Bobtail Filly*, par Bobtail et Hécate, par Sorcerer	1828
1858.	N.	*Boccanéra*, par The Cossack ou Isolier et Reel par Camel.	
1850.	N.	*Bohémienne*, par Piccaroon et Gipsy, par sir Hercules.	
**1826.	B.	*Boil and Bubble*, par Phantom ou Centaur et Vitchery, par Sorcerer.	1829
1855.	Al.	*Bois Berthe*, par Brocardo et Serperte, par St-Francis.	
1849.	B.	*Bolena*, par Commodor Napier et Corinne, par Holbein.	
1849.	Bb.	*Bolena*, par Prospectus et Julietta, par Royal Oak.	
1849.	B.	*Bonita*, par Gladiator et Cassica, par Touchstone.	
1855.	Al.	*Bonne-Aventure*, par Russborough et The Colonel mare.	
1842.	B.	*Bonne-Chance*, par Lottery et Aspasie, par Royal Oak.	
1858.	B.	*Bonnette*, par Bretignolles et Lady Stowe (ex-Trequele), par Tipple Cider.	
1862.	B.	*Bonne-Parfaite*, par First Born et Miss Agreeable, par Agreeable.	
1856.	Bl	*Bo[illegible]ina*, par [illegible] et Cornélie, par Fitz Emilius.	

Année de la naissance.	Robe.		Année de l'importation.
1857.	B.	*Bouche-en-Cœur*, par Ion et Tomate, par Lottery.	
1842.	B.	*Bougie*, par Marcellus et Lustre, par Swiss.	
1858.	Al.	*Bouillabaisse (ex-Cuisine à l'huile)*, par Saint-Germain et Wit's End, par Venison.	
1849.	B.	*Bounty*, par Inheritor et Annetta, par Ibrahim *(Sultan.)*	
1858.	Al.	*Bourg-la-Reine*, par The Cossack et Plenipotentiary mare.	
1848.	B.	*Boutique*, par Y. Emilius ou Gigès et Belvédère, par Actæon.	
1855.	Bb.	*Branch*, par Sting et Miss King, par Muley Moloch.	
1836.	B.	*Branche d'Or*, par Lottery et Venitienne, par Doge of Venise.	
1855.	Al.	*Brassia*, par Caravan et Julia, par Epirus.	
1860.	Al.	*Bravade*, par Iago et Lady Bird, par Irish Bird-catcher.	
*1853.	Bb.	*Bravery*, par Gameboy et Ennai, par Bay Middleton.	1862
1859.	Al.	*Bravoure*, par Iago et Lady Bird, par Irish Bird-cather.	
1849.	Al.	*Breloque*, par Gladiator et Rosa Langar, par Langar.	
1853.	B.	*Brenda*, par Mr. d'Ecoville et Olga, par Premium.	
1859.	Al.	*Brévetée*, par The Cossack et Honesty, par Gladiator.	
*1836.	Bb.	*Bride of Abydos* (sœur d'Anne Grey), par Belzoni et Anne of Geierstein, par Catton	1839
*1855,	B.	*Bridecake*, par Sweetmeat et First Rate, par Melbourne	1861
1856.	B.	*Brillante*, par Beaucens et Cameline, par Worthless.	
1832.	B.	*Brise-l'Air*, par Tancred et Crystal, par Triumvir.	
1860.	B.	*Briska*, par Collingwood et Florine, par Fitz Emilius.	

Année de la naissance.	Robe.		Année de l'importation.
1843.	B.	*Britannia*, par Ibis et Lavinia, par Rainbow.	
*1853.	B.	*Britannia* (ex-*Bay mare*), par Planet et Alice Bray, par Venison	1863
*1850.	B.	*British Yeoman mare* (ex-*Bay mare*), par A. British, Yeoman et Harry mare, par Sir Harry.	1855
1850.	B.	*Brocardine*, par Brocardo et Constantia Ada, par Gladiator.	
*1850.	B.	*Brocatelle*, par Brocardo et Flora, par Premium.	
*1848.	Bb.	*Brow Fanny*, par Y. Tearaway et Ellen (ex-*Michael mas Day*), par Saint-Patrick.	1854
*1856.	N.	*Brown mare*, par Weatherbit et Ste-Anne, par St-Francis.	1864
*1811.	Bb.	*Brow Susan*, par Cleveland et Tawny, par Mentor	1824
*1823.	Bb.	*Brunette*, par Clavelino et Brunette, par Waxy.	1832
*1848.	Bb.	*Brunett* (ex-*Theorem*), par Don John et Doctor Syntax mare	1854
1854.	B.	*Brunette*, par Fridolin ou Marly et Ninette, par Pickpocket.	
1826.	Bb.	*Brunette*, par Tooley et Peggy, par Sir Solomon.	
1846.	Bb.	*Bruyère*, par Napoleon et Belle-Poule, par Marcellus.	
*1843.	Al.	*Bruyère*, par Y. St-Patrick et Aurora, par Y. Emilius	1853
1848.	B.	*Bucolique*, par Gladiator et Bassinoire (ex-*Emilius mare)*, par Emilius.	
*1832.	B.	*Burden*, par Camel et Maria, par Waterloo. . .	1837
*1829.	Al.	*Burgundy* mare, par Burgundy et Victorine, par Hapbazard	1835
*1824.	B.	*Burlesque*, par Blucher et Boadicea (sœur de *Bucephalus*), par Alexander.	

C

Année de la naissance.	Robe.		Année de l'importation.
1843.	B.	*Cacophonie*, par Lottery ou Royal Oak et Camarilla, par Falcon.	
*1843.	B.	*Cadichonne*, par Hœmus et Medea, par Truffle.	
1852.	B.	*Cain mare* (ex-*Victoire*), par Cain et Fairy, par Filho da Puta	1836
1852.	B.	*Caladenia*, par Bay Middleton et Hibernia, par Oakley.	
*1855.	B.	*Calanthe*. (Voyez Miss *Lanercost*.)	
1844.	B.	*Calcavella*, par Irish Birdcatcher et Caroline, par Irish Drone.	1862
1844.	B.	*Calembredaine*, par Physician et Camarilla, par Falcon.	
1833.	Bb.	*Calipso*, par Milton et Vénus, par Smolensko.	
1853.	B.	*Calipso*, par Napier et Victoire, par Ali-Baba.	
1846.	B.	*Calipso*. (Voyez *Magnesia*.)	
1826.	B.	*Calipso*, par Tigris et Hirondelle, par Gohanna.	
1825.	B.	*Calisto*, par Rainbow et Haphazard Filly, par Haphazard.	
1839.	B.	*Calix*, par Tetotum et Vénus, par Smolensko.	
1831.	B.	*Calliope*, par Milton et Elephanta, par Filho da Puta.	
1855.	Al.	*Calodisa*. (Voyez *Antiope*.)	
*1849.	B.	*Caloric*, par Hetman Platoff et Oxygen, par Emilius	1855
1856.	Bb.	*Calpurnia*, par Ion et Lysisca, par Sling.	
1834.	B.	*Camargo*, par Tancred et Crystal, par Triumvir.	
*1834.	G.	*Camarilla*, par Falcon et Waxy mare.	1838
1841.	B.	*Camarine*, par Bizarre et Camargo, par Tancred.	
*1833.	Bb.	*Camarine*, par Camel et Woful mare.	

Année de naissance.	Robe.		Année de l'importation
*1841.	Bb.	*Camelia*, par Camel et Y. Worry, par Y. Emilius	1846
*1842.	Bb.	*Camelia*, par Camel et Versatility, par Blacklock	1853
1845.	B.	*Camelia*, par Vendredi et Juliette, par Mustachio.	
1848.	B.	*Cameline*, par Worthless et Veronica, par Félix (Rainbow)	
1855.	B.	*Camilla*, par Commodor Napier et Miriam, par Harlequin	
1843.	B.	*Camilla*, par Terror et Miss Schneitz Hœffer, par Count Porro.	
1837.	Bb.	*Camille*, par Cadland et Camlet, par Camel.	
1857.	B.	*Camisole*, par Gladiator et Pauline, par Volcano.	
*1832.	Bb.	*Camlet*, par Camel et Fyldener mare *(bay)*. . .	1836
1851.	Bb.	*Cammas*, par Nuncio ou Lioubliou et Wirthschaft, par Gigès.	
H1836.	B.	*Candeur* (H. I. du Pin), par Captain Candid et Juliette, par Mustachio.	
1848.	B.	*Candida*, par Prospectus et Pamela *(bis)*, par Captain Candid.	
1846.	B.	*Candor*, par Jocko et Piccolina, par Royal Oak.	
1856.	B.	*Canonnade*, par Nuncio et Demonstration, par Stingou Gladiator.	
*1818.	Al.	*Cantaloupe*, par Soothsayer et Waxy mare . . .	1837
1857.	B.	*Cantinière*, par Sting et Vésuvienne, par Gladiator.	
**1814.	Al.	*Canvas*, par Rubens et Gohanna mare.	1827
*1811.	Al.	*Capella*, par Walton et Capella, par Buzzard.	1826
H1835.	Al.	*Capitane* (H. I. de Pompadour), par Tigris et Citron, par Centaur.	
1836.	B.	*Caprice*, par Tandem et Noemi, par Tigris.	
**1812.	B.	*Caprice*, par Walton et Vanity, par Buzzard. . .	1820

Année de la naissance.	Robe.		Année de l'importation.
n1840.	Al.	*Capricieuse* (H. I. de Rosières), par General Mina et Premia, par Premium.	
1857.	Al.	*Capucine*, par Gladiator et Bathilde, par Y. Emilius.	
1855.	B.	*Carabine*, par Ionian et Phenice, par Deucalion.	
n1829.	B.	*Caracole* (H. I. de Rosières), par Doge of Venice et Vandyke Junior mare.	
1841.	B.	*Caracoleuse*, par General Mina et Iveline, par Belmont.	
1850.	B.	*Caramba*, par Inheritor et Saracen mare.	
n1837.	B.	*Caramie* (H. I. de Rosières), par General Mina et Henrica, par Woful.	
1849.	B.	*Carioca*, par Worthless et Naiade, par Vendredi.	
1855.	B.	*Carita* (ex-*Cavita*), par Napier et Mlle Clairon, par Ali-Baba.	
1854.	B.	*Carlotta*, par Prince Caradoc, La Clôture ou M. d'Ecoville, et Tanais, par Terror.	
1853.	Bb.	*Carmélite*, par Ion et Discrete, par Eastham.	
1853.	B.	*Carmen* (ex-*Nades*), par Freystrop et Lady Fly, par Royal Oak.	
n1845.	B.	*Caroline* (H. I. du Pin), par Harlequin et Miss Ann, par Figaro.	
* 1834.	B.	*Cassandra*, par Priam et Manto, par Tiresias . .	1846
1847.	B.	*Cassandre*, par Gigès et Ébauche, par Emancipation.	
* 1842.	B.	*Cassica*, par Touchstone et Laura, par Champion	1856
1860.	Bb.	*Cassiopé*, par The Nabob et Fracas, par The Flying Dutchman.	
1848.	Bb.	*Castagnette* (ex-*Castanette*), par Lanercost et Atalanta, par Muley Moloch.	
1848.	Bb.	*Castanette*. (Voyez *Castagnette*.)	
* 1856.	Al.	*Cast-off*, par Newminster et The Lamb, par Melbourne	1863
1859.	B.	*Castorine*, par Castor et The Greek Slawe, par Ratan.	

Année de la naissance.	Robe.		Année de l'importation.
*1832.	Al.	*Catalina*, par Skiff et Sancho mare.	1834
1846.	Al.	*Catanno (ex-Cattano)*, par Minster et Veronica, par Felix *(Rainbow)*.	
1846.	B.	*Catastrophe*, par Royal George et Calipso, par Milton.	
п1838.	Al.	*Çatchucha* (H. l. du Pin), par General Mina et Caracole, par Doge of Venice.	
1846.	Al.	*Catherina*, par Bramble et Achaia, par Elis.	
1846.	B.	*Catherine*, par Mr Wags et Princess Edwis, par Katherina *(ex-Perspective)*.	
1846.	Al.	*Cattano*. (Voyez *Catanno*.)	
1855.	Al.	*Cattleya*, par The Baron et Twilight, par Vélocipède.	
1828.	B.	*Catton mare*. (Voyez *Philip's Dam*.)	
1845.	B.	*Cauliflower*, par Colwick et Ninny, par Bedlamite.	1853
1841.	B.	*Cavatine*, par Tarrare et Destiny, par Centaur.	
*1852.	B.	*Caveat*, par Cowl et Cavatina, par Redshank. .	1857
1855.	B.	*Cavita*. (Voyez *Carita*.)	
1843.	Bb.	*Cedarine*. (Voyez *Stella*.)	
*1831.	B.	*Céleste*, par Lottery et Columbine, par Cervantes.	1837
1845.	B.	*Célestine*. (Voyez *Marquesita*.)	
1849.	B.	*Célestine*, par Ali-Baba et Céleste, par Lottery.	
1854.	B.	*Céline*, par Ascot et Célestine, par Ali-Baba. .	
1860.	B.	*Cendrillon*, par The Flying Dutchman et Denique, par Defence.	
1850.	Al.	*Cendrillon* (ex-*Kindness*), par Gladiator et Flirtation, par Rococo.	
1852.	B.	*Cendrillon*, par Nunnykirk et Nœma, par Premium.	
1854.	B.	*Cendrillon*, par Sting et Atalanta, par Muley Moloch.	
1842.	Al.	*Césarine*, par Harlequin et Chloris, par Partisan.	
1861.	Bb.	*Chanoinesse*, par Faugh a Ballagh et Commelle, par Mr Wags.	

Année de la naissance.	Robe.		Année de l'importation.
n1836.	Bb.	*Chanoinesse* (H. I. de Pompadour), par Napoleon et Miss Henry, par Tiresias.	
n1836.	B.	*Chansonnette* (H. I. de Pompadour), par Napoleon et Scornful, par Woful.	
1834.	B.	*Chantilly*, par Schedoni et Pasquinade, par Sovereign.	
1857.	B.	*Chaperon*, par Pédagogue et Needle, par Lanercost.	
*1843.	B.	*Charley Boy mare*, par Charley Boy et Marmion mare.	1855
*1857.	B.	*Charlotte*, par Gibraltar et Caveat, par Cowl. .	1861
1854.	Al.	*Charlotte-Russe*, par Caravan et Lady Charlotte, par Reveller.	
*1855.	Bb.	*Charmer* (*The*), par Irish Birdcatcher et Little Cassino, par Inheritor	1858
*1851.	B.	*Charming Polly*, par Bran et Pandora, par Emir.	1858
1854.	Al.	*Charybde*, par Urbano et Scylla, par Glaucus.	
1854.	Al.	*Châtelaine*, par The Baron et Deception, par Defence.	
1843.	Bb.	*Chemisette*, par Alteruter et Chevreuil, par Lapdog ou Partisan.	
1852.	B.	*Chercheuse-d'Esprit*, par Y. Emilius et Eloa, par Royal Oak ou Terror.	
n1836.	Al.	*Chercheuse-d'Esprit* (H. I. de Pompadour), par Tigris et Chloris, par Partisan.	
*1843.	B.	*Cherokoee*, par Redshank et Middleton mare. . .	1858
*1848.	B.	*Chesine*, par Pagan ou Napoleon et Amazone, par Captain Candid.	
**1824.	Al.	*Chesnut Filly*, par Grey Walton et Governor mare (Black), par Governor.	1831
n1842.	Al.	*Chevrette* (H. I. du Pin), par Harlequin et Crotchet, par Partisan	
1855.	Bb.	*Chevrette*, par Lanercost et Nativa (ex-*Lanterne*), par Nautilus.	
1836.	B.	*Chevreuil*, par Labdog ou Partisan et Fawn, par Smolensko.	1840

Année de la naissance	Robe.		Année de l'importation.
1853.	B.	*Chica*, par Napier et Comète, par Novelist.	
n1834.	B.	*Chimère*, par Holbein et Louise, par Mustachio.	
1844.	Bb.	*Chimère*, par Marcellus ou Napoleon et Annette, par Lottery.	
1845.	B.	*Chiquenaude*, par Bizarre et Myrthe, par Zingance.	
*1847.	Bb.	*Chisel*, par Touchstone et Lady Emily, par Muley Moloch.	1854
**1824.	Al.	*Chloris*, par Partisan et Niobé, par Sir David.	1835
1824.	B.	*Christabel*, par Woful et Harriet par Péricles.	1840
1855.	B.	*Christina*, par Lanercost et Victress, par Voltaire.	
*1826.	B.	*Christine*, par Master Henry et Manœuvre, par Rubens	1839
*1857.	Bb.	*Christmas Eve*, par Slane et Mistletoe, par Melbourne.	1864
*1845.	B.	*Christobel*, par Charles XII et Lisbeth, par Phantom.	1851
1841.		*Chronologie*. (Voyez *Ondine*.)	
1860.	B.	*Cico*, par Ethelwolf et Mademoiselle de Brie, par Ali-Baba.	
1855.	B.	*Cigale*, par Minotaur et Sauterelle, par Royal Oak.	
1848.	Bb.	*Cigarette*, par Jaques et Curl, par Confederate.	
*1846.	Bb.	*Cingara*, par Sir Isaac et Gipsy Queen, par Tomboy.	1854
1843.	B.	*Cinq-Sous*, par Hœmus et Medea, par Truffle.	
*1850.	Bb.	*Cintra*, par Picaroon et Coimbra, par Actœon.	1857
*1830.	B.	*Ciprienne*, par Camel et Albania, par Sultan. .	1843
1857.	B.	*Circassienne*, par Schamyl et Morena (ex-*Moressa*), par Prince Caradoc.	
1852.	B.	*Citadelle*, par Nunnykirk et Miriam, par Harlequin.	

Année de la naissance.	Robe.		Année de l'importation.
1833.	G.	*Citadelle*, par Rowlston et Geane, par Don Cossack.	
*1827.	Al.	*Citron*, par Centaur et Rubens mare.	1835
1855.	B.	*Clair-de-Lune*, par Ionian et Defy, par Defence.	
1854.	B.	*Claire*, par Brocardo et Clémentine, par Governor.	
1857.	Al.	*Claire*, par Garry Owen et My Dear, par Assassin.	
1843.	B.	*Clara*, par Novelist et Camargo, par Tancred.	
1856.	N.	*Clara* (ex-*Queen of England*), par Nuncio, et Filtration, par Rococo.	
1852.	B.	*Clara*, par Tipple Cider et Aigline, par Pickpocket.	
1847.	B.	*Clara-Fontaine*, par Royal Oak et Cochlea, par Mameluke.	
H1840.	B.	*Clara Wendel* (H. I. du Pin), par Pickpocket et Pamela (*bis*), par Captain Candid.	
1838.	B.	*Claret*, par Lottery et Moselle, par Château Margaux.	
1857.	B.	*Clarinette*, par Ion et Tronquette, par Royal Oak.	
1850.	Bb.	*Clarion*, par Lanercost et Carlotta, par Charles XII	1855
1853.	Bb.	*Clary*, par Garry Owen et Coqueluche, par Royal Oak.	
*1824.	N.	*Clatter*, par Clinker et Nina, par Selim.	1834
*1850.	B.	*Claudine*, par Don John et Physalis, par Bay Middleton	1863
H1845.	B.	*Clematite* (ex-*Miss Hahnemann*) (H. I. du Pin), par Quoniam et Arabelle, par Paradox.	
1845.	B.	*Clémence*. (Voyez *Miss Hahnemann*.)	
1858.	Al.	*Clémence*, par Harlequin et Hervine, par Ms Wags.	
*1849.	B.	*Clemency*, par Lanercost et Carlotta, par Charles XII.	1864

Année de la naissance.	Robe		Année de l'importation.
1847.	B	*Clémentine*, par Governor et Parasolina, par Tiresias.	
1855.	Al.	*Clio*, par Napier et Euterpe, par Ali-Baba.	
n1836.	B.	*Clio* (H. I. de Pompadour), par Napoleon et Alexina, par Whisker.	
n1834.	B.	*Clorinde* (H. I. du Pin), par Holbein et Thalie, par Tigris.	
1858.	Bb.	*Clorinde*, par Lanercost et Faucille, par Gladiator.	
*1822.	Al.	*Clotilde*, par Comus et Anticipation, par Beninbrough.	1829
1838.	Bb.	*Clotilde*, par Eastham et Merope, par Captain Candid.	
*1856.	G.	*Clotilde*, par Pyrrhus the First et Faithful, par Trueboy	1864
n1826.	B.	*Cloton* (H. I. du Pin), par Eastham et Selim mare.	
n1842.	B.	*Clôture* (H. I. du Pin), par Bizarre et Cloton, par Eastham.	
1858.	Bb.	*Clytemnestre*, par Sting et Aimée, par Minster.	
*1853.	Bb.	*Coal Black Rose*, par Robert de Gorham et Pergularia, par Beiram.	1861
1855.	B.	*Cochlea*. (Voyez *Bataglia*.)	
n1840.	B.	*Cochlea* (H. I. du Pin), par Mameluke et The Screw, par Banker.	
1842.	B.	*Cocotte*, par Belmont et Iveline, par Belmont.	
1855.	B.	*Cœlia*, par Caravan ou Lanercost et Plenipotentiary mare.	
1839.	Al.	*Coffin*, par Anglesea et Eucaris, par Tigris.	
1852.	B.	*Colette*. (Voyez *Flitta*.)	
1852.	B.	*Colette*, par Fitz Emilius et Miss King, par Muley Moloch.	
1850.	B.	*Colline*, par Collingwood et Catanno (ex-*Cattano*), par Minster.	
1842.	B.	*Colombe*, par Lottery et Facelia, par Vanloo.	
1843.	Bb.	*Colombe*, par Oak Stick et Danaïde, par Ægyptus.	

Année de la naissance.	Robe.		Année de l'importation.
1845.	Al.	*Colombine*, par Harlequin et Feuille-de-Chêne, par Royal Oak.	
*1837.	Bb.	*Colonel mare (The)*, par The Colonel et Mary Ann, par Blacklock.	1851
1851.	B.	*Comédienne*, par Gladiator et Trompette, par Royal Oak.	
1845.	Al.	*Comète*. (Voyez *Couette*.)	
1843.	B.	*Comète*, par Novelist et Stella, par Count Porro.	
1843.	B.	*Comète*, par Physician et Ada, par Whisker.	
1854.	Bb.	*Commelle*, par Mr. Wags et mademoiselle de la Veille, par Polecat.	
1855.	B.	*Comtesse*, par The Baron ou Nuncio et Eusebia, par Emilius.	
1840.	B.	*Comtesse*, par Tarrare et Sylvie, par Sylvio.	
**1816.	B.	*Comus mare*, par Comus et Sancho mare. . .	1821
1854.	Al.	*Conférence*, par The Baron et Error, par Bizarre ou Y. Emilius.	
n1842.	B.	*Confiance* (H. I. du Pin), par Y. Emilius et Pamela (*bis*), par Captain Candid.	
1837.	B.	*Confiture*, par Royal Oak et Etrennes, par Langar.	
1848.	Al.	*Conquête*, par The Scavenger et Victoire, par Napoleon.	
1854.	Al.	*Consistance* (ex-*Courtisane*), par Renonce et Lady de Normandie, par Emilius.	
1861.	Al.	*Consolation*, par Grey Tommy et Catanno (ex-*Cattano*), par Minster.	
1861.	B.	*Consolation*, par Sharavague et Victoria, par Prime Minster.	
n1845.	B.	*Constance* (H. I. du Pin), par Y. Emilius et Odine, par Tigris.	
1848.	Al.	*Constance*, par Gladiator et Lanterne, par Hercule (*Rainbow*).	
*1843.	B.	*Constantia-Ada*, par Gladiator et Frailty, par Filho da Puta.	1847

Année de la naissance.	Robe.		Année de l'importation.
1843.	Bb.	*Consuela*, par Royal Oak et Meliora, par Tramp.	
*1845.	Bb.	*Contessa*, par Colwick et Marchesina, par Tramp.	1854
1854.	B.	*Contessina*, par Caravan et Lætitia, par Napoleon.	
*1824.	Al.	*Contrition*, par Teresias et Thereza Panza, par Cervantes	1835
1843.	Bb.	*Convalescence* (ex-*Benefit*), par Lottery et Aspasie, par Royal Oak.	
1861.	B.	*Conversion*, par Allez-y-Gaîment et Aganisia, par Assault.	
1840.	B.	*Coqueluche*, par Royal Oak et Anna, par Godolphin.	
1849.	Al.	*Coquette*, par Arthur et Avant-Garde, par General Mina.	
1830.	B.	*Coquette*, par Lutzen et Pythoness, par Shuttle Pope.	
1846.	B.	*Coquette*, par Mr. Wags et Miranda, par Pickpocket.	
1857.	B.	*Coquette*, par Sting et Duet, par Mambrino.	
1857.	B.	*Cora*, par Farfadet et Potence, par Assassin.	
1854.	Al.	*Cora*, par Tipple Cider et Rosita, par Hercule (*Rainbow*).	
*1816.	B.	*Coral*, par Orville et Fairing, par Waxy	1829
*1847.	N.	*Corbeau*, par The Saddler et Peggy, par Muley Moloch.	1863
1853.	B.	*Cordoue*, par Sting et Quiz, par Hercule (*Rainbow*).	
n1834.	B.	*Corinne* (H. I. du Pin), par Holbein et Noemi, par Tigris.	
1836.	Bb.	*Corinne*, par Mustachio et Effi, par Tooley.	
1852.	B.	*Corinthe*, par Napier et Iris, par Alteruter.	
1851.	B.	*Cornelie*, par Fitz Emilius et Catanno (ex-*Cattano*), par Minster.	
*1848.	B.	*Coryphée*, par Venison et Duvernay, par Emilius	1854

Année de la naissance.	Robe		Année de l'importation.
H1834.	Al.	*Corysandre* (H. I. du Pin), par Holbein et Comus mare.	
1860.	B.	*Corysandre*, par The Flying Dutchman et Uranie, par The Baron.	
1844.	B.	*Cosachia*, par Hetman Platoff et Galata, par Sultan.	1855
1855.	Al.	*Couette* (ex-*Comète*), par Paillasse et Viola, par Emilius.	
*1848.	Bb.	*Countess*, par Irish Birdcatcher et Echidna, par Economist	1862
1854.	Al.	*Courtisane*. (Voyez *Consistance*.)	
*1851.	Bb.	*Cowl mare (Brown)*, par Cowl et Sleight of Hand mare.	1863
*1847.	Bb.	*Creeping Jenny*, par Inheritor et Maid of Erin, par Ismael	1851
1838.	Bb.	*Créole*, par Royal Oak et Mantua, par Woful.	
1837.	N.	*Créole*, par Royal Oak et Clatter, par Clinker.	
*1852.	Bb.	*Creusa*, par Ion et Lady Flora, par Muley Moloch	1864
*1834.	B.	*Creusa*, par Priam et Warna, par Sultan. . . .	1840
1854.	B.	*Crinoline*, par The Baron et Xenodice, par Commodor Napier.	
1856.	B.	*Crinoline*, par Sting et Polowska, par Canton.	
1857.	B.	*Crinoline*, par Stoker et Hortense, par Tipple Cider.	
H1832.	G.	*Crispine* (H. I. du Pin), par Eastham et Ressemblance, par Gainsborough.	
1855.	B.	*Croquignole* (ex-*Esmerida*), par Marly et Chiquenaude, par Bizarre.	
*1824.	B.	*Crotchet*, par Partisan et Catgut, par Comus ou Juniper	1834
*1814.	Bb.	*Crystal*, par Triumvir et Woodnymph, par Trumpator.	1818
*1843.	Al.	*Cuckoo*, par Elis et Reel, par Camel	1853
*1832.	B.	*Curl*, par Confederate et Ringlet, par Whisker	1848
*1837	Al.	*Currency*, par St Patrick et Oxygen, par Emilius	1845

Année de la naissance.	Robe.		Année de l'importation.
1832.	Al.	*Cutendre*, par Claude et Darthula, par Scud.	
*1839.	B.	*Cyprienne*, par Camel et Albania, par Sultan. .	1845
1855.	Al.	*Cyrtopera*. (Voyez *Kis me not*.)	
1859.	B.	*Cythère*, par Pédagogue et Scythia, par Hetman Platoff.	
1859.	Bb.	*Czarina*, par Lanercost et Boutique, par Y. Emilius ou Gigès.	

D

*1845.	Al.	*Dacia*, par Gladiator et Polyxena, par Priam. .	1855
1842.	B.	*Dadionne*, par Franck et Médaille, par Gaberlunzie.	
1852.	B.	*Dainty*, par Ionian et Flora, par Partisan.	
1855.	Al.	*Dalhia*, par Caravan ou Nuncio et La Californie, par Y. Emilius.	
1853.	B.	*Dalilah*, par Rabelais et Zille, par Friedland.	
H1846.	B.	*Dame-Blanche* (H. I. du Pin), par Harlequin et Miss Ann, par Figaro.	
1850.	Al.	*Dame-de-Cœur*, par Gladiator, Sting ou Giges et Destiny, par Centaur.	
1857.	B.	*Dame-de-Compagnie*, par Pédagogue et Scythia, par Hetman Platoff.	
1853.	Al.	*Dame-d'Honneur*, par The Baron et Annetta, par Ibrahim (*Sultan*).	
1856.	B.	*Dame-de-Trèfle*, par The Prime Warden et Belle-Poule, par Marcellus.	
*1822.	Bb.	*Damietta*, par Blucher et Delta, par Alexander. .	1825
H1846.	N.	*Damophila* (H. I. du Pin), par Nautilus et Corysandre, par Holbein.	
1855.	B.	*Danaë*, par Ballinkeele et Zille, par Friedland.	

Année de la naissance.	Robe.		Année de l'importation.
1837.	B.	*Danaë* (H. I. de Pompadour), par Terror et Alexina, par Whisker.	
H1836.	B.	*Danaïde* (H. I. du Pin), par Ægyptus et Bergère, par Eastham.	
1853.	Al.	*Danaïde*, par Schamyl et Bathilde, par Y. Emilius.	
1838.	B.	*Dansomanie*, par Pickpocket et The Gimmer, par Filho da Puta.	
1852.	Al.	*Daphné*, par Garry Owen et Roxanna, par Emilius.	
1857.	B.	*Daphnée*, par Strongbow ou Glory et Thalie, par Y. Emilius.	
1848.	Bb.	*Darling*, par Gladiator et Miss Petworth, par Whalebone.	
1843.	B.	*Darling*, par Oak Stick et Lucette, par Captain Candid.	
*1815.	Al.	*Darthula*, par Scud et Topaz, par Stamford. . .	1824
1855.	Al.	*Dauphine*, par Garry Owen et Medora, par Edwin.	
1855.	Bb.	*Day Spring*, par Annandale et Aurora, par Pantaloon.	
1855.	Bb.	*Débutante*, par Pyrrhus the First et Figurante, par Venison.	
1849.	B.	*Decency*, par Nuncio et Bienséance, par Friedland.	
*1836.	B.	*Deception*, par Defence et Lady Stamps, par Tramp	1842
1837.	B.	*Deception* (ex-*Ondine*), par Royal Oak et Georgina, par Rainbow.	
1840.	B.	*Decision*, par Tarrare et Ketty, par Tramp.	
*1846.	B.	*Decrepit*, par Defence et Victoria-Adelaide-Louisa, par Peter Lely	1855
1817.	Bb.	*Deer*, par Vandike Junior et Black Beauty, par Sorcerer	1820
1857.	B.	*Deer Aquila* (ex-*Qu'en-Faire*), par Ethelwolf et Deer Filly, par Fitz Emilius.	
1856.	B.	*Deer Beaucens* (ex-*Sans-Souci*), par Beaucens et Deer Filly, par Fitz Emilius.	

Année de la naissance.	Robe.		Année de l'importation.
*1843.	B.	*Deer Chase,* par Venison et Diversion, par Defence.	1847
1850.	B.	*Deer Filly,* par Fitz Emilius et Deer Chase, par Venison.	
H1849.	B.	*Défiance* (H. I. du Pin), par Royal Oak et Fraga, par Harlequin.	
*1838.	Bb.	*Defy,* par Defence et Selim mare.	1846
1846.	B.	*Dejazet,* par Hercule (Rainbow) et Waverley mare.	
1846.	B.	*Demi-Fortune,* par Ibrahim (Sultan), et Dona Pilar, par Royal Oak.	
*1839.	Al.	*Deminus,* par Bran et Kalmia, par Magistrate. .	1854
1849.	Bb.	*Démonstration,* par Sting ou Gladiator et Camelia, par Camel.	
1859.	Al.	*Denise,* par Fitz Gladiator et Hortense, par Tipple Cider.	
*1849.	Bb.	*Denique,* par Defence et Layla, par Liverpool. .	1855
1855.	N.	*Dentelle,* par Russborough et School Mistress, par Liverpool.	
1853.	B.	*Derline,* par Y. Emilius et Eloa, par Royal Oak ou Terror.	
1828.	B.	*Desdemona,* par Premium et Priestess, par Vandyke junior.	
*1847.	G.	*Desespérée,* par Maroon ou Morotto et Plenipotentiary mare.	1854
1845.	Al.	*Désirée,* par Bizarre et Camarine, par Camel.	
1847.	Al.	*Désirée,* par Mameluke et Clara Wendel, par Pickpocket.	
*1835.	B.	*Despair,* par Brutandorf et Fanny Davies, par Filho da Puta.	1840
*1829.	Bb.	*Destiny,* par Centaur et Pauwn Junior, par Waxy.	1837
*1833.	Al.	*Destiny,* par Sultan et Fanny Davies, par Filho da Pata	1843
1854.	B.	*Devine,* par Gladiator et Creeping Jenny, par Inheritor.	
1845.	B.	*Devotion,* par Royal Oak et Vesper, par Merlin.	

Année de la naissance.	Robe.		Année de l'importation.
*1840.	B.	*Diane*, par Defence ou Venison et Isabella, par Comus.	1845
1859.	B.	*Diane*, par Lieutenant et Velleda, par Y. Snail.	
*1851.	Bb.	*Diane*, par Van Tromp et Miss Martin, par Voltaire.	1855
1814.	B.	*Dick Andrews mare*. (Voyez *Eleonor*.)	
1861.	B.	*Didon*, par Monarque et Duchess, par Caravan.	
1857.	B.	*Didon*, par Strongbow et Willow, par Glory.	
1856.	Al.	*Dieu-Merci*, par Iago ou Gladiator et The Probe, par Y. Priam.	
*1841.	Al.	*Diggory Diddle*, par Vélocipède et Cauntess, par The Colonel.	1848
1855.	B.	*Dignity*, par Commodor Napier et Tanais, par Terror.	
1847.	Al.	*Diletta*, par Y. Emilius et Déception, par Defence.	
1847.	Al.	*Dina*, par Tarrare et Sarah, par Napoleon.	
*1854.	B.	*Dinah*, par Jack Robinson et Nursling, par Physician	1855
1852.	B.	*Dione*, par Berenger et Hortense, par Tipple Cider.	
1826.	Al.	*Dionne*, par Rainbow et Y. Urganda, par Treasurer.	
1836.	N.	*Dionnette*, par Cadland et Dionne, par Rainbow.	
‖1833.	B.	*Discrete* (H. I. du Pin), par Eastham et Deer, par Vandyke junior	
1845.	B.	*Discretion*, par Napoleon et Mistress Brady, par Mameluke.	
1854.	Al.	*Disette*, par Renonce et Chiquenaude, par Bizarre.	
1850.	B.	*Divoaletta* (ex-*Rivoaletta*), par Whiteface et Marionnette, par Sylvio.	
‖1842.	Al.	*Djali* (H. I. du Pin), par Harlequin et Scornful, par Woful.	
1840.	Bb.	*Djali*, par Royal Oak et Terpsichore, par Milton.	

Année de la naissance.	Robe.		Année de l'importation
1851.	B.	*Djali*, par Skirmisher et Comete, par Novelist.	
*1838.	Bb.	*Doctor Syntax mare*, par Doctor Syntax et Problem, par Merlin.	1849
*1819.	G.	*Dodo*, par Viscount et Brillante, par Whisker. .	1837
*1846.	B.	*Dolly Varden*, par Muley Moloch et Pocahontas, par Glencoe	1855
1847.	Al.	*Dolorès*. (Voyez *Doloride*.)	
1847.	Al.	*Doloride* (ex-*Dolores*), par Hercule (Rainbow) et Almée, par Mameluke ou Paradox.	
n1839.	B.	*Doloride* (H. I. du Pin), par Pickpocket et Chimère, par Holbein.	
1835.	Bb.	*Dolorosa*, par Sylvio et Sweetlips, par Emilius.	
1840.	Bb.	*Dona Isabella*, par Royal Oak et Beguine (ex-*Bequine*), par Waxy Pope.	
1836.	Bb.	*Dona Julia*, par Royal Oak et Manille, par Orville.	
1834.	B.	*Dona Maria*, par Rainbow et Teneriffe et Blacklock.	
n1840.	B.	*Dona Onesta* (H. I. du Pin), par Pickpocket et Juliette, par Mustachio.	
1837.	B.	*Dona Pilar*, par Royal Ook et Vittoria, par Milton.	
1838.	Bb	*Dona Sol*, par Actœon et Burden, par Camel.	
1843.	B.	*Dona Sol*, par Physician et Miranda, par Y. Emilius.	
*1821.	Bb.	*Don Cossak mare* (Brown), par Don Cossack et Buzzard mare (sœur de Lynceus), par Buzzard.	1829
1843.	B.	*Dorade*, par Royal Oak et Naiad, par Whalebone.	
n1837.	Al.	*Doris*, (H· I. de Pompadour), par Terror et Chloris, par Partisan.	
1828.	B.	*Doris*, par Trance et Peggy, par Sir Salomon.	
n1821.	Al.	*Douce* (La) (H. I. du Pin), par Haphazard et Selim mare.	
1838.	B.	*Dragée*, par Royal Oak et Etrennes, par Langar.	

Année de la naissance.	Robe.		Année de l'importation.
*1848.	Bb.	*Drill*, par Touchstone et Parade (sœur de Brocardo), par Pantaloon.	1854
1861.	B.	*Drussilla*, par The Cossack et Lysisca, par Sting.	
1825.	B.	*Dubica*, par Tiresias et Aimable, par Election.	
1856.	B.	*Dubica (Young)*, par Iago et Pomaré, par Physician ou Royal Oak.	
1854.	Bb.	*Duchess*, par Caravan et Dorade, par Royal Oak.	
*1842.	Bb.	*Duchess*, par Sir John et Rachel, par Muley. . .	1847
1843.	Al.	*Duchess de Brabant*, par Physician ou Brabant et Mantille, par Royal Oak.	
1836.	B.	*Duchesse*, par Lanercost et Victress, par Voltaire.	
1837.	B.	*Dudu*, par Cadland et Manœuvre, par Rubens.	
1848.	B.	*Dudu*, par Worthless ou The Scavenger et Mis King, par Muley Moloch.	
*1834.	B.	*Duet*, par Mambrino et Hydrogen, par Comus. .	1848
1845.	B.	*Dulcamara*, par Physician et Aspasie. par Royal Oak.	
*1856.	N.	*Dulcinea*, par Sweetmeat et Ion	1861
1858.	Al.	*Dulcinée*, par Gladiator et Oddity, par Bizarre.	
1842.	B.	*Dulcinée*, par Theodore et Woodbine, par Walton.	
1856.	Bb.	*Duplicity*, par Nuncio et Perjury (ex-*Pandea*), par Sir Hercules.	
1858.	B.	*Dwina*, par Florist et Iris, par Gladiator.	

E

n1838.	B.	*Ea* (H. I. de Pompadour), par Napoleon et Chloris, par Partisan.	
*1828	B.	*Earwig*, par Emilius et Shevelcr (sœur de Sailor), par Scud	1844
*1836.	B.	*Ebauche*, par Emancipation et Morisco mare, par Morisco	1840

Année de la naissance.	Robe.		Année de l'importation
*1841.		*Eccentricity*, par Defence et Albania, par Sultan	1845
*1841.	B.	*Eccola*, par Bay Middleton et Arsenic, par The Colonel	1846
H1847.	B.	*Echo* (H. I. du Pin), par Royal Oak et Fretillon, par Sylvio.	
1859.	B.	*Echo*, par Sting et Catanno (ex-*Cattano*), par Minster.	
1858.	B.	*Eclair*, par Iago et Balaclava, par Medoro.	
1836.	B.	*Eclipse*, par Terror et Wanderer mare (*Isabelle*), par Wanderer.	
1839.	B.	*Econome*, par Royal Oak et Etrennes, par Langar.	
1849.	B.	*Ecuelle*. (Voyez *Plenty*.)	
*1839.	B.	*Edgworth Bess*, par Glaucus et Emmelina, par Blacklock	1847
H1839.	B.	*Edith* (H. I. du Pin), par The Juggler et Mandane, par Captain Candid.	
1857.	Bb.	*Effi*, par Peyrusse et Verulam mare (ex-*Brown mare*), par Verulam.	
*1815.	B.	*Effie Deans*, par Asthon et Harriet, par Sir Harry	1836
1844.	Al.	*Effie Deans*, par Brabant et Anne of Geierstein, par Catton.	
1840.	B.	*Effie Deans* (*Young*), par Ibrahim (*Haleby*) et Effie Deans, par Asthon.	
H1838.	B.	*Effrontée* (H. I. de Pompadour), par Napoleon et Crotchet, par Partisan.	
1821.	B.	*Effy*, par Tooley et Rebecca (*Miss Stephens*), par Eagle.	
H1838.	B.	*Egerie* (H. I. de Pompadour), par Napoleon et Miss Henry, par Tiresias.	
H1847.	B.	*Egeste* (H. I. du Pin), par Royal Oak et Chimère, par Holbein.	
1837.	Al.	*Eglantine*, par Daugerous et Miss Mirth, par Catton.	
1856.	B.	*Eglantine*, par Sting et Kathleen, par Windcliffe.	

Année de la naissance.	Robe.		Année de l'importation.
1847.	B.	*Eglé*, par Governor et Whalebona (*Gipsy*), par Whalebone.	
1827.	G.	*Eglé*, par Rainbow et Y. Urganda, par Treasurer.	
*1825.	Al.	*Eglé*, par Woful et Selim mare, por Selim. . .	1836
1839.	B.	*Egyptienne*, par Ibrahim (*Sultan*) et Antwerp, par Waterloo.	
1861.	Bb.	*Elastique*, par Faugh a Ballagh ou Lanercost et The Greey Slave, par Ratan.	
*1815.	B.	*Election mare*, par Election et Amazon, par Driver.	1830
1857.	B.	*Elégante*, par Garry Owen ou Ethelwolf et Colette, par Fitz Emilius.	
1854.	B.	*Elegie*, par Napier et Curl, par Confederate.	
**1814.	B.	*Eleonor* (*Dick Andrews mare*), par Dick Andrews et Eleanor, par Whiskey.	1821
*1823.	Bb.	*Elephanta*, par Filho da Puta et Shuttle mare, par Shuttle	1830
1829.	B.	*Elfrida*, par Premium et Nanny Shanks, par Mac Orville.	
H1847.	B.	*Elfride* (H. I. du Pin), par Royal Oak et Doris, par Terror.	
1854.	B.	*Eliata*, par Sitng et Bellone, par Minster.	
1846.	B.	*Eline*, par Ægyptus et Folla, par Premium.	
1845.	B.	*Elisa*, par Napoleon et Miss Caroline, par Langar.	
**1832.	Al.	*Elisabeth*, par Saracen et Juniper mare, par Juniper.	1834
1854.	N.	*Elisabeth*, par Stultz et Bay Araby, par Camel.	
1853.	Bb.	*Elise*, par Chesterfield junior et Danaïde, par Ægyptus.	
1858.	B.	*Elise*, par Sting et Fatima, par Elis.	
*1842.	Al.	*Elis mare*, par Elis et Selim mare, par Selim.	1846
*1845.	Bb.	*Ellen Loraine*, par The Lord Mayor et Lady Mary, par Voltaire.	1855
*1843.	Ro.	*Ellipsis*, par Emilius et Maria, par Whisker. .	1854
*1859.	Al.	*Eloise*, par De Clare et Lady Napier, par Napier.	
1829.	Bb	*Eloise*, par Trance et Hirondelle, par Gohanna.	

Année de la naissance.	Robe.		Année de l'importation.
1849.	B.	*Eloise*, par Worthless et Eloa, par Royal Oak ou Terror.	
1852.	B.	*Elpinice*, par Gladiator et Emilia, par Y. Emilius.	
H1827.	Al.	*Elsy* (H. I. de Rosières), par Holbein et Vandyke junior mare, par Vandyke junior.	
*1839.	B.	*Elvina*, par Cain et Muley mare, par Muley. . .	1850
*1029.	B.	*Elvira*, par Erix et Coral, par Orville	1833
*1817.	B.	*Elvira*, par Orville et Beningbrough mare, par Beninbrough.	1827
H1832.	B.	*Elvire* (H. I. du Pin), par Vampyre et Alexina, par Whisker.	
1854.	Al.	*Elvire*. (Voyez *Jonquille*.)	
H1835.	Al.	*Elzira* (H. I. de Rosières), par General Mina et Elsy, par Holbein.	
1833.	B.	*Emelia*, par Tancred et Nell, par Don Cossack.	
**1829.	Al.	*Emelina*, par Emelius et Scornful, par Woful.	1829
*1837.	B.	*Emerald*, par Merchant et Zinc, par Woful. . .	1847
1842.	Bb.	*Emeraude*, par Bizarre ou Alteruter et Rubis, par Sylvio	
1860.	Al.	*Emeraude* (ex-*Sans-Nom*), par Brocardo et Bucolique, par Gladiator.	
1860.	B.	*Emeraude*, par The heir of Linne et Turquoise, par Sting.	
1832.	B.	*Emeraude*, par Lutzen et Pythoness, par Shuttle Pope.	
1847.	B.	*Emilia*, par Ali-Baba et Lady de Normandie, par Emilius.	
1843.	Bb.	*Emilia*, par Y. Emilius et Abjer mare, par Abjer.	
1844.	B.	*Emilia*, par Y. Emilius et Juanita, par Lottery.	
1853.	B.	*Emilia*, par Y. Emilius et Kathleen, par Windcliffe.	
1848.	B.	*Emilia* (ex-*Revolution*), par Y. Emilius et Rhodanthe, par Velocipede.	
1863.	B.	*Emilia*, par Pretendant et Jane Eyre, par Iago.	
1852.	Al.	*Emilia*, par Y. Emilius et Ymone, par Gladiator.	
1850.	B.	*Emilia*, par Fitz Emilius et Zora, par Catton.	
1862.	B.	*Emilia*, par Sting et Derline, par Y. Emilius.	

Année de la naissance.	Robe.		Année de l'importation.
•1829.	Al.	*Emiliana*, par Emilius et une fille de Wisker, fille de Castrella, par Castrel Madrigal.	
1854.	Bb.	*Emilie*, par Stoker e Suzette, par Y. Emilius.	
•1837.	B.	*Emilius* mare, par Emilius et Nannette (sœur de *Glaucus*), par Partisan)	1850
•1838.	Bb.	*Emilius* mare. (Voyez *Bassmoir.*)	
H1838.	Al.	*Emma* (H. I. de Pompadour), par Napoleon et Citron, par Centaur.	
•1858.	. .	*Emma Bowes*, par Newminster et Emma Middleton, par Bay Middleton	1864
•1846.	Bb.	*Emma Donna*, par Galanthus et Whisker mare, par Whisker.	1855
•1852.	B.	*Emmy*, par Slane et Lady Emily, par Muley Moloch	1859
•1838.	B.	*Emotion*, par Emilius et Y. Maniac, par Tramp.	1847
•1846.	B.	*Empress* (*The*), par Defence et Chaos, par Emilius	1854
1852.	B.	*Empress*, par The Emperor et Tronquette, par Royal Oak.	
1829.	B.	*Enchanteresse*, par Abron et Priestess, par Vandyke Junior.	
•1830.	Al.	*Energy*, par Blacklock et Juniper mare, par Juniper	1844
1862.	B.	*Entre-deux*, par Collingwood et Mademoiselle Torchon, par Ethelwolf.	
1859.	B.	*Eoline*, par Faugh a Ballagh et Gasconnade, par Royal Oak.	
•1842.	Bb.	*Eoline*, par Muley Moloch et Dryad, par Whalebone.	1848
H1847.	B.	*Epicharis* (H. I. du Pin), par Governor et Lady Fashion, par Sylvio.	
1856.	B.	*Epoch*, par Ionian et Olga, par Premium.	
1856.	Al.	*Équation*, par Malton et Sylvina, par Fra-Diavolo.	
1857.	B.	*Eritrina*, par Collingwood et Spiletta, par Jocko.	
1856.	B.	*Ernestine*, par Electrique et Hortense, par Tipple Cider.	

Année de la naissance.	Robe.		Année de l'importation.
H1838.	B.	*Erotica* (H. I. de Pompadour), par Libertine et Luna, par The Flyer.	
1854.	B.	*Erreur* (ex-*Fond-Rose*), par The Baron ou Assault et Holbein Filly, par Mr Wags.	
H1841.	B.	*Error* (H. I. du Pin), par Bizarre ou Y. Emilius, et Worry, par Woful.	
1836.	B.	*Error*, par Napoleon ou Harlequin et Milady, par Mustachio.	
*1850.	Al.	*Erycina*, par Saint-Martin et Venus, par Langar.	1850
1834.	B.	*Esmeralda*, par Sylvio et Geane, par Don Cossack.	
1862.	B.	*Esmeralda*, par Nuncio et Lady Henriette, par Y. Emilius ou Physician.	
1855.	Bb.	*Esmerida*. (Voyez *Croquignole*.)	
**1828.	B.	*Espagnolle* (*Young*), par Partisan et Espagnolle, par Orville.	1837
1860.	B.	*Espérance*, par Collingwood et Miss Jenny, par Ali-Baba.	
1860.	Al.	*Espérance*, par Nuncio et Dacia, par Gladiator.	
1849.	B.	*Esquisse*, par Sting et Ebauche, par Emancipation.	
1836.	Bb.	*Essler*, par Cadland et Damietta, par Blucher.	
1852.	N.	*Estafette*, par Nuncio et Minuit, par Terror.	
*1850.	B.	*Estrella*, par Bay Middleton et Plenary, par Emilius	1854
1853.	B.	*Etincelle*. (Voyez *Phosphorée*.)	
1842.	B.	*Étincelle*, par Jason et Mérope, par Captain Candid.	
1858.	B.	*Étincelle*, par Lully et Alexandra, par Napoleon.	
H1847.	B.	*Étincelle*, par Royal Oak et Miss Ann, par Figaro.	
1841.	Al.	*Étoile*, par Ali-Baba et Miss Blunt, par Camel.	
1852.	N.	*Étoile-de-Mars*, par Ionian et Aveline, par Commodor Napier.	
1859.	B.	*Étoile-du-Forez* (ex-*Etoile du Foret*), par Iago et Olinga (ex-*Illusion*), par Napoleon.	
1861.	Bb.	*Étoile-du-Midi*, par Teddington et Madame Ristori, par Annandale.	

Année de la naissance.	Robe.		Année de l'importation.
1855.	B.	*Etoile-du-Nord*, par The Baron et Maid of hart, par The Provost.	
*1832.	B.	*Étrennes*, par Langar et Mantua, par Woful. .	1835
1853.	B.	*Eucharis*, par Garry Owen et Roxanna, par Emilius.	
H1829.	B.	*Eucharis* (H. i. du Pin), par Tigris et sir David mare, par Sir David.	
1829.	B.	*Eugenia*, par Trance et Effy, par Tooley.	
*1846.	B.	*Eugenie*, par Touchstone et Gipsy, par Tramp.	1852
1845.	B.	*Euphrosine*, par Erymus ou Commodor et Eusebia, par Emilius.	
1859.	Al.	*Eureka*, par Womersley et Plenipotentiary mare, par Plenipotentiary.	
H1838.	B.	*Europe* (H. I. de Pompadour), par Napoleon et Miss Ann, par Figaro.	
*1839.	B.	*Eusebia*,, par Emilius et Mangel Wurzel, par Merlin.	1844
1846.	B.	*Euterpe*, par Ali-Baba et Rubis, pas Sylvio.	
1850.	B.	*Eva*, par Gladiator et Sweetlips, par Emilius.	
1856.	B.	*Eva*, par Kingston et Millwood, par Sir Hercules.	
*1832.	B.	*Eva* par Sultan et Eliza Leeds, par Comus. . .	1836
**1825.	B.	*Evelina*, par Orville et Canvas, par Rubens. .	1829
*1841.	Bb.	*Example*, par Emilius et Maria, par Whisker.	
1851.	B.	*Excitation*, par Garry Owen et Aquila, par General Mina.	
1851.	Bb.	*Exhibition*, par Nelson et Redgauntlet mare, ar Redgauntlet.	
1860.	B.	*Exploration*. (Voyez *Exploratrice*.)	
1860.	B.	*Exploratrice* (ex-*Exploration*), par Sting et Castagnette (ex-*Castanette*), par Lanercost.	
1847.	B.	*Exquisite*, par Royal Oak et Arabelle, par Paradox.	
*1832.	Al.	*Eyebrow*, par Whisker et Sister to Sailor, par Scud.	1847
1855.	B.	*Eymerina*, par Sting et Gipsy, par Libertine.	

F

Année de la naissance.	Robe.		Année de l'importation.
1860.	B.	*Fabiola* (ex-*Alerte*), par Sting et Alice, par The Baron ou Nuncio.	
1856.	B.	*Fabula*, par Beaucens et Fanny, par Y. Emilius.	
1831.	Bb.	*Facelia*, par Vanloo et Vittoria, par Milton.	
1841.	B.	*Falaise*, par Ibrahim (*Sultan*) et Sweetlips, par Emilius.	
1852.	B.	*Fadette*, par Ratopolis et Isabella, par Ibis.	
**1823.	Al.	*Fair Forester*, par Agricola ou Egremont et Lancashir Witch, par Teazle	1829
**1823.	B.	*Fair helen*, par Crecy et Morgiana, par Coriolanus.	1829
*1837.	B.	*Fair helen*, par Priam et Dirce, par Partisan . .	1845
*1841.	B.	*Fair Rosamond*, par Inheritor et Maid of Avenel, par Waverley.	1855
1856.	B.	*Fairy Queen* (ex-*Martinette*), par Gladiator et Bathilde, par Y. Emilius.	
*1845.	Bb.	*Fandango*, par Touchstone et Sequidilla, par Sheet Anchor.	1864
H1831.	B.	*Fanelly* (H. I. du Pin), par Pickpocket et Pamela, par Tigris.	
1851.	B.	*Fanfare* (ex-*Juliette*), par Governor et Miss Hahnemann (ex-*Clemence*), par Physician.	
1843.	B.	*Fanny*, par Y. Emilius et Juliette, par Mustachio.	
H1840.	B.	*Fanny* (H. I. de Rosières), par Windcliffe et Filagree, par General Mina.	
1841.	B.	*Fanny Esler*, par Royal George et Dona Maria, par Rainbow.	
*1845.	B.	*Fanny hill* (ex-*Archery*), par Hetman Platoff et Miss Bove, par Catton.	1855
*1857.	B.	*Fauscombe*, par Surplice et Ianthe, par Ion . . .	1864
1850.	B.	*Fantaisie*, par Arthur et Bellina, par Lottery ou Cadland.	
1841.	B.	*Fantaisie*, par Bizarre et Meliora, par Tramp.	

Année de naissance.	Rob.		Année de l'importation
1853.	B.	*Fantasia,* par Commodor Napier et Arabelle, par Paradox.	
H1836.	B.	*Fantasmagorie* (H. I. du Pin), par Spectre et Thalie, par Tigris.	
1849.	Al.	*Farceuse,* par Paillasse Worthless, Nautilus ou Prospectus et Cesarine, par Harlequin.	
1847.	B.	*Faribole,* par Giges et Fadaise, par Ibrahim (*Sultan*).	
1842.	Al.	*Fatima,* par Elis et Albania, par Sultan.	
1830.	B.	*Fatime,* par Captain Candid et Hirondelle, par Gohanna.	
1852.	B.	*Fatma,* par Sting et Nadegda, par Felix (*Rainbow*).	
1848.	Bb.	*Faucille,* par Gladiator et Fadaise, par Ibrahim (*Sultan*).	
*1850.	Bb.	*Faugh a Ballagh mare,* par Faugh a Ballagh et Simoom mare (sœur de *Wanota*), par Simoom.	1854
1858.	B.	*Faustine.* (Voyez *Finlande.*)	
1854.	B.	*Fauvette,* par Capharnaum et Nerina, par Beggarman.	
1847.	Al.	*Fauvette,* par Prospectus et Adamantine, par Pickpocket.	
1830.	B.	*Fauvette,* par Trance et Capella, par Walton.	
*1847.	Bb.	*Favorita,* par Inheritor et Victoria, par Elizondo.	1852
1855.	Al.	*Favorite,* par Elthiron et Favorita, par Inheritor.	
1857.	B.	*Fee,* par Ethelwolf et Miss Rubis, par Ali-Baba.	
1828.	Al.	*Felicia,* par Rainbow et Wizardess, par Wizard.	
1860.	B.	*Felicie,* par Sting et Miss Flora, par Herculo (*Rainbow*).	
1846.	B.	*Felonie,* par Physician et Deception, par Defence.	
1853.	Bb.	*Fenella,* par Schamyl et Alexandra, par Napoleon.	
1830.	B.	*Fenella,* par Trance et Sephora, par Vampyre.	
1847.	B.	*Fernande,* par Little Rover et Bayadere, par Dangerous ou Napoleon.	

Année de la naissance.	Robe.		Année de l'importation.
*1836.	N.	*Festival*, par Camel et Michaelmas, par Trunderbolt.	1834
1841.	B.	*Festival*, par Royal Oak et Kermesse, par Camel.	
1855.	Bb.	*Fête*, par Nunnykirk ou Iago et Festival, par Camel.	
1837.	B.	*Feuille-de-Chêne*, par Royal Ork et the Shrew, par Master Henry.	
1859.	Bb.	*Feuille-de-Rose*, par Caravan et Dame-de-Cœur, par Gladiator, Sting ou Gigès.	
1853.	B.	*Feuille-de-Rose*, par Malton et Aveline, par Commodor Napier.	
1842.	Al.	*Ficelle*, par Mr Wags et Burden, par Camel.	
1845.	Bb.	*Fiction*, par Royal Oak ou Physician et Deception, par Defence.	
1854.	B.	*Fidelity* (ex-*Polette*), par Elthiron et Constance, par Gladiator.	
*1828.	Bb.	*Fidelity*, par Worthy et Moggy, par Canopus. .	1837
1857.	B.	*Fides*, par Napier et mademoiselle Clairon, par Ali-Baba.	
*1849.	B.	*Figurante*, par Venison et Duvernay, par Emilius	1851
H1832.	Al.	*Filagrée* (H. I. de Rosières), par General Mina et Elsy, par Holbein.	
1855.	B.	*Fille-de-Marbre*, par Nunnykirk et Scythia, par Hetman Platoff.	
1861.	Bb.	*Fille-du-Diable*, par The Nabob et Fracas, par The Tlying Dutchman.	
1853.	B.	*Fille-du-Diable*, par Nelson et Redgauntlet mare, par Redgauntlet.	
1856.	Al.	*Fine*, par Garry Owen et Medora, par Edwin.	
1833.	B.	*Fine*, par Lutzen et Pythoness, par Shuttle Pope.	
1860.	Al.	*Fine-Champagne*, par Babiega et Carlotta, par Prince Caradoc.	
1853.	Al.	*Fine-Lame*, par Brocardo et Olympie, par Deucalion.	
1853.	Al.	*Finery*, par Malton et Gipsy, par Sir Hercules.	

Année de la naissance.	Robe		Année de l'importation.
1858.	B.	*Finlande* (ex-*Faustine*), par Ion et Fraudulent, par Venison.	
1857.	Al.	*Flamberge*, par Gladiator et Error, par Bizarre ou Y. Emilius.	
1861.	B.	*Flaminia*, par Brocardo et Isole, par Prince Caradoc.	
1857.	Bb.	*Filly*, par Collingwood et Vanilla, par Commodor Napier.	
1854.	B.	*Flammèche*, par The Baron et Allumette, par Taurus.	
1859.	Al.	*Flamme-de-Punch*, par Faugh a Ballagh et The Probe, par Y. Priam.	
1840.	Al.	*Flavia*, par Ali-Baba et Humbug, par Hedley ou Seymour.	
1855.	B.	*Flavia*, par Ion et Iris, par Marcellus.	
1840.	B.	*Flaye* (ex-*Fly*), par Hœmus et Midsummer, par Filho da Puta.	
1843.	B.	*Fleet*, par Bizarre et Flighty, par Y. Phantom.	
*1822.	B.	*Fleur-de-Lis*, par Bourbon et Lady Rachel, par Stampfort	1837
1853.	B.	*Fleur-de-Lys*, par Ion et Miss Tarrare, par Tarrare.	
1855.	B.	*Fleur-de-Mai*, par Ballinkeele et Jessica, par Bizarre.	
1853.	B.	*Fleur-de-Mai*, par Commodor Napier et Phenice, par Deucalion.	
1847.	B.	*Fleur-de-Marie*, par Attila et Jenny, par Royal Oak.	
1845.	B.	*Fleur-de-Marie*, par Quoniam et Bellone, par Sober Robin.	
u1838.	B.	*Fleur-d'Epine* (H. I. du Pin), par Mameluke et Fair Forester, par Agricola ou Egremont.	
1857.	Al.	*Fleur-des-Champs*, par Napier et Chercheuse-d'Esprit, par Tigris.	
1854.	Al.	*Fleur-des-Loges*, par Saint-Germain et Anemone, par Bizarre.	
1858.	B.	*Fleur-de-Soufre*, par Ballinkeele et Dalilah, par Rabelais.	

Année de la naissance.	Robe.		Année de l'importation.
1861.	B.	*Fleurette*, par Commodor Napier et Carita (ex-*Cavita*), par Napier.	
H1834.	B.	*Fleurette* (H. I. du Pin), par Eastham et Niobé, par Tigris.	
1841.	Al.	*Fliancee*, par General Mina et Calipso, par Tigris.	
1842.	G.	*Flight*, par Ibis et Lavinia, par Rainbow.	
*1830.	B.	*Flighty*, par Y. Phantom et Diana, par Kill Devil.	1839
*1840.	G.	*Flirtation*, par Rococo et Flirt, par Blackcock. .	1841
1852.	B.	*Flitta* (ex-*Colette*), par Fitz Emilius et Miss King, par Muley Moloch.	
*1849.	B.	*Flora*, par Malton et Lœtitia, par Napoleon.	
1829.	B.	*Flora*, par Partisan et Fatima, par Selim. . . .	1840
*1848.	B.	*Flora Mac Ivor*, par Venison et Witticism, par Sultan Junior.	1858
1838.	B.	*Florence*, par Actæon et Sarah, par Whisker.	
H1859.	Al.	*Florence*, par Collingwood et Orphana, par Y. Emilius.	
*1835.	B.	*Florida*, par Mulato et Floranthe, par Amadis. .	1851
1850.	B.	*Florine*, par Fitz Emilius et Miss Laurence, par Physician.	
1847.	B.	*Flower of the Forest*, par Y. Emilius et Aspasie, par Royal Oak.	
1840.	B.	*Fly*. (Voyez *Flaye*.)	
1842.	..	*Fly* (ex-*Amélie*), par Harlequin et Lilly, par Mustachio.	
1845.	B.	*Fly Away*, par Alteruter et Flighty, par Y. Phantom.	
1860.	N.	*Flying Gipsy*, par The Flying Dutchman et Bohémienne, par Picaroon.	
1846.	Bb.	*Folichonne*, par Napoleon et Miss Fury, par Lottery.	
H1833.	Al.	*Folla* (H. I. de Rosières), par Premium et Y. Folly, par Asmodeus.	
H1841.	Al.	*Follette* (H. I. de Rosières), par General Mina et Folla, par Premium.	
1841.	Bb.	*Folly*, par Royal Oak et Burlesque, par Blucher.	

Année de la naissance.	Robe.		Année de l'importation.
*1818.	Al.	*Folly (Young)*, par Asmodeus et Folly, par Y. Drone.	1822
*1854.	B.	*Fond-Rose*. (Voyez *Erreur*.)	
1853.	Bb.	*Foreigner (The)*, par Pompey et Bretwalda, par Sheet Anchor.	1862
*1842.	B.	*Forest Flower*, par Glaucus et March first, par St. Nicolas.	1855
*1854.	Bb.	*Forest du Lys*, par Pyrrhus the first et Fraudulent, par Venison.	
*1841.	Al.	*Forest Fly*, par Musquito et Walfruna, par Velocipede	1855
1845.	B.	*Forest Lass*, par Royal Oak et Vanessa, par Gulliver.	
*1846.	Al.	*Forfeta*, par Harkaway et Agnes, par Blacklock	1854
*1848.	Ro.	*Forlon Hope*, par Charles XII et Baleine, par Whalebone.	1861
1860.	Al.	*Fornarina*, par Monarque et Fraudulent, par Venison.	
n1839.	Al.	*Fortunata* (H. I. de Pompadour), par Terror et Brunette, par Clavileno.	
1857.	B.	*Fortunee*, par Sting et Candida, par Prospectus.	
*1852.	B.	*Fortune Teller*, par Faugh a Ballagh et The Sybil, par King Cole	1862
1842.	B.	*Fosse-aux-Lions*, par Bizarre et Eva, par Sultan.	
1849.	B.	*Fostola*, par Worthless et Bayadere, par Dangerous ou Napoleon.	
1857.	B.	*Fougères*, par Faugh a Ballagh et Miss Agreeable, par Agreeable.	
*1853.	Bb.	*Fracas*, par The Flying Dutchman et Emeute, par Lanercost	1856
1860.	B.	*Fraction*, par The Baron et Fiction, par Royal Oak ou Physician.	
1859.	B.	*Fracture*, par The Prime Warden et Lady Tartufe, par Ion.	
n1839.	B.	*Fraga* (H. I. de Pompadour), par Harlequin et Crotchet, par Partisan.	
1856.	B.	*Fragola*, par Gladiator et Fretillon, par Sylvio.	

Année de la naissance.	Robe		Année de l'importation.
1846.	B.	*Fragoletta*, par Physician et Essler, par Cadland.	
1836.	B.	*Francesca*, par Cadland ou Royal Oak et Anna, par Godolphin.	
*1831.	Al.	*Frantic*, par Bedlamite et Catherina, par Walton.	1836
1848.	B.	*Fraternité* par Worthless et Zora, par Catton.	
1849.	B.	*Fraternity*, par Inheritor et Effie Deans, par Brabant.	
*1843	Bb.	*Fraudulent*, par Venison et Deceitful (sœur de *Deception*), par Defence.	1853
1858.	B.	*Fredaine*, par Pedagogue et Ianthe, par Ithuriel.	
1851.	B.	*Fredegonde*, par Volcano et Sifax, par Beggarman.	
1846.	B.	*Free Trade*, par Brabant et Anne of Geierstein, par Catton.	
n1835.	B.	*Fretillon* (H. I. du Pin), par Sylvio et Emelina, par Emilius.	
1858.	B.	*Friali*, par Napier et Alifri, par Ali-Baba.	
n1839.	B.	*Fringante* (H. I. de Pompadour), par Terror et Louise, par Mustachio.	
*1848.	Bb.	*Fringe*, par Plenipotentiary et Valance, par Sultan	1853
1852.	B.	*Frisette*, par Freystrop et Lady Fly, par Royal Oak.	
*1843.	Bb.	*Frisure*, par Strockport et Ringlet, par Whisker.	1848
1848.	Bb.	*Frolic*, par Touchstone et The Saddler mare, par The Saddler	1862
1849.	Bb.	*Frugality*, par Inheritor et Flighty, par Y. Phantom.	
1855.	B.	*Fuchsia*, par Commodor Napier et Tulipe, par Jocko.	
1854.	B.	*Fugitive*, par Red Hart et Officious, par Pantaloon.	
1862.	Al.	*Fulvie*, par Callingwood et Qu'en-dira-t-on, par Sting.	
1856.	Al.	*Fulvie*, par Gladiator et Boutique, par Y. Emilius ou Gires.	

Année de la naissance	Robe.		Année de l'importation.
1858.	B.	*Fusée*, par Brimstone et Snowdrop, par Doctor Syntax.	
1855.	B.	*Fusée*, par Nuncio et Luche, par Royal Oak.	
1851.	B.	*Fusion*, par Napoleon et Francesca, par Cadland ou Royal Oak.	

G

1856.	Al.	*Gabare*, par Mokanna et Simoom mare, par Simoom.	
*1845.	B.	*Gabble*, par Venison et Flycatcher, par Godolphin	1851
1856.	Al.	*Gabrielle*, par Prospectus et Judith, par Royal Oak.	
H1840.	Al.	*Gabrielle* (H. I. de Pompadour), par Terror et Crotchet, par Partisan.	
1858.	Al.	*Gabrielle d'Estrées*, par Fitz Gladiator et Antonia, par Epirus.	
1833.	Al.	*Gaiety*, par Abron et Rebecca, par Eagle.	
1838.	B.	*Galopade*, par Royal Oak et Indiana, par Tandem.	
*1850.	B.	*Game Chicken*, par Orlando et Game Lass, par Tramp.	1855
1852.	B.	*Garde-à-Vous*, par Arthur et Avant-Garde, par General Mina.	
1854.	Al.	*Garenne*, par Gladiator, Elthiron ou Freystrop et Jessie, par Emancipation.	
1857.	B.	*Gartempe*, par Ionian et Jollity, par Inheritor.	
1856.	B.	*Gasconnade*, par Mokanna et Faugh a Ballagh mare, par Faugh a Ballagh.	
1840.	B.	*Gasconnade*, par Royal Oak et Jenny Vertpré, par Bobadil.	
1849.	B.	*Gaudriole*, par Pagan et Bride of Abydos, par Belzoni.	
1838.	Al.	*Gavotte*, par Terror et Eglé, par Rainbow.	

Année de la naissance.	obe.		Année de l'importation.
*1842.	B.	*Gaze*, par Bay Middleton et Flycatcher, par Godolphin	1855
1826.	B.	*Gazelle*, par Gulliver et Damietta, par Blucher.	
1858.	B.	*Gazelle*, par Moustiqua et Penitence, par Assassin.	
1851.	B.	*Gazelle*, par Volcano et Cochlea, par Mameluke.	
1848.	B.	*Gazelle*, par Worthless et Loterie, par Lottery.	
1819.	B.	*Geane*, par Don Cossack et Sorcière, par Sorcerer.	
*1852.	B.	*Geelony*, par Melbourne et Lobelia, par Camel.	1859
H1840.	B.	*Gemma* (H. I. de Pompadour), par Terror et Miss Henry, par Tiresias.	
1859.	B.	*Généalogie* (ex-*Gazelle*), par Womersley et Georgette, par Hœmus.	
1860.	B.	*Genevieve*, par Morok et Molokine, par Moloch.	
1847.	B.	*Genevieve de Brabant*, par Brabant et Mantille, par Royal Oak.	
1855.	B.	*Gentille*, par Tripolien et Lovely, par Harlequin.	
1854.	B.	*Gentille-Annette*, par Castor et Anna, par Tipple Cider.	
1854.	B.	*Gentille-Annette*, par Commodor Napier et Stella, par Jocko.	
*1827.	B.	*Genuine*, par Master Henry et Libra, par Zodiac.	1835
1856.	B.	*Geologie*, par The Prime Warden et Georgette, par Hœmus.	
1836.	B.	*Georgette*, par Defence et Effie Deans, par Asthon.	
1839.	Al.	*Georgette*, par Hœmus et Lustre, par Swiss.	
1853.	B.	*Georgette*, par Ionian et Magnelina (ex-*Maquilina*), par Crispin.	
1853.	B.	*Georgienne*, par Tipple Cider ou Schamyl et Whalebona (*Gipsy*), par Whalebone.	
1829.	B.	*Georgina*, par Rainbow et Leopoldine, par Hedley.	
1858.	Bb.	*Géralda*, par Peyrusse et Pharmacopeia, par Physician.	
1860.	Bb.	*Gertrude*, par Trance et Elvira, par Orville.	

Année de la naissance.	Robe.		Année de l'importation.
1855.	B.	*Gerty*, par Garry Owen et Coqueluche, par Royal Oak.	
1842.	Bb.	*Giboulée*, par Alteruter et Weeper, par Woful.	
1859.	Al.	*Gigelle*, par Saint-Germain et Theodora, par The Emperor.	
*1824.	Bb.	*Gimmer (The)*, par Filho da Puta et Calipso, par Sorcerer.	1834
1858.	B.	*Ginevra*, par Collingwood et Olga, par Premium.	
H1838.	B.	*Ginèvra* (H. I. du Pin), par Pickpocket et Thalie, par Tigris.	
1829.	Bb.	*Gipsy*. (Voyez *Whalebona*.)	
1848.	B.	*Gipsy*, par Ali-Baba et Y. Pasquinade, par Paradox.	
1839.	B.	*Gipsy*, par Libertine et Grenada, par Muley.	
*1838.	B.	*Gipsy*, par Sir Hercules et The Witch, par Soothsayer.	1850
1855.	Bb.	*Gipsy Girl*, par Malton et Gipsy, par Sir Hercules.	
1845.	B.	*Girafe*, par Nautilus et Effrontée, par Napoleon.	
1844.	B.	*Girandole*, par Physician et Gloriette, par Partisan.	
1859.	B.	*Girgenti*, par First Born et Guava, par Sweetmeat.	
1849.	B.	*Girouette*, par Beggarman et Myrtle, par Zinganee.	
1857.	B.	*Gisa*, par Esperance et Lizzy, par Lanercost.	
1843.	B.	*Giselle*, par Y. Emilius et Merope, par Carbon.	
1857.	Bb.	*Giselle*, par Royal-Quand-Même et Flavia, par Ali-Baba.	
1855.	B.	*Gitana*, par Ionian et Bohémienne, par Picaroon.	
1841.	Bb.	*Gizelle*, par Bizarre et Christobel, par Woful.	
*1847.	B.	*Gladiole*, par Gladiator et The Saddler mare, par The Saddler.	1854
1859.	B.	*Glaneuse*, par Sting et Loterie, par Lottery.	
*1846.	Al.	*Glauca*, par Cotherstone et Kalmia, par Magistrate.	1855
1860.	Bb.	*Glauca*, par Strongbow et Clématite, par Quoniam.	

Année de la naissance.	Robe.		Année de l'importation
1851.	B.	*Glaucopis*, par Melbourne et Bellona, par Beagle.	1854
1857.	Bb.	*Glissera*, par Fight Away et Lantara, par Fitz Emilius.	
1843.	B.	*Gloria*, par Ibis et Sainte-Agnès, par Félix (*Rainbow*).	
1860.	Bb.	*Gloria*, par Pelion et Geelony, par Melbourne.	
1845.	B.	*Gloria*, par Royal Oak et Gloriette, par Partisan.	
*1835.	Al.	*Gloriette*, par Partisan et Nanine (*Glaucus'dam*), par Selim	1842
1847.	Bb.	*Glycine*, par Napoleon et Belle-Poule, par Marcellus.	
1849.	B.	*Glycirrhine*. (Voyez *Réglisse*.)	
1855.	B.	*Goelette*, par Ion et Georgette, par Hœmus.	
*1814.	B.	*Gohanna mare*, par Gohanna et sir Peter mare, par sir Peter	1837
1851.	B.	*Golconde*, par Lioubliou et Energy, par Blacklock.	
1856.	B.	*Gold Cup*, par Sting et Bella Dona, par Harlequin.	
*1850.	Al.	*Gold Dust*, par Dulcimer et Nubia, par Redshank.	1864
*1833.	Al.	*Gold Finch*, par Mameluke et Benefit, par Oiseau.	1844
1861.	B.	*Golgia*, par Pédagogue et Figurante, par Venison.	
1860.	B.	*Gondole*, par Womersley et Jenny, par Tipple Cider.	
1843.	B.	*Good Forester*, par Sylvio ou Y. Emilius et Fleur-d'Épine, par Mameluke.	
1846.	Al.	*Good for Nothing*, par Terror et Medea, par Truffle.	
1851.	Al.	*Good for Stud*, par Y. Emilius et Jeudiette, par Vendredi.	
1860.	Al.	*Gourmette*, par Velox et Martingale, par Y. Emilius.	
1856.	B.	*Gouvernante*, par Pédagogue et Needle, par Lanercost.	
1852.	Al.	*Gracieuse*, par Garry Owen et Viola, par Emilius.	
1849.	Al.	*Grand Duchess*, par The Emperor et Spangle, par Crœsus.	1854

Année de la naissance	Robe.		Année de l'importation.
1852.	Bb.	*Great Britain*, par Philip Shah et Chanoinesse, par Napoleon.	
*1851.	B.	*Greek Slave* (The), par Ratan et The Prairie Bird par Touchstone	1851
1861.	B.	*Grelotte*, par Pretty Boy et Lady Isabel, par The Baron.	
*1833.	B.	*Grenada*, par Muley et Bequest, par Election. .	1836
1848.	Al.	*Grenade*, par Gladiator ou Y. Emilius et Maria, par Whisker.	
1858.	G.	*Grey Tommine*, par Grey Tommy et Jalouse, par Sting.	
1848.	B.	*Gringalette (ex-Gringolette)*, par Royal Oak et Amie, par Beggarman.	
1848.	B.	*Gringolette*. (Voyez *Gringalette*.)	
1834.	G.	*Grisi*, par Petworth et Orpheline, par Nigel.	
**1837.	Al.	*Grisi* (H. I. du Pin), par Pickpocket et The Screw, par Banker.	
*1845.	B.	*Grist*, par Don John et Meal, par Bran	1853
*1850.	Bb.	*Guava*, par Sweetmeat et Gadfly, par Mayfly. .	1853
*1832.	B.	*Guile* (sœur de *Déception*), par Defence et Lady Stumps, par Tramp.	1848
1852.	B.	*Guilhaumette*, par Assassin et Judith, par Royal Oak.	

H

1853.	Bb.	*Haidée*, par Ion et Ninon, par Ibrahim *(Sultan)*.	
*1818.	B.	*Haphazard Filly*, par Haphazard et Waxy mare, par Waxy	1824
1844.	B.	*Hard Heart*, par Physician et Cutendre, par Claude.	
1861.	Al.	*Harlequine*, par The Scavenger et Ninon, par Ibrahim *(Sultan)*.	
1830.	B.	*Harriet*, par Rainbow et Leopoldine, par Hedley.	

Année de la naissance.	Robe.		Année de l'importation.
1847.	Bb.	*Haydée*, par Terror et Mamz'elle Amanda, par Royal Oak.	
1832.	Al.	*Hébé*, par Abron et Rubena, par Waxy Pope.	
1859.	B.	*Hébé*, par Calderstone ou Ali-Baba et Élégie, par Napier.	
1857.	B.	*Hébé*, par Castor et Iris, par Gladiator.	
1860.	B.	*Hébé*, par Nunnykirk et Camelia, par Commodor Napier.	
*1819.	B.	*Hébé*, par Rubens et Virtuosa, par Precipitate .	1825
1832.	Al.	*Hécube*, par Carbon et Alexandria, par Comus.	
*1833.	Al.	*Heiress*, par The Colonel et Codicil, par Smolensko.	1840
*1842.	Al.	*Heiress* (The), par Vesmont et Honey Moon, par Filho da Puta	1853
*1809.	B.	*Helen*, par Whiskey et Brown Justice, par Justice	1819
1849.	B.	*Helena*, par Arthur et Tapage, par Pollio.	
1830.	G.	*Helena*, par Rainbow et Y. Urganda, par Treasurer.	
H1827.	Bb.	*Hélène* (H. I. du Pin), par Eastham et Witch par Sorcerer.	
1839.	B.	*Hélène*, par Fra-Diavolo et Betzy, par Captain Candid.	
1852.	Al.	*Héline*, par Foscarini et Stella, par Count Porro.	
1834.	Al.	*Heloise*, par Harlequin et Rebecca, par Eagle.	
*1835.	B.	*Heloise*, par Theodore et Penance, par Emilius .	1844
**1823.	B.	*Henrica*, par Woful et Miss Sophia, par Stamford	1834
1851.	B.	*Henriette*, par Tinker Junior et Calipso, par Milton.	
1853.	B.	*Hepzibah*, par The Baron et Rhinoplastie, par Royal Oak.	
1850.	Bb.	*Héritage*, par Inheritor et Margaret, par Edmund.	
*1843.	Bb.	*Hermine*, par Emilius et Chincilla, par Camel. .	1844
1860.	B.	*Hermine*, par Pretty Boy et Zerline, par Gladiator.	

Année de la naissance.	Robe.		Année de l'importation
1858.	B.	*Herminée,* par Beaucens et Armide, par Y. Emilius.	
H1848.	B.	*Hermione* (H. I. du Pin), par Royal Oak et Adeline, par Lottery.	
1846.	B.	*Hermosa,* par Charles XII et Maria, par Whisker.	
H1850.	B.	*Hermosa* (H. I. du Pin), par William et Whalebona *(Gipsy),* par Whalebone.	
1852.	B.	*Herodea,* par Garry Owen et Satisfaction, par Napoleon.	
1832.	B.	*Heroine,* par First Born et The Heiress, par Wesment.	
1856.	Bb.	*Heroine,* par Gladiator et Morena (ex-*Moressa*), par Prince Caradoc.	
H1841.	Al.	*Héroïne* (H. I. de Pompadour), par Harlequin et Chercheuse-d'Esprit, par Tigris.	
1848.	B.	*Hervine,* par Mr Wags et Poetess, par Royal Oak.	
*1848.	Bb.	*Hibernia,* par Oakley et Britannia, par Sheet Anchor	1854
*1858.	B.	*Hiccup,* par Knight of Avenel et Punch, par St-Martin.	1864
*1847.	Al.	*Hippia,* par Gladiator et Diversion, par Defence.	1852
1856.	Bb.	*Hirondelle.* (Voyez *Ballerina.)*	
1860.	B.	*Hirondelle,* par Bonbon et Swallow, par Little Rover.	
1860.	B.	*Hirondelle,* par The heir of Linne et Aimée, par Minster.	
*1809.	B.	*Hirondelle,* par Gohanna et Grey Skim, par Woodpecker.	1818
1846.	Bb.	*Hirondelle,* par Renonce et Camarine, par Camel.	
1843.	B.	*Hœma,* par Hœmus et Calliope, par Milton.	
1846.	B.	*Holbein Filly,* par Mr. Wags et Clorinde, par Holbein.	
*1853.	B.	*Honduras* (ex-*Madame Bosio*), par Alarm et Jamaica, par Liverpool.	1861
1851.	Al.	*Honesty,* par Gladiator et Effie Deans, par Brabant.	

Année de la naissance.	Robe.		Année de l'importation.
H1845.	Al.	*Honey Moon* (H. I. du Pin), par Quoniam et Fretillon, par Sylvio.	
1851.	Al.	*Hope*, par Premier-Août et Fanny, par Y. Emilius.	
1853.	Bb.	*Hope Formerly*, par Renonce et Molokine, par Moloch.	
1851.	B.	*Hopeless*, par Melbourne et Hope, par Shett Anchor	1856
1857.	B.	*Horace*, par Electrique et Juliana, par Ibis.	
1859.	B.	*Horace*, par Horace et Juliana, par Ibis.	
*1829.	B.	*Hornet*, par Partisan et Emma, par Orville. . .	1839
*1833.	B.	*Hortense*, par Gaberlunzie et Shrimp, par Grey Leg	1838
H1835.	B.	*Hortense* (H. I. du Pin), par Napoleon et Dee", par Vandyke Junior.	
1848.	B.	*Hortense*, par Tipple Cider et Danaide, par Ægyptus.	
H1845.	B.	*Hosanna* (H. I. du Pin), par Lottery et Whalebonna *(Gipsy)*, par Whalebone.	
1855.	B.	*Huguette*, par Elthiron et Jessie, par Emancipation.	
*1821.	B.	*Humbug*, par Hedley ou Seymour et Gramarie, par Sorcerer	1837
H1837.	Al.	*Huraca* (H. I. du Pin), par Pickpocket et Pamela, par Tigris.	
1858.	B.	*Hypothèse*, par Ion et Nightcap *(ex-Hood)*, par Cotherstone.	

I

*1847.	Al.	*Ianthe*, par Ithuriel et Belshazzar mare, par Belshazzar.	1854
1848.	Bb.	*Ibra Detta*, par Invincible et Verveine (ex-*Vaxime*), par Ibrahim (*Sultan*.)	

Année de la naissance.	Robe.		Année de l'importation.
*1824.	B.	*Icaria*, par The Flyer et Parma, par Dick Andrews	1837
1838.	Bb.	*Ida*, par The Juggler et Vanda, par Truffle.	
*1828.	N.	*Ida*, par Whalebone et Thalestris, par Alexander	1835
1841.	B.	*Illusion*. (Voyez *Olinga*.)	
*1850.	B.	*Illusion*, par Bay Middleton et Exotic, par Emilius	1857
1856.	B.	*Illusion*, par Caravan et Olinga (ex-*Illusion*), par Napoleon.	
1842.	Al.	*Illusion* (H. I. de Pompadour), par Harlequin et Betzy, par Napoleon.	
1848.	Al.	*Illustration*, par Gladiator et Flirtation, par Rococo.	
*1838.	Bb.	*Image*, par Langar et Tuft, par Whisker	1853
1842.	B.	*Impasse*, par Paradox et Miss Tandem, par Tandem.	
1852.	B.	*Impériale*, par Ionian et Sylvandire, par Terror.	
*1854.	B.	*Impérieuse*, par Orlando et Eulogy, par Euclid	1859
1850	B.	*Indépendance*, par Worthless et Teresina, par Jereed.	
1832.	Al.	*Indiana*, par Tandem et Teneriffe, par Blacklock.	
1850.	B.	*Industry*, par Loto et Curl, par Confederate.	
*1848.	Bb.	*Ingratitude*, par Jerry et Arethusa, par Elis.	1853
1855.	Bb.	*Inspection*, par Irish Birdcatcher et Drill, par Touchstone.	
1850.	B.	*Integrity*, par Y. Emilius et Aspasie, par Royal Oak.	
1860.	B.	*Intervention*, par Collingwood et Good for Nothing, par Terror.	
*1836.	Al.	*Io*, par Taurus et Problem, par Merlin	1848
*1845.	N.	*Iodine*, par Ion et Sir Hercules mare, par Sir Hercules	1854
1853.	B.	*Ioness*, par Ion et Lady Bangtail, par Erymus.	
1856.	B.	*Ionienne*, par Ionian ou Mokanna et Selima, par Terror.	

Année de la naissance.	Robe.		Année de l'importation.
H1842.	Al.	*Ipsara* (H. I. de Rosières), par General Mina et Y. Folly, par Asmodeus.	
1847.	Bb.	*Irène*, par Y. Emilius et Redgauntlet mare, par Redgauntlet.	
1842.	Bb.	*Iris*, par Alteruter et Anne Gray, par Belzoni.	
1859.	B.	*Iris*, par Collingwood, et Fatima, par Elis.	
1848.	B.	*Iris*, par Gladiator et Miss Rainbow, par Rainbow.	
1841.	B.	*Iris*, par Marcellus et Miss Rainbow, par Rainbow.	
1824.	B.	*Isabel*. (Voyez *Wanderer mare*.)	
1858.	Al.	*Isabella*, par The Baron et Regrettee, par Gladiator.	
1845.	B.	*Isabella*, par Ibis et Genuine, par Master Henry.	
1831.	B.	*Isabella*, par Rainbow et Aimable, par Election.	
1845.	B.	*Isis*, par Ibis et Albania, par Sultan.	
1845.	B.	*Isly*, par Physician et Gipsy, par Libertine.	
H1850.	Al.	*Isole* (H. I, du Pin), par Prince-Caradoc et Corysandre, par Holbein.	
H1834.	B.	*Iveline* (H. I. de Rosières), par Belmont et Caracolle, par Doge of Venice.	

J

Année de la naissance.	Robe.		Année de l'importation.
1855.	B.	*Jacqueline*, par Garry Owen et Monime, par Ibrahim (*Sultan*).	
1854.	B.	*Jalouse*, par Sting et Physicie, par Physician.	
1845.	B.	*Jambette*, par Physician et Jenny Vertpré, par Bobadil.	
1834.	Bb.	*Jane*, par Deucalion et Felicia, par Rainbow.	
*1824.	G.	*Jane*, par Little John et Reading, par Orville. .	1825
1857.	Bb.	*Jane Eyre*, par Iago et Mistress Anson, par Gladiator.	
1835.	B.	*Janinette*, par Marcellus et Jeannette, par Rainbow	

Année de la naissance.	Robe.		Année de l'importation.
*1843.	N.	*Japan*, par Amato et Miss Wilfred, par Lottery .	1850
1857.	B.	*Jeanne*, par Ethelwolf et Sans-Nom, par Garry Owen.	
1861.	B.	*Jeanne-d'Albert*, par Ventre-Saint-Gris et Comtesse, par The Baron ou Nuncio.	
1854.	Al.	*Jeanne-d'Arc*, par The Baron ou Assault et Jew Girl, par Elis.	
1859.	B.	*Jeanne-d'Arc*, par Faugh a Ballagh et Belle-de-Nuit, par Y. Emilius.	
1855.	B.	*Jeanne-d'Arc*, par Premier-Août et Mea, par Assassin ou Minster.	
1858.	B.	*Jeanne-d'Arc*, par Ramadan et Alida, par Morok.	
1845.	B.	*Jeannette*, par Ægyptus et Tapage, par Pollio.	
1836.	B.	*Jeannette*, par Lutzen et Pythoness, par Shuttle Pope.	
1825.	B.	*Jeannette*, par Rainbow et Brown Susan, par Cleveland.	
1851.	Al.	*Jectura*, par Conjecture et Tetota, par Tetotum.	
*1846.	Ro.	*Jelly-Fish*, par Venison et Baleine, par Whalebone	1853
1854.	Al.	*Jemma*, par Marengo et Flavia, par Ali-Baba.	
1836.	B.	*Jenny*, par Lutzen et Sephora, par Vampyre.	
1837.	B.	*Jenny*, par Royal Oak et Kermess, par Camel.	
1849.	Al.	*Jenny*, par Tipple Cider et Darling, par Oak Stick.	
**1829.	N.	*Jenny*, par Whalebone et Gohanna mare, par Gohanna.	1834
1849.	B.	*Jenny Lind*, par Ali-Baba et Valentine, par Ibrahim (*Sultan*).	
*1827.	B.	*Jenny Vertpré*, par Bobadil et Bella Donna, par Seymour.	1838
1849.	Bb.	*Jeopardy*, par Inheritor et Beguine, par Waxy Pope.	
* 1851.	B.	*Jessamine*, par Peragone et Jessy, par Jerry. . .	1859
H1841.	B.	*Jessica* (H. I. du Pin), par Bizarre et Rachel, par Whalebone.	

Année de la naissance.	Robe.		Année de l'importation.
*1835.	Al.	*Jessie*, par Emancipation et Eliza, par Smolensko.	1847
*1845.	Bb.	*Jessy*, par Jerry et Georgina, par Partisan (*Walton*)	1852
*1844.	Bb.	*Jessy*, par Lanercost et Miss Lydlia, par Belshazzar.	1853
*1842.	Bb.	*Jessy Hammond*, par Voltaire et Adriana, par Comus.	1854
1847.	Al.	*Jeudiette*, par Vendredi et Césarine, par Harlequin.	
*1843.	Al.	*Jew-Girl*, par Elis et Zipporah, par Moses . . .	1849
1834.	B.	*Jocaste*, par Deucalion et Calipso, par Tigris.	
1854.	Al.	*Johanna*, par The Baron ou Assault et Louisa, par Tomboy.	
1845.	B.	*Johannisberg*, par Physician et Camarilla, par Falcon.	
1860.	Al.	*Joliette*, par Surplice et Jessamine, par Paragone.	
1849.	G.	*Jollity*, par Inheritor et Flirtation, par Rococo.	
1850.	Al.	*Jonquille*, par Jocko et Jessica, par Bizarre.	
1854.	Al.	*Jonquille* (ex-*Elvire*), par La Cloture, Prince Caradoc ou Mr. d'Ecoville et Tulipe, par Jocko.	
1844.	Al.	*Jonquille*, par Napoleon et Violette, par Hœmus.	
1850.	B.	*Jouvence*, par Sting et Currency, par St-Patrick.	
*1856.	Al.	*Joyeuse*, par Slane et Jovial, par Bay Middleton.	1862
*1852.	Al.	*Juana*, par Don John et Reminiscence, par The Saddler.	1857
1859.	B.	*Juanita*, par Lanercost et Betzy, par Tipple Céder.	
H1839.	B.	*Juanita* (H. I. du Pin), par Lottery et Xarifa, par Moses.	
1839.	B.	*Judith*, par Royal Oak et Maria, par Walton.	
1842.	B.	*Julia*, par Bizarre et Flighty, par Y. Phantom.	
1846.	N.	*Julia*, par Charles XII ou Sir Hercules et Cassandra, par Priam,	
*1848.	Al.	*Julia*, par Epirus et Monstrosity, par Plenipotentiary.	1852

Année de la naissance.	Robe.		Année de l'importation.
1844.	N.M.T.	*Julia*, par General Mina et Malvina, par Manfred.	
1846.	B.	*Juliana*, par Ibis et Ste-Agnes, par Felix (*Rainbow*).	
1841.	B.	*Julia Sacqui*, par Royal George et Lucette, par Captain Candid.	
1858.	B.	*Julie*, par Beaucens et Jeudiette, par Vendredi.	
1855.	B.	*Julie*, par Toison-d'Or et Fanny, par Y. Emilius.	
1834.	B.	*Julietta*, par Royal Oak et Mantua, par Woful.	
1851.	B.	*Juliette*. (Voyez *Fanfare*.)	
1849.	B.	*Juliette*, par Caravan et Midsummer, par Filho da Puta.	
H1830.	B.	*Juliette* (H. I. du Pin), par Mustachio et Poozy, par Partisan.	
1853.	B.	*Junction*, par Sting, Nunnykirk ou Nuncio et Margaret, par Edmund.	
1844.	Al.	*Junon*, par Dangerous et Folla, par Premium.	
1834.	Bb.	*Junon*, par Deucalion et Alexandria, par Comus.	
1851.	B.	*Justice*, par Gladiator et Aspasie, par Royal Oak.	

K

1835.	B.	*Kalmia*, par Bijou et Priestess, par Vandyke Junior.	
1858.	Al.	*Kaoline* (ex-*Pauline*), par Collingwood ou Malton et Olympie, par Deucalion.	
1840.	B.	*Kate Nickleby*, par Paradox et Marie-Louise, par Napoleon.	
*1843.	Bb.	*Katheleen*, par Windcliffe et Flirt, par Y. Blacklock	1849
1852.	Al.	*Katinka*, par Gladiator et Miss Fury, par Lottery.	
1849.	Bb.	*Kayla*, par Nautilus et Veronica, par Felix (*Rainbow*).	

Année de la naissance.	Robe.		Année de l'importation.
1835.	B.	*Kaymah*, par Deucalion et Flore, par Captain Candid.	
1856.	Bb.	*Keepsake*, par Nuncio et Aspasie, par Royal Oak.	
*1842.	B.	*Kermesse*, par Camel et Martha, par Merlin. . .	1836
1837.	B.	*Ketty*, par Darlington et Effie Deans, par Asthon.	
*1827.	B.	*Ketty*, par Tramp et Sir David mare, par Sir David.	1827
1835.	Bb.	*Kiles*. (Voyez *Kilis*.)	
1835.	Bb.	*Kilis* (ex-*Kiles*), par Deucalion et Felicia, par Rainbow.	
1850.	Al.	*Kindness*. (Voyez *Cendrillon*.)	
1847.	G.	*Kindness*, par Ibis et Helena, par Rainbow.	
1837.	Bb.	*Kirkora*, par Deucalion et Doris, par Trance.	
1847.	B.	*Kiss*. (Voyez *Attrape-Qui-Peut*.)	
1855.	Al.	*Kis me Not* (ex-*Cyrtopera*), par Irith Birdcatcher et Touch me Not, par Touchstone.	
1835.	B.	*Koura*, par Carbon et Fenella, par Trance.	

L

1857.	B.	*La Baleine*, par Ion et Sérénade (ex-*Posthume*) par Royal Oak.
1860.	B.	*La Baumette*, par Womersley et Olivia, par Gladiator.
1854.	B.	*La Belle-Lisette*, par Caravan ou Assault et Hippia, par Gladiator.
1861.	..	*La Bossue*, par De Clare et Canezou, par Melbourne.
1858.	..	*La Boulangère*, par Sting et Miss Napier, par Napier.
1847.	B.	*La Californie*, par Y. Emilius et Menalippe, par Merchant.
1852.	Al.	*La Chasse*, par Harkaway et Ruthful, par Beiram.

Année de la naissance.	Robe.		Année de l'importation
1855.	Al.	*La Czarine*, par Gladiator et Fretillon, par Sylvio.	
1853.	G.	*La Dame*, par The Baron et Sérénade (ex-*Posthume*), par Royal Oak.	
1858.	B.	*La Diva*, par The Cossack et Refraction, par Glaucus.	
1856.	B.	*Ladrée*. (Voyez *La Magicienne*.)	
1855.	Bb.	*Lady*, par Renonce et Ninette, par Pickpocket.	
*1818.	Bb.	*Lady*, par Seymour et Lady of Lake, par Sorcerer	1829
1852.	Al.	*Lady*, par Tragedian et Urania, par Mameluke.	
1849.	Bb.	*Lady (Young)*, par Ionian et Prétendante, par Fra-Diavolo.	
*1832.	B.	*Lady Albert*, par Langar et Lady Easby, par Whisker.	1837
*1846.	B.	*Lady Arthur*, par Arthur et Langar mare, par Langar.	1855
*1845.	B.	*Lady Bangtail*, par Erymus et Empress (sœur d'*Egerina*), par Emilius.	1853
*1827.	B.	*Lady Bird*, par Bustard (*Castrel*) et Brown Duchess, par Orville.	1834
*1851.	Al.	*Lady Bird*, par Irish Birdcatcher et Lady, par Zingance.	1857
1854.	B.	*Lady Bird*, par Saint-Simon et Giselle, par Y. Emilius.	
*1836.	B.	*Lady Charlotte*, par Reveller et Rubens mare, par Rubens	1840
*1841.	N.	*Lady Charlotte*, par Vélocipède et Miss Wilfred, par Lottery	1855
1859.	Al.	*Lady Clocklo*, par Royal-Quand-Même et Catherina, par Bramble.	
*1848.	Bb.	*Lady Crompton*, par Scheik et Brutandorf mare, par Brutandorf.	1854
*1832.	B.	*Lady de Normandie*, par Emilius et Caleb Quotem mare, par Caleb Quotem.	1850
1835.	B	*Lady Emely*, par Cain et Lady Bird, par Bustard (*Castrel*).	

Année de la naissance.	Robe.		Année de l'importation.
*1857.	Bb.	*Lady Falconer*, par Melbourne ou Irish Birdcatcher et Lady Lurewell, par Hornsea.	
H1842.	B.	*Lady Fashion* (H. I. du Pin), par Sylvio et Emelina, par Emilius.	
1837.	B.	*Lady Fly*, par Royal Oak et Lady Bird, par Bustard (*Castrel*).	
1851.	Bb.	*Lady Gorre*, par Brocardo ou Mr. d'Ecoville et Reine-Margot, par Mr. Wags.	
1854.	Al.	*Lady Harriet*, par Mr. Wags et Plenety (ex-*Écuelle*), par Va-Nu-Pieds.	
1845.	B.	*Lady Henriette*, par Y. Emilius ou Physician et Miss Tandem, par Tandem.	
1849.	Al.	*Lady Isa*, par Gladiator et Muff, par Velocipede.	
*1849.	Bb.	*Lady Isabel*, par The Baron et Red Rose, par Rubini.	1855
*1854.	B.	*Lady Joan*, par John O'Glaunt et Venus, par Sir Hercules.	1864
1859.	B.	*Lady John*, par Buckthorn et Miss Johnson, par Record.	
*1831.	Al.	*Lady Julia* (ex-*The Sylphide*), par Tiresias et The Fairy Queen, par Walton.	1841
*1844.	B.	*Lady Lift*, par Sir Hercules et Sylph, par Spectre.	1858
*1858.	B.	*Lady Little*, par The Confessor et Strife, par Contest	1863
H1842	B.	*Lady Macbeth* (H. I. du Pin), par Harlequin et Clio, par Napoleon.	
1842.	Al.	*Lady Maria*, par Hœmus et Harriet, par Rainbow.	
1852.	Al.	*Lady Maud*, par Ionian et Defy, par Defence.	
*1855.	Bb.	*Lady Nelson* (ex-*Britannia*), par Collingwood et Marie Vincent, par Simoom.	1859
*1852.	B.	*Lady of Lyons*, par Flatcatcher et Bran mare, par Bran.	1857
1852.	B.	*Lady Stowe* (ex-*Treguele*), par Tipple Cider et Darling, par Oak Stick.	
1850.	Bb.	*Lady Syntax's* par Don John et Doctor Syntax mare, par Doctor Syntax.	

Année de la naissance.	Robe.		Année de l'importation.
1853.	B.	*Lady Tartufe*, par Ion et Mariquita, par Physician.	
1856.	B.	*La Fanchonnette*, par Assault ou Ballinkeele et Achaia, par Elis.	
1857.	Al.	*La Fanchonnette*, par Fitz Gladiator et Diggory Diddle, par Velocipede.	
1834.	B.	*La Fiancée*, par Royal Oak et Eglé, par Rainbow.	
1860.	N.	*La Flèche*, par Womersley et Japan, par Amato.	
*1843.	Bb.	*La Goualeuse*, par The Saddler et Langar mare, par Langar.	1848
1837.	Bb.	*La Grippe*, par Royal Oak et Indiana, par Tandem.	
1842.	Al.	*Laitza*, par Hœmus et Indiana, par Tandem.	
H1840.	B.	*La Juive* (H. I. du Pin), par Lottery et Rachel, par Whalebone.	
1836.	B.	*Lalagee*, par Carbon et Gertrude, par Trance.	
*1840.	B.	*Lalnelly*, par Liverpool et Albany mare, par Albany.	1848
1856.	B.	*La Magicienne* (ex-*Ladrée*), par Loadstone et Wallflower, par Magpie.	
1855.	B.	*La Maladetta*, par The Baron et Refraction, par Glaucus.	
1840.	B.	*La Mecque*, par Hœmus et Indiana, par Tandem.	
*1834.	Al.	*La Meprisee*, par Velocipede et Zenobia, par Whalebone.	1840
**1822.	B.	*Lamia Filly*, par Robin Adair et Lamia, par Gohanna.	1828
1854.	B.	*La Michelette*, par The Baron et Francesca, par Cadland ou Royal Oak.	
*1847.	Bb.	*Lammas Lass*, par Defence et The Monarch mare, par The Monarch	1853
*1838.	Bb.	*Lampoon*, par Camel et Banter, par Mr. Henry.	1855
*1845.	B.	*Landrail*, par Sir Hercules et The Margravine, par Little John.	1855
*1847.	Bb.	*Lanercost mare* (sœur de *Pillage*), par Lanercost et Camp Follower, par The Colonel.	1856

Année de la naissance.	Robe.		Année de l'importation.
*1846.	B.	*Lanercost mare* (mère de Mr. *Dobbler*), par Lanercost, sa mère, par Hampton, issue d'une fille de Phantom, issue elle-même de la sœur de Consul, par Camillus.	1863
*1830.	B.	*Languish*, par Cain et Lydia, par Pluton	1845
1843.	B.	*Languish*, par Royal Oak et Lydia, par Rainbow.	
1850.	B.	*Lantara*, par Fitz Emilius et Pamela (*Bis*), par Captain Candid.	
1840.	B.	*Lanterne*. (Voyez *Nativa*.)	
1841.	B.	*Lanterne*, par Hercule (*Rainbow*) et Elvira, par Erix.	
1826.	B.	*Laon*. (Voyez *Maniac Y*.)	
1856.	B.	*La Parisina*, par The Baron ou St-Germain et Refraction, par Glaucus.	
1855.	Al.	*La Reine-Blanche*, par Irish Birdcatcher et Bilberry, par Touchstone.	
1848.	B.	*La Révolte*, par Gladiator et Menalippe, par Merchant.	
1854.	B.	*Last-Born*, par Elthiron ou Freystrop et Florida, par Mulatto.	
*1834.	Bb.	*La Tamise*, par Shakespeare et Twally, par Whalebone.	1838
*1847.	Bb.	*Launcelot mare*, par Launcelot et Maria, par Sir Hercules.	1853
1861.	B.	*Laurentine*, par Sting et Miss Laurence, par Physician.	
*1835.	B.	*Lauretta*, par Doctor Faustus et Cannon Ball mare, par Cannon Ball	1845
1861.	B.	*Lavallière*, par Faugh a Ballagh et Alexandra, par Napoleon.	
1834.	G.	*Lavinia*, par Rainbow et Y. Urganda, par Treasurer.	
1830.	B.	*Lavinia*, par Tancred et Rosina, par Sir Henri Dimsdal.	
*1848.	N.	*Leading Article* (*The*), par The Era et une sœur de Currency, par Velocipede.	1862
1837.	Bb.	*Lelia*, par Cadland et Pasquinade, par Soverign.	

Année de la naissance.	Robe.		Année de l'importation.
—	—		—
1837.	B.	*Lelia*, par Lottery et Jeannette, par Rainbow.	
1851.	Al.	*Lenity*, par Gladiator et Flirtation, par Rococo.	
1859.	B.	*Lentille*, par Y. Gladiator et Pomaré, par Physician ou Royal Oak.	
1853.	B.	*Leocadie*, par Gladiator et Miss Rainbow, par Rainbow.	
1857.	B.	*Leone*, par Elthiron et Marguerite, par Mr. Wags.	
1855.	B.	*Leonie*, par Richmond et Cinq-Sous, par Hœmus	
1854.	B.	*Leonora*, par The Baron ou Mr. Wags et Lola, par Gladiator.	
1862.	B.	*Leonora*, par Sting ou Rémus et Lucy Long, par Camel.	
1853.	Al.	*Léontine*, par Gladiator ou Ion et Milady, par Franck.	
*1822.	B.	*Léopoldine*, par Hedley et Gramarie, par Sorcerer.	1825
1861.	B.	*Leszczinska*, par The Flying Dutchman ou Florin et Myska, par Bizarre.	
1853.	B.	*Lia*, par Malton et Selima, par Terror.	
1856.	Al.	*Lia*, par Pédagogue ou Father Thames et Shuffle, par Sleight of hand.	
1848.	B.	*Liberté*, par Ali-Baba et Clara, par Novelist.	
1848.	Al.	*Liberté*, par Oakley et Jessie, par Emancipation.	
1855.	B.	*Liesse*, par Garry Owen et Fortunata, par Worthless ou Nautilus.	
1846.	B.	*Ligature*, par Pirate et Rhinoplastie, par Royal Oak.	
1851.	B.	*Ligoure*, par Commodor Napier et Sylvandire, par Terror.	
1843.	B.	*Lilia*, par Harlequin et Lilly, par Mustachio.	
1854.	N.	*Lilla*, par Sting et Castagnette (ex-*Castanette*), par Lanercost.	
*1829.	Al.	*Lilly*, par Partisan et Rhoda, par Aspergus . .	1838
*1858.	Bb.	*Lily of the Valley*, par Wild Dayrell, et Blemish, par Emilius	1864
1856.	Al.	*Liouba*, par Nuncio et Eusebia, par Emilius.	
1837.	B.	*Lisa*, par Friedland et Ketty, par Tramp.	

Année de la naissance.	Robe.		Année de l'importation
1853.	B.	*Lisbeth*, par Cataract et Suzette, par Y. Emilius.	
H1828.	Al.	*Lisette* (H. I. du Pin), par Tiresias et Poozy, par Partisan.	
1856.	B.	*Little Bell*, par Lanercost ou Zadig et Prima Donna, par The Emperor.	
1855.	B.	*Little Dorrit*, par Corazon et Catastrophe, par Royal-George.	
1860.	B.	*Little-Duc*, par The Flying Dutchman et Nightcap (ex-*Hood*), par Cotherstone.	
*1848.	B.	*Little Fawn (The)*, par Venison et Lady Sarah, par Velocipede	1853
1836.	B.	*Little Girl*, par Mustachio et Vigornia, par Master Henry.	
1854.	B.	*Livie*, par Tibi et Comete, par Novelist.	
*1849.	Bb.	*Lizzy*, par Lanercost et Velocipede mare (sœur d'*Hornsea*), par Velocipede	1854
*1825.	B.	*Locket*, par Blacklock et Miss Paul, par Sir Paul.	1837
1838.	B.	*Locomotive*, par Alteruter et Weeper, par Woful.	
H1842.	B.	*Lodowiska* (H. I. du Pin), par Napoleon et Chimère par Holbein.	
1845.	B.	*Lætitia*, par Napoleon et Miss Anna, par Filho da Puta.	
1840.	B.	*Logomachie*, par Ibrahim (*Sultan*) et Weeper, par Woful.	
H1842.	Al.	*Loïsa* (H. I. du Pin), par Harlequin et Doris, par Terror.	
1841.	Al.	*Loïsa*, par Terror et Vigornia, par Master Henry.	
1848.	B.	*Lola*, par Gladiator et Cassandra, par Priam.	
*1845.	B.	*Lola Montes*, par Slane et Hester, par Camel . .	1854
1844.	B.	*Lolotte*, par Tetotum et Harriet, par Rainbow.	
1853.	Al.	*Lora*, par Garry Owen et Miss Laurence, par Physician.	
1857.	B.	*Lorida*, par Sting et Miss Laurence, par Physician.	

Année de la naissance.	Robe		Année de l'importation.
1857.	B.	*Loris*, par Sting et Lora, par Garry Owen.	
1842.	B.	*Loterie*, par Lottery et Hornet, par Partisan.	
*1841.	B.	*Louisa*, par Tomboy et Catalani, par Tiger (fils de *Sir Paul*)	1851
n1829.	B.	*Louise* (H. I. du Pin), par Mustachio et Deer, par Vandyke Junior.	
1838.	B.	*Louise*, par Royal Oak et Terpsichore, par Milton.	
1837.	B.	*Lovely*, par Harlequin et Vigornia, par Master Henry.	
1850.	Bb.	*Loyauté*, par Nelson et Royauté, par Royal Oak.	
n1831.	B.	*Lucette* (H. I. du Pin), par Captain Candid et Boil and Bubble, par Partisan ou Centaur.	
1845.	Bb.	*Luche*, par Royal Oak et Kermesse, par Camel.	
*1858.	Al.	*Lucienne*, par Cotherstone et Auld Acquaintance, par Irish Birdcatcher	1861
1858.	B.	*Lucy*, par Lanercost et Lucy Long, par Camel.	
1820.	Bb.	*Lucy*, par Tooley et Peggy, par sir Salomon.	
*1841.	B	*Lucy Long*, par Camel et Minikin, par Manfred	1852
1825.	Al.	*Luna*, par The Flyer et Moonshine, par Soothsayer.	1837
1835.	B.	*Luna*, par Napoleon et Priestess, par Vandyke Junior.	
*1824.	Al.	*Lunacy*, par Blacklock et Maniac, par Shuttle. .	1838
1852.	Al.	*Lune-de-Miel*, par Skirmisher et Chercheuse d'esprit, par Tigris.	
*1830.	B.	*Lustre*, par Swis et Lunettes, par Comus. . . .	1836
1849.	B.	*Lydia*. (Voyez *Zydia*.)	
1834.	B.	*Lydia*, par Rainbow et Leopoldine, par Hedley.	
1851.	Bb.	*Lysisca*, par Sting et Cassica, par Touchstone.	
1858.	Bb.	*Lyze*, par Festival et Naphtha, par Slane.	
1857.	B.	*Lzilda*, par Mokanna et Pointe-à-Pitre, par Ali-Baba.	

M

Année de la naissance.	Robe		Année de l'importation
*1833.	B.	*Mab*, par Duncan Grey et Macbeth mare. . .	1858
1854.	B.	*Madame César*, par The Prime Warden et Discrete, par Eastham.	
n1837.	B.	*Madame Gibou* (H. I. du Pin), par Deucalion et Thalie, par Tigris.	
*1855.	Bb.	*Madame Ristori*, par Annandale et Revival, par Pantaloon	1830
1832.	B.	*Madamizella Tacanitasca*, par Garry Owen et Monime, par Ibrahim (*Sultan*).	
1847.	B.	*Mademoiselle Béjart*, par Ali-Baba et Dolorosa, par Sylvio.	
1856.	B.	*Mademoiselle Cravachon* (ex-*Lacomme*), par Load, stone et Lola Montès, par Slane.	
1846.	B.	*Mademoiselle Clairon*, par Ali-Baba et Tragedie par Alteruter.	
1846.	B.	*Mademoiselle Dangeville*, par Ali-Baba et Lady Albert, par Langar.	
1851.	B.	*Mademoiselle de Bellevue*, par Freystrop et Faribole, par Gigès.	
1858.	Al.	*Mademoiselle de Boisgrimont*, par Royal-Quand-Même et Achaia, par Elis.	
1847.	Al.	*Mademoiselle de Brie*, par Ali-Baba et Stella, par Count Porro.	
1844.	Al.	*Mademoiselle de Cardoville*, par Mr. Wags et Clorinde, par Holbein.	
1854.	B.	*Mademoiselle de Chantilly*, par Gladiator et Maid of Mona, par Tory Boy.	
1859.	Al.	*Mademoiselle de Chevilly*, par The Nabob et Glauca, par Cotherstone.	
1848.	B.	*Mademoiselle de la Veille*, par Polecat et Earwig, par Emilius.	
1861.	Bb.	*Mademoiselle de Mahéru*, par Faugh a Ballagh et Gringalette, par Royal Oak.	

Année de la naissance.	Robe.		Année de l'importation.
1854.	Bb.	*Mademoiselle Désirée*, par Caravan et Bee's Wing (ex-*Miss-Edwards*), par Doctor Syntax.	
1851.	Al.	*Mademoiselle Diggory*, par The Baron et Diggory Diddle, par Velocipede.	
1830.	Bb.	*Mademoiselle du Bois Chapuleaud*, par Ionian et Vanilla, par Commodor Napier.	
1861.	B.	*Mademoiselle du Bourg*, par Faugh a Ballagh et Cochlea, par Mameluke.	
1847.	B.	*Mademoiselle Duparc*, par Beggarman et Brise-l'Air, par Tancred.	
1858.	B.	*Mademoiselle du Petit-Limoges*, par Womersley et Zora, par M^r^. d'Ecoville.	
1841.	Bb.	*Mademoiselle Gibou*, par Bizarre et Aspasie, par Royal Oak.	
1851.	B.	*Mademoiselle Kelly*, par Fox Berry et Elvina, par Cain.	
1839.	Al.	*Mademoiselle Louise*, par Theodore et Sola, par Partisan.	
1859.	B.	*Mademoiselle Malton*, par Malton et Sylvandire, par Terror.	
1854.	B.	*Mademoiselle Marco*, par Ion et Lady Bangtail, par Erymus.	
1853.	B.	*Mademoiselle Mars*, par Caravan et Victorine, par Quoniam.	
1853.	Al.	*Mademoiselle Napier*, par Napier et Mademoiselle Dangeville, par Ali-Baba.	
1861.	Al.	*Mademoiselle Napier*, par Napier et All Right, par The Prime Warden.	
1857.	Bb.	*Mademoiselle de Piqu'hardy*, par Faugh a Ballagh et Camelia, par Camel.	
1859.	Bb.	*Mademoiselle des Douze Traits*, par Caravan et Miss d'Amont, par Tetotum.	
1855.	B.	*Mademoiselle Roberte*, par Garry Owen et Mademoiselle Duparc, par Beggarman.	
1857.	Bb.	*Mademoiselle Torchon*, par Ethelwolf et Picciola, par Assassin.	
1858.	B.	*Mademoiselle Veraguet*, par Nuncio et Silistrie, par Tragedian.	

Année de la naissance	Robe.		Année de l'importation.
1861.	B.	*Madrilena*, par Collingwood et Miss Anna, par Sting.	
1859.	B.	*Magenta*, par Ethelwolf et Victoria, par Premier-Août.	
1859.	B.	*Magenta*, par Lanercost et Princesse Olga, par The Emperor.	
1859.	B.	*Magenta*, par Malton et Miss Flora, par Hercule (*Rainbow*).	
1847.	B.	*Maggie* (ex-*Miss Charlotte*), par Attila et Olivia, par Felix (*Rainbow*).	
1856.	Bb.	*Magicienne*, par Hernandez et Tailed Comet, par Quoniam.	
1861.	B.	*Magique*, par The Flying Dutchman et Lanterne, par Hercule (*Rainbow*).	
1851.	Al.	*Magnanimity*. (Voyez *Vertu*.)	
1849.	B.	*Magnanimity*, par Inheritor et Jessie, par Emancipation.	
1838.	Al.	*Magnelina* (ex-*Maquilina*), par Crispin et Medea, par Truffle.	
1846.	B.	*Magnesia* (ex-*Calipso*), par Gigès et Anna, par Godolphin.	
1837.	Al.	*Magnolina*, par Harlequin et Enchanteresse, par Abron.	
1859.	B.	*Mahoura*, par Collingwood et Margaret, par Gigès.	
1838.	B.	*Maid*, par Felix (*Rainbow*) et Maiden, par Hedley.	
1836.	B.	*Maid*, par Garry Owen et Catastrophe, par Royal George.	
1844.	B.	*Maida*, par Ibrahim (*Sultan*) et Lady Charlotte, par Reveller.	
*1819.	B.	*Maiden*, par Hedley et Selim mare	1834
*1841.	Al.	*Maid of Erin*, par Ishmael et Potteen, par Irish Birdcatcher.	1846
*1841.	Bb.	*Maid of Fez* (*The*), par Muley Moloch et Streatlam Sprite, par Physician	1847
*1846.	B.	*Maid of Hart*, par The Provost et Martha Lynn, par Mulatto.	1852

Année de la naissance	Robe.		Année de l'importation.
*1845.	B.	*Maid of Mona*, par Tory Boy et Kite, par Bustard	1853
1847.	B.	*Mainada*, par Beggarman et Bai-Brune, par Terror.	
1853.	B.	*Maitresse*, par Mr. Wags et Jenny, par Royal Oak.	
*1830.	B.	*Malibran*, par Whisker et Gracia, par Octavian.	1853
*1850.	Bb.	*Malice*, par Iago et The Warwick mare, par Herman	1857
*1851.	B.	*Malmsey*, par The Libel ou Harkaway et Malvoisie, par Bay Middleton	1859
*1843.	B.	*Malvina*, par Emilius et Héloise, par Théodore .	1844
1826.	Bb.	*Malvina*, par Manfred et Rachel, par Rubens.	
1833.	N.	*Malvina*, par The Moor et La Douce, par Haphazard.	
1860.	B.	*Malvina*, par Moustique et Alabama, par Van Tromp.	
1843.	B.	*Mamie*, par Paradox et Panope, par Abjer.	
1840.	B.	*Mam'zelle Amanda*, par Royal Oak et Weeper, par Woful.	
1849.	B.	*Mam'zelle Corday*, par Y. Emilius et Lady Charlotte, par Reveller.	
1845.	B.	*Mam'zelle Pritchard*, par Royal Oak et Princess Edwiss, par Emilius.	
1841.	Bb.	*Manchette*, par Lottery et Eva, par Sultan.	
**1833.	Al.	*Mandane* (H. I. du Pin), par Captain Candid et Fair Forester, par Agricola ou Egremont.	
1856.	Bb.	*Mandoline*, par Nuncio et Jouvence, par Sting.	
*1828.	B.	*Mania*, par Don Juan et Miss Fulford, par Walton.	1835
1826.	B.	*Maniac (Young)* (ex-*Laon*), par Tramp et Maniac, par Shuttle.	
*1825.	Bb.	*Manille*, par Orville et Tredrille, par Walton . .	1833
*1821.	Al.	*Manœuvre*, par Rubens et Finesse, par Peruvian	1829
1843.	B.	*Manola*, par Arwed et Essler, par Cadland.	
1838.	B.	*Mantille*, par Royal Oak et Manille, par Orville.	

Année de la naissance.	Robe.		Année de l'importation.
*1837.	Al.	*Mantle*, par Reveller et Green Mantle, par Sultan.	1851
*1833.	Bb.	*Mantua*, par Woful et Miltonia, par Patriot. . .	1832
1837.	B.	*Manuela*, par Edmund et Rubena, par Waxy Pope.	
1838.	Al.	*Maquilina*. (Voyez *Magnelina*.)	
1841.	Bb.	*Marcella*, par Marcellus ou Napoleon et Frantic, par Bedlamite.	
*1835.	Al.	*Marcella*, par Zingance et Emma, par Orville. .	1839
1843.	Al.	*Marcelline*, par Marcellus et Unique, par Lottery.	
1855.	B.	*Marcina* (Voyez *Mathilda*.)	
*1845.	B.	*Margaret*, par Drayton et Switch, par Cain. . .	1852
*1831.	Bb.	*Margaret*, par Edmund et Medora, par Selim. .	1850
1844.	Al.	*Margaret*, par Gigès et Anna, par Godolphin.	
1835.	Bb.	*Margarita*, par Royal Oak et Manille, par Orville.	
1860.	B.	*Margot*, par Commodor Napier et Miss Surplice, par Surplice.	
1860.	B.	*Margot*, par Lantara et Rose of Sharon par Pantaloon.	
1859.	B.	*Margot*, par Napier et Marguerite, par Patricks.	
1847.	B.	*Marguerite*, par Mr. Ways et Shirine, par Blacklock.	
1849.	B.	*Marguerite*, par Patricks et Calipso, par Milton.	
1851.	B.	*Marguerite*, par Sting et Alabama, par Van Tromp.	
1860.	B.	*Marguerite*, par Vindex et Malmsey, par The Libel ou Harkaway.	
*1832.	B.	*Maria*, par Langar et Gohanna mare, par Gohanna.	
1840.	B.	*Maria*, par Lottery et Redgauntlet mare.	
1855.	Bb.	*Maria*, par Marly et Molokine, par Moloch.	
*1822.	G.	*Maria*, par Walton et Lisette, par Hambletonian	1831
*1827.	B.	*Maria*, par Whisker et Gibside Fairy, par Hermes	1844

Année de la naissance.	Robe.		Année de l'importation.
1859.	N.	*Mariage*, par Ion et Plume-Loup, par Nuncio.	
1856.	B.	*Marianne*, par Sting et Margaret, par Gigès.	
1847.	B.	*Marie-Louise*, par Bizarre ou Curé de Silly et Grenada, par Muley.	
H1837.	B.	*Marie-Louise* (H. I. du Pin), par Napoleon et Fair Forester, par Agricola ou Egremont.	
1835.	B.	*Marie-Louise*, par Napoleon et Noemi, par Tigris.	
1858.	B.	*Marie-Rose*, par Caravan et Haidee, par Ion.	
1853.	Bb.	*Marie Shah*, par The Baron et Elfride, par Royal Oak.	
H1842.	B.	*Marina* (H. I. du Pin), par Y. Emilius et Bérésina, par Napoleon.	
1844.	B.	*Marinette*, par Teetotum et Bee's Wing (ex-*Miss Edwards*), par Doctor Syntax.	
1853.	B.	*Marion*, par Napier et Pious Jenny, par Jerry.	
1860.	B.	*Marionnette*, par The Heir of Linne et Miss Sting, par Sting.	
1844.	B.	*Marionnette*, par Ibrahim (*Sultan*) et Christobel, par Woful.	
*1852.	N.	*Marionnette*, par Robert de Gorham et Mary, par Elis.	1856
1834.	Bb.	*Marionnette*, par Sylvio et Burlesque, par Blucher.	
1843.	B.	*Mariquita*, par Physician et Merlin mare.	
1861.	B.	*Marnie*, par Remus et Roxanna, par Emilius.	
H1845.	B.	*Marquesina* (ex-*Célestine*) (H. I. du Pin), par Harlequin et Discrete, par Eastham.	
1858.	B.	*Martha*, par Father Thames et Margaret, par Drayton.	
1860.	B.	*Marthe*, par Commodor Napier et Carita (ex-*Cavita*), par Napier.	
1858.	B.	*Marthe*, par Napier et Célestine, par Ali-Baba.	
1856.	Al.	*Martinette*. (Voyez *Fairy Queen*.)	
1857.	Bb.	*Martinette*, par Caravan et Héritage, par Inheritor	

Année de la naissance.	Robe.		Année de l'importation.
1847.	Bb.	*Martingale*, par Y. Emilius et Vesper, par Merlin.	
*1844.	Bb.	*Martingale*, par The Saddler et Barrakin, par Plenipotentiary	1853
1849.	B.	*Mary*, par Ibis et Genuine, par Master Henry.	
*1835.	B.	*Mary Grey*, par Partisan et Barbara, par The Lard.	1838
1843.	B.	*Mascarade*, par Lottery et Kermesse, par Camel.	
1855.	B.	*Mathilda* (ex-*Marcina*), par Elthiron et Maidof Érin, par Ishmael.	
*1854.	B.	*Matilda*, par Melbourne et Caroline, par Irish Drone	1860
*1818.	B.	*Matilda*, par Orville et Sorcerer mare	1838
*1832.	B.	*Matilda*, par Shakespeare et Maud, par Morisco.	1836
*1827	Al.	*Matilda*, par Whisker et Remembrance, par Sir Solomon.	1836
1855.	B.	*Maxance*, par The Prime Warden et Creusa, par Premium.	
*1850.	Bb.	*May Queen*, par The Earl of Richmond et Recreation, par Reveller.	1856
H1840.	B.	*Mazetta* (H. I. du Pin), par Napoleon et Elvire, par Vampyre.	
1847.	B.	*Mea*, par Assassin ou Minster et Oh ! Don't, par Liverpool.	
1857.	B.	*Mèche-Allumée*, par Ethelwolf et Teresina, par Jereed.	
*1832.	B.	*Medaille*, par Gaberlunzie et Hazardess, par Haphazard	1838
1823.	N.	*Medea*, par Truffle et Crystal, par Triumvir.	
1850.	B.	*Medina*, par Assassin et Miss Annette, par Reveller.	
1858.	Al.	*Meditation*, par Lamartine et Diletta, par Y. Emilius.	
1860.	B.	*Medoca*, par Agricole et Tyne, par Ali-Baba.	
1851.	Al.	*Medora*, par Edwin et Girafe, par Nautilus.	

Année de la naissance.	Robe.		Année de l'importation.
H1850.	B.	*Medora* (H. I. du Pin), par Sylvio et Adeline, par Lottery.	
1842.	Bb.	*Medoro mare*. (Voyez *Balaclava*.)	
*1853.	B.	*Meduline*, par Jack Robinson et Hindoo mare.	1855
1837.	Al.	*Meduse*, par Carbon et Felicia, par Rainbow.	
1848.	B.	*Meduse*, par Renonce ou Worthless et Beggar Girl, par Mendicant.	
H1835.	Bb.	*Meduse* (H. I. du Pin), par Sylvio et Chesnut Filly, par Grey Walton.	
1842.	B.	*Medway*, par Bizarre et La Tamise, par Shakespeare.	
1862.	B.	*Mégère*, par Buckthorn et Cammas, par Nuncio ou Lioubliou.	
*1833.	Bb.	*Meliora*, par Tramp et Octavia, par Walton. . .	1837
1839.	B.	*Melrose*, par Anglesea et Fidelity, par Worthy.	
*1840.	Al.	*Memoir*, par Hornsea et Legend, par Merlin . .	1853
*1837.	B.	*Menalippe*, par Merchant et Phantom mare. . .	1844
1848.	Bb.	*Mercedes*, par Terror et Venus, par Smolensko.	
1858.	Al.	*Merlette*, par The Baron et Cucko, par Elis.	
1822.	B.	*Merlin*. (Voyez *Seud mare*.)	
*1828.	Al.	*Merlin mare*, par Merlin et Adeline, par Soothsayer	1838
H1833.	B.	*Merope* (H. I. du Pin), par Captain Candid et Cloton, par Eastham.	
1837.	Bb.	*Merope*, par Carbon et Doris, par Trance.	
1853.	Al.	*Merveille*. (Voyez *Vermeille*.)	
*1838.	B.	*Messene*, par Merchant et Phantome mare . . .	1844
1858.	B.	*Messenienne*, par Nunnykirk et Fraternity, par Inheritor.	
1856.	Bb.	*Mexicaine*, par Hernandez et Tailed Comet, par Quoniam.	
1852.	Al.	*Mianie*, par Garry Owen et Deer Chase, par Venison.	

Année de la naissance.	Robe.		Année de l'importation
1856.	B.	*Mica*, par Jack Robinson et Decrepit, par Defence.	
1844.	Bb.	*Mi-Carême*, par Royal Oak et Kermesse, par Camel.	
*1833.	B.	*Midsummer*, par Filho da Puta, par Sir Olivier .	1836
1845.	B.	*Midwife*, par Physician et Slime, par Picton.	
1860.	Al.	*Mieux que ça*, par Collingwood et Mianie, par Garry Owen.	
1849.	B.	*Mika*, par Polecat et Bathilde, par Y. Emilius.	
*1844.	N.	*Millwood*, par Sir Hercules et Miss Betzy, par Plenipotentiary.	1855
1833.	Bb.	*Miltonia*, par Milton et Brunette, par Clavelino.	
1821,	B.	*Miltonia*, par Malton et Sorcière (*Sorcerer mare*), par Sorcerer.	
1850.	B.	*Mina*, par Ionian et Miss Wags, par Mr. Wags.	
1862.	Al	*Mimie*, par Collingwood et Mianie, par Garry Owen.	
1851.	B.	*Mimie*, par Fitz Emilius et Deer Chase, par Venison.	
1859.	Al.	*Mimolle*, par Weathergage et Miss Malton, par Malton.	
1851.	B.	*Mimosa*, par Lodin et Edgworth Bess, par Glaucus.	
*1833.	B.	*Mina*, par Gaberlunzie et Gohanna mare. . .	1838
*1828.	Al.	*Minetta*, par Woful et Posthuma, par Orville. .	1839
1841.	B.	*Minette*, par Alteruter et Crispine, par Eastham.	
H1841.	Al.	*Minette* (H. I. de Rosières), par General Mina et Pulchra, par Premium.	
1848.	B.	*Miniature*, par Y. Emilius ou Gladiator et Silhouette, par Paradox.	
1861.	B.	*Minima*, par Napier et Spiletta, par Jocko.	
1856.	B.	*Minouche*, par The Baron et Fiction, par Royal Oak ou Physician.	
1838.	Bb.	*Minuit*, par Terror et Nell, par Don Cossack.	
1848.	B.	*Miona*, par Trueboy et Lalnelly, par Liverpool.	
1854.	B.	*Mira*, par Ion et Miss Rainbow, par Rainbow.	

Année de la naissance.	Robe.		Année de l'importation.
1851.	B.	*Mira*, par Skirmisher et Chercheuse-d'Esprit, par Tigris.	
1844.	B.	*Mirabelle*, par Bizarre et Chercheuse-d'Esprit, par Tigris.	
*1832.	B.	*Miracle (Young)*, par Harry et Miracle, par Soothsayer. . . . ·	1836
1855.	B.	*Mirage*, par Horace et Bellah, par Sting.	
1839.	B.	*Miranda*, par Y. Emilius et Damietta, par Blucher.	
1862.	G.	*Miranda*, par Grey Tommy et Eliata, par Sting.	
H1838.	Al.	*Miranda* (H. I. du Pin), par Pickpocket et Comus mare.	
*1851.	Bb.	*Miranda*, par Lanercost et Celia, par Touchstone.	1865
1837.	B.	*Miriam*, par Harlequin et Priestess, par Vandyke Junior.	
1849.	B.	*Misadventure* (ex-*Miss Adventure*), par Sting et Partisan Filly, par Lottery.	
*1842.	Al.	*Micellany*, par Bentley et Battersea Lass, par Phantom.	1845
1842.	B.	*Misère*, par Bizarre et La Méprisée, par Velocipède.	
1857.	B.	*Miséricorde*, par Dirk Hatteraick et Strawberry hill, par Old England.	
*1851.	...	*Mishap*, par Alarm et Miss Slane, par Slane. .	1864
1857.	B.	*Miss*, par The Prime Warden et Leontine, par Gladiator ou Ion.	
1849.	B.	*Miss Adventure*. (Voyez *Misadventure*.)	
*1830.	Bb.	*Miss Agreeable*, par Agreeable et Whisker mare.	1853
1857.	B.	*Miss Alarm*, par Lingot-d'Or ou Tippler et A-Propos, par Alarm.	
1843.	Bb.	*Miss Alice*, par Tetotum et Harriet par Rainbow.	
H1835.	B.	*Miss Allen* (H. I. du Pin), par Captain Candid et Abjer mare.	
**1827.	B.	*Miss Ann*, par Figaro et Tramp mare	1827
*1831.	B.	*Miss Ann*, par Filho da Puta et Smolensko mare.	1836

Année de la naissance.	Robe.		Année de l'importation.
1858.	B.	*Miss Ann*, par Ramsay et Odine, par Tigris.	
1854.	B.	*Miss Anna*, par Sting et Medina, par Assassin.	
1854.	Bb.	*Miss Anna*, par Sting et Picciola, par Assassin.	
1830.	B.	*Miss Annette*, par Reveller et Ada, par Whisker.	
1852.	Al.	*Miss Antiope*, par Garry Owen et Antiope, par Novelist.	
1856.	B.	*Miss Berthe*, par The Prime Warden et Berthe, par Hœmus.	
1854.	Bb.	*Miss Bird*, par Don John ou Irish Birdcatcher et Image, par Langar.	
*1832.	B.	*Miss Blunt*, par Camel et Harmony, par Reveller	1839
*1853.	Al.	*Miss Bown*, par Faugh a Ballagh et Julia, par Muley Moloch.	1864
*1840.	B.	*Miss Burns*, par The Bard et Velocipede mare.	1853
H1837.	Bb.	*Miss Cadland* (H. I. du Pin), par Cadland et Parasolina, par Tiresias.	
*1832.	B.	*Miss Camarine*, par Langar et Juniper mare . .	1838
1833.	B.	*Miss Caroline*, par Langar et Caroline, par Filho da Puta	1836
1853.	Al.	*Miss Cath*, par Gladiator et Georgette, par Hœmus.	
1847.	B.	*Miss Charlotte*. (Voyez *Magie*.)	
1855.	B.	*Miss Clarisse*, par Fight Away et Girouette, par Beggarman.	
*1845.	Al.	*Miss Cobden*, par Stockport et Blacklock mare.	1855
1837.	B.	*Miss Colwick*, par Colwick et Moselle, par Chateau-Margaux.	
1850.	Al.	*Miss Copper*, par Copper Captain et Almée, par Mameluke ou Paradox.	
1845.	B.	*Miss d'Amont*, par Tetotum et Bee's Wing (ex-*Miss Edwards*), par Doctor Syntax.	
1856.	B.	*Miss Diversion*, par Beaucens et Deer Chase, par Venison.	
1862.	B.	*Miss Djali*, par Biberon et Djali, par Skirmisher.	

Année de la naissance.	Robe.		Année de l'importation.
1857.	G.	*Miss Dort*, par Brandy face et Vieille, par Karchane.	
1838.	B.	*Miss Edwards*. (Voyez *Bee's Wing*.)	
1850.	N.	*Miss Ellen*, par Ionian et Clara Wendel, par Pickpocket.	
1854.	B.	*Miss Elthiron*, par Elthiron et Coquette, par Mr. Wags.	
1860.	B.	*Miss Eris*, par The Heir of Linne et Miss Anna par Sting.	
1845.	B.	*Miss Erymus* (ex-*Regence*), par Erymus et Earwig, par Emilius,	
1839.	Al.	*Miss Exile*, par Exile et Sweet Moggy, par Shaver.	
1859.	Al.	*Miss Fantome*, par Fantome et Nomade, par Caravan.	
*1856.	B.	*Miss Finch*, par Orlando et Little Finch, par Hornsea	1860
*1859.	B.	*Miss Fire* (ex-*Cartouche*), par Rifleman et Troica, par Lenercost.	1863
1828.	Al.	*Miss Fil*. (Voyez *Primefit*.)	
1849.	Al.	*Miss Flora*, par Hercule (*Rainbow*) et Berthe, par Hœmus.	
1839.	B.	*Miss Flora*, par Théodore et La Douce, par Haphazard.	
1838.	Bb.	*Miss Fury*, par Lottery et Frantic, par Bedlamite.	
1851.	Al.	*Miss Garry*, par Garry Owen et Miss Laurence, par Physician.	
1852.	B.	*Miss Gladiator* (ex-*Ninette*), par Gladiator et Berthe, par Hæmus.	
1854.	B.	*Miss Gladiator*, par Gladiator et Taffrail, par Shell Anchor.	
1858.	Bb.	*Miss Gloria*, par Moustique et Medina, par Assassin.	
1845.	B.	*Miss Hahnemann*. (Voyez *Clematite*.)	
H1845.	B.	*Miss Hahnemann* (ex-*Clémence*) (H. I. du Pin), par Physician et Horsanna, par Lottery.	
1852.	Al.	*Miss Harkaway*, par Harkaway et Louisa, par Tomboy.	

Année de la naissance.	Robe		Année de l'importation.
*1828.	B.	*Miss Henry*, par Tiresias et Silvertuil, par Gohanna.	1833
1852.	B.	*Miss Hornet*, par Garry Owen et Loterie, par Lottery.	
1859.	B.	*Miss Hornet*, par Moustique et Penitence, par Assassin.	
1853.	B.	*Miss Ion*, par Ion et Miss Ann. par Filho da Puta.	
*1841.	Bb.	*Miss James*, par Albermale et Shoveler (sœur de *Sailor*), par Scud	1844
1846.	Al.	*Miss Jenny*, par Ali-Baba et Coqueluche, par Royal Oak.	
*1847.	Al.	*Miss Johnson*, par Record et Miss Elisa, par Humphrey Clinker	1853
1856.	Al.	*Miss Kelty*, par Bretignolles et Lady Stowe (ex-*Tregudle*), par Tipple Cider.	
*1840.	B.	*Miss King*, par Muley Moloch et Jubilee, par Catton	1844
1853.	B.	*Miss Lagree*, par Gladiator et Dejazet, par Hercule (*Rainbow*).	
1855.	B.	*Miss Lanercost* (ex-*Calanthe*), par Lanercost et Whim, par Voltaire.	
1843.	B.	*Miss Laurence*, par Physician et Oté, par Doctor Eady.	
1854.	Al.	*Miss Layza*, par Garry Owen et Antiope, par Novelist.	
1843.	B.	*Miss Lot*, par Lottery et Xarifa, par Moses.	
1855.	Al.	*Miss Malton*, par Malton et Rosabelle, par Terror ou Premium.	
1860.	Al.	*Miss Margot*, par Royal Quand-Même et The Charmer, par Irish Birdcatcher.	
1848.	B.	*Miss Marguerite*. (Voyez *Reforme*.)	
1860.	Bb.	*Miss May*, par Lanercost et Camarine, par Bizarre.	
*1820.	B.	*Miss Mirth*, par Gatton et Mirth, par Trumpator, ...	1829
1851.	Bb.	*Miss Napier*, par Commodor Napier et Spiletta, par Jocko.	

Année de la naissance.	Robe		Année de l'importation.
1854.	Al.	*Miss Napier*, par Mademoiselle Duparc et Beggarman.	
1856.	B.	*Miss Neddy*, par Nuncio et Miss Burns, par The Bard.	
1841.	B.	*Miss Normandine*, par Foscarini et Lady de Normandie, par Emilius.	
1853.	Al.	*Miss Owen*, par Garry Owen et Penitence, par Assassin.	
*1828.	B.	*Miss Petworth*, par Whalebone et Harpalice, par Gohanna.	1846
1846.	Bb.	*Miss Physicienne*, par Physician et Regatta, par Camel.	
1859.	B.	*Miss Poque*, par Sting et Miss Antiope, par Garry Owen.	
1835.	B.	*Miss Rainbow*, par Rainbow et Y. Urgande, par Treasurer.	
1845.	B.	*Miss Rubis*, par Ali-Baba et Rubis, par Sylvio.	
*1834.	Al.	*Miss Schneitz Hœffer*, par Count Porro et Primula, par Cervantes	1846
*1828.	B.	*Miss Scott*, par Waverley et Shuttle mare . . .	1836
*1861.	N.	*Miss Shepherd*, par Vandermulin et Tabby, par Van Tromp	1864
*1834.	B.	*Miss Sophia*, par Shakespeare et Maud, par Morisco	1840
1841.	Al.	*Miss Stephens*. (Voyez *Rebecca*.)	
1855.	B.	*Miss Sting*, par Sting et Couette, par Paillasse.	
1859.	B.	*Miss Stingwood*, par Collingwood et Miss Anna, par Sting.	
1852.	B.	*Miss Surplice*, par Surplice et Christobel, par Charles XII.	
1830.	B.	*Miss Tandem*, par Tandem et Arab, par Woful.	
1841.	B.	*Miss Tarrare*, par Tarrare et Harriet, par Rainbow.	
1840.	B.	*Miss Urganda*, par Lottery et Y. Urganda, par Treasurer.	
1844.	B.	*Miss Villeflix*, par Royal Oak et La Tamise, par Shakespeare.	

Année de la naissance.	Robe.		Année de l'importation.
1843.	B.	*Miss Wags*, par Mr Wags et Destiny, par Centaur.	
*1847.	Al.	*Mistress Anson*, par Gladiator et Marchesina, par Tramp.	1855
H1841.	B.	*Mistress Brady* (H. I, du Pin), par Mameluke et Discrete), par Eastham.	
*1836.	Bb.	*Mistress Saddler*, par The Saddler et Smolensko mare.	1850
*1854.	B.	*Mitraille*, par Alarm et Volley (sœur de *Voltigeur*), par Voltaire	1864
H1825.	G.	*Mizouff* (H. I. de Rosières), par Spy et Eleonor (*Dick Andrews mare*), par Dick Andrews, fille d'Eleanor.	
1852.	B.	*Modestie*, par Nuncio et Marguerite, par Mr Wags.	
*1842.	Al.	*Molockine*, par Muley Moloch et Miss Thomasina, par Welbeck	1853
1841.	B.	*Molokine*, par Moloch et Vesper, par Merlin.	
*1841.	B.	*Manarch mare*, par Monarch et Marmion mare.	
1857.	Al.	*Mon Étoile*, par Fitz Gladiator et Hervine, par Mr Wags.	
1829.	Bb.	*Monime*, par Ibrahim (*Sultan*) et Crispine, par Eastham.	
1857.	Al.	*Monna Lisa*, par Weathergage et Bohémienne, par Picaroon.	
*1857.	G.	*Moorhen*, par Chanticleer et Barbata, par The Bard.	1865
1859.	B.	*Montretout*, par Pédagogue et Panacea, par Physician.	
1856.	Al.	*Moquette*, par Gladiator et Cauliflower, par Colwick.	
*1842.	B.	*Mora*, par Bay Middleton et Malvina, par Oscar.	1846
1850.	Bb.	*Morena*, par Inheritor et Victoria, par Elizondo.	
*1830.	B.	*Moselle*, par Château-Margaux et Smolensko mare.	1836
H1831.	B.	*Mouche* (H. I. du Pin), par Eastham et Miss Mirth, par Catton.	

Année de la naissance.	Robe.		Année de l'importation.
1852.	B.	*Mouchette,* par Gladiator et Bride of Abydos, par Belzoni.	
1855.	Al.	*Mouse,* par Gladiator et Margaret, par Giges.	
* 1826.	B.	*Mouse* (*Young*), par Godolphin et Mouse, par Sir David	1837
* 1841.	Al.	*Muff,* par Velocipede et Louise, par Orville. . .	1847
* 1842.	Bb.	*Muley Moloch mare,* par Muley Moloch et Barbelle, par Sandbeck.	1856
1854.	Bb.	*Musette,* par Gladiator et The Maid of Fez, par Muley Moloch.	
1851.	B.	*Musette,* par Ionian et Miss Wags, par Mr Wags.	
1856.	B.	*Musette,* par The Prime Warden et Emilius mare.	
1849.	B.	*My Dear,* par Assassin et Monime, par Ibrahim (*Sultan*).	
1851.	B.	*My Dream Lost,* par Garry Owen et Molokine, par Moloch,	
1840.	B.	*Mylady,* par Franck et Regatta, par Camel.	
II1829.	B.	*Mylady* (H. I. du Pin), par Mustachio et Comus mare.	
1851.	B.	*Mylady,* par Pagan et Fatima, par Elis	
* 1831.	B.	*Myrtle,* par Zingance et Maud, par Morisco . . .	1844
1842.	Bb.	*Myszka,* par Bizarre et Y. Mouse, par Godolphin.	

N

1836.	B.	*Nadegda,* par Felix (*Rainbow*) et Georgina, par Rainbow.	
1853.	B.	*Nades.* (Voyez *Carmen.*)	
* 1828.	B.	*Naiad,* par Whalebone et Orville mare.	1834
1844.	B.	*Naiade,* par Vendredi et Adamantine. par Pickpocket.	
1849.	B.	*Naim,* par Sting et Regatta, par Camel.	

Année de la naissance.	Robe.		Année de l'importation.
1850.	B.	*Naïs*, par Fitz Emilius et Emma, par Napoleon.	
1856.	B.	*Namps-au-Val*, par Nunnykirk et Bruyère, par Y. St Patrick.	
1851.	B.	*Nancy*, par Mr Wags et Nativa (ex-*Lanterne*), par Royal Oak.	
1845.	B.	*Nanetta*, par Alteruter et Margarita, par Royal Oak.	
1853.	B.	*Nanine* (ex-*Niana*), par Ionian et Orpheline, par Nigel.	
1846.	Bb.	*Nanine*, par Renonce ou Beggarman et Zora, par Catton.	
*1823.	B.	*Nanny Shanks*, par Mac Orville et Orville mare.	1826
*1848.	B.	*Naphtha*, par Slane et Sir Hercules mare . . .	1850
1855.	B.	*Narcissa*, par Ion et Dame-Blanche, par Harlequin.	
1838.	B.	*Narina*, par Premium et Enchanteresse, par Abron.	
1849.	B.	*Nathalie*, par Nautilus et Lady de Normandie, par Emilius.	
1840.	B.	*Nativa* (ex-*Lanterne*), par Royal Oak et Naiad, par Whalebone.	
*1858.	B.	*Nativity*, par Orlando et Venison mare. . . .	1864
1846.	Bb.	*Nautila*, par Nautilus et Veronica, par Felix (*Rainbow*).	
*1849.	B.	*Needle*, par Lanercost et Stitch, par Hornsea. .	1854
1854.	Bb.	*Négérine*. (Voyez *Negrine*.)	
1855.	N.	*Négresse*, par Caravan et Creeping Jenny, par Inheritor.	
1854.	Bb.	*Negrine* (ex-*Négérine*), par Elthiron et Naphtha, par Slane.	
1819.	N.M.T.	*Nell*, par Don Cossack et Crystal, par Triumvir.	
1856.	Bb.	*Nelly*, par Gambetti et Darling, par Oak Stick.	
1845,	B.	*Nelly*, par Napoleon et Berthe, par Hœmus.	
1855.	B.	*Nelly*, par Polecat et Vogue-la-Galère, par Brocardo.	

Année de la naissance	Robe.		Année de l'importation.
1839.	B.	*Nelly*, par Terror et Jane, par Deucalion.	
1853.	Al.	*Ne-M'oubliez-Pas*, par Tipple Cider et Marcella, par Zingance.	
1839.	B.	*Nency*, par The Juggler ou Dangerous et Chesnut Filly, par Grey Walton.	
1856.	Ro.	*Néréide*, paa Ion et Jilly Fish, par Venison.	
1847.	Bb.	*Nérina*, par Beggarman et Pandore, par Bizarre.	
1834.	B.	*Nérine*, par Harlequin et Effy, par Tooley.	
1850.	B.	*Nettle*, par Sting et Jessie, par Emancipation.	
* 1855.	B.	*Neva* (sœur d'*Autocrate*), par Bay Middleton et Empress, par Emilius.	1864
1853.	B.	*Niana*. (Voyez *Nanine*.)	
1858.	Bb.	*Nice*, par Ion et Illustration, par Gladiator.	
1855.	Bb.	*Nichette*, par Ionian et Sylvia, par Commador Napier.	
1851.	Al.	*Nicotine*, par Jocko et Jessica, par Bizarre.	
1851.	B.	*Nicotine*, par Sting et Deception (ex-*Ondine*), par Royal Oak.	
*1847.	B.	*Nightcap* (ex-*Hood*), par Cotherstone et Cloak, par Rockingham	1854
1838.	B.	*Nikita*, par Deucalion et Fauvette, par Trance.	
1845.	B.	*Nina*, par Ægyptus et Bellina, par Lottery ou Cadland.	
1840.	B.	*Nina*, par Franck et Fine, par Lutzen.	
1859.	B.	*Nina*, par Lanercost et Fenella, par Schamyl.	
1840.	B.	*Nina*, par Paradox et Chesnut Filly, par Grey Walton.	
1849.	B.	*Nine*, par Assassin et Ninette, par Pickpocket.	
1852.	B.	*Ninette*. (Voyez *Miss Gladiator*.)	
ıı1839.	B.	*Ninette* (H. I. du Pin), par Pickpocket et Thalie, par Tigris.	
1851.	Bb.	*Ninette*, par Strongbow et Ninon, par Ibrahim (*Sultan*).	
1836.	B.	*Ninon*, par Harlequin et Eugenia, par Trance.	
1844.	B.	*Ninon*, par Ibrahim (*Sultan*) et Waverley mare.	
1859.	B.	*Ninon*, par Moustique et Lady, par Renonce.	
1859.	Al.	*Noelie*, par The Baron et Dacia, par Gladiator.	

Année de naissance.	Robe.		Année de l'importation.
1838.	Al.	*Noema*, par Premium et Rubena, par Waxy pope.	
1830.	G.	*Noema*, par Rowlston et Vittoria, par Milton.	
1843.	Al.	*Noemi*, par Y. Emilius et Sainte-Helene, par Napoleon.	
1861.	B.	*Noemi*, par The heir of Linne et Elegante, par Garry Owen.	
n1829.	B.	*Noemi* (H. I. du Pin), par Tigris et Sarah, par Catton.	
1853.	Al.	*Nomade*, par Caravan et Flirtation, par Rococo.	
1837.	B.	*Nonne-Sanglante (La)*, par Spectre et Vanessa, par Gulliver.	
1842.	B.	*Nounette*, par Bizarre et Lady Charlotte. par Reveller.	
1838.	B.	*Nora*, par Minotaur ou Mr Wags et Isis, par Ibis.	
1858.	Bb.	*Nora Creina*, par Muezzin et Orvillina, par Orville.	
1862.	B.	*Norma*, par Collingwood et My Dear, par Assassin.	
1834.	B.	*Norma*, par Sylvio et Verona, par Whithworth ou Ardrossan.	
1840.	B.	*Norna*, par Lottery et Destiny, par Centaur.	
1856.	B.	*Nuncia*, par Nuncio et Fatima, par Elis.	
1857.	B.	*Nuncia*, par Nuncio et Fatima, par Elis.	
1857.	B.	*Nunnykirka*, par Nunnykirk et Kate Nickleby, par Paradox.	
1840	B.	*Ny*, par Franck et Coquette, par Lutzen.	

O

1837.	B.	*Oakine*. (Voyez *Regina*.)	
1847.	B.	*O'Berson*, par Governor ou Royal Oak et Hosanna, par Lottery.	
1841.	Al.	*Occipite*, par Franck et Sephora, par Vampyre.	

Année de la naissance.	Robe.		Année de l'importation.
1843.	B.	*Octavie* (ex-*Quadra*), par Y. Emilius et Fenella, par Trance.	
1841.	Al.	*Oddity*, par Bizarre et Corysandre, par Holbein.	
1846.	Al.	*Odette*, par Assassin et Miss Exile, par Exile.	
1841.	B.	*Odette* (ex-*Anemone*), par Bizarre et Elisabeth, par Saracen.	
1851.	B.	*Odette*, par Commodor Napier et Miss Exile, par Exile.	
H1832.	B.	*Odette* (H. I. du Pin), par Libertine et Tigresse, par Tigris.	
1841.	...	*Odine* (ex-*Chronologie*), par Y. Emilius et Sylvia, par Sylvio.	
1842.	B.	*Odine* (H. I. du Pin), par Tigris et Miss Ann, par Figaro.	
*1847.	B.	*Officious*, par Pantaloon et Baleine, par Whalebone.	1853
1842.	B.	*Oh! Don't* par Liverpool et Jenny Vertpré, par Robadil.	
1840.	Al.	*Olga*, par Premium et Gaiety, par Abron.	
1841.	B.	*Olinga* (ex-*Illusion*), par Napoleon et Fantasmagorie, par Spectre.	
1837.	B.	*Olivia*, par Felix (*Rainbow*) et Leopoldine, par Heddley.	
1852.	B.	*Olivia*, par Gladiator et Miss Rainbow, par Rainbow.	
1836.	Bb.	*Olympie*, par Deucalion et Malvina, par Manfred.	
1839.	B.	*Omphale*, par Deucalion et Julia, par General Mina.	
*1821.	Bb.	*Omphaly Filly*, par Cato et Omphale, par Waxy.	1825
1858.	B.	*Ondine*, par Schamyl et Want, par Peter.	
1850.	B.	*Oneida*, par Skirmisher et Iris, par Alteruter.	
1858.	B.	*Onesta*, par Fitz Gladiator et Miss Cobden, par Stockport.	
1846.	B.	*Opale*, par Terror ou Quoniam et Hecube, par Carbon.	
*1836.	N.M.T.	*Ophelia*, par Shakespeare et Waterloo mare. . .	1840
1852.	Al.	*Opulence*, par The Baron ou The Emperor et Jessie, par Emancipation.	

Année de la naissance.	Robe.		Année de l'importation.
1853.	Al.	*Opulente*, par Garry Owen et Viola, par Emilius.	
1862.	B.	*Ora*, par Coucron et Meduse, par Renonce ou Worthless.	
1853.	B.	*Orfa*, par Caravan ou Assault et mademoiselle de la Veille, par Polecat.	
1853.	B.	*Orphana*, par Y. Emilius et Bolena, par Prospectus.	
*1830.	B.	*Ortheline*, par Nigel et Shuttle mare, par Shuttle.	1830
1862.	B.	*Orpheline*, par Womersley et Japan, par Amato.	
1854.	B.	*Orthie*, par Cataract et Uranie, par Commodor Napier.	
1854.	B.	*Ortuna*, par Napier et Miss Rubens, par Ali-Baba.	
*1826.	B.	*Orvillina*, par Orville et Driver mare (sœur d'*Amazon*), par Driver	1836
*1834.	Al.	*Oté*, par Doctor Eady et Rigmarol, par Soothsayer.	1839
1861.	G.	*Ourika*, par Grey Tommy et Miss Jenny, par Ali-Baba.	
1850.	Al.	*Ourika*, par Premier-Août et Fanny, par Y. Emilius.	
1824.	Bb.	*Ourika*, par Tooley et Peggy, par Sir Solomon.	
1852.	B.	*Ouverture*, par Tipple Cider ou Sylvio et Georgina, par Rainbow.	
1855.	Al.	*Owenia*, par Garry Owen et Shirmish (ex-*Skirmishere*), par Skirmisher.	
*1850.	B_c	*Oxonia*, par Chatham et Laurel mare	1857
*1853.	Bb.	*Oyster-Girl*, par Heron et Countess of Lichfield, par The Tulip.	1864

P

1849.	Al.	*Pagane*, par Pagan et Harriet, par Rainbow.
1850.	B.	*Palatine*, par Gladiator et Zibeline, par Actœon.

Année de la naissance.	Robe.		Année de l'importation.
1840.	B.	*Pallas*, par Deucalion et Omphale, par Deucalion.	
1851.	B.	*Palma*, par Assault et Pet of the Fancy, par St-Francis.	
1851.	Bb.	*Palmyre*, par Arthur et Bella, par Ali-Baba.	
1840.	B.	*Pamela*, par Deucalion et Fenella, par Trance.	
1842.	B.	*Pamela*, par Napoleon et Aurore, par Pickpocket.	
H1826.	B.	*Pamela* (H. I. du Pin), par Tigris et Deer, par Vandyke Junior.	
1828.	Bb.	*Pamela (bis)*, par Captain Candid et Geane, par Don Cossack.	
1847.	B.	*Pameline*, par Assassin et Pamela (*bis*), par Captain Candid.	
1852.	B.	*Pamia*, par Garry Owen et Camarine, par Camel.	
*1837.	B.	*Panacea*, par Physician et Phantom mare.	
1855.	B.	*Panatella*, par Garry Owen et Isly, par Physician.	
1847.	Al.	*Pandea* (Voyez *Perjury*.)	
1842.	Bb.	*Pandore*, par Bizarre et Camargo, par Tancred.	
1854.	Bb.	*Pandore*, par Constellation et Miss Careme, par Royal Oak.	
1858.	B.	*Panique*, par Alarm et Caveat, par Cowl.	
*1826.	B.	*Panope*, par Abjer et Shuttle mare	1840
*1846.	B.	*Pantalonnade*, par Physician et Papillotte (ex-*Albany mare*), par Albany.	1843
1856.	B.	*Papillotte*, par Gladiator et Agar, par Sting.	
1857.	Al.	*Papillotte*, par Papillon et Liberté, par Ali-Baba.	
1856.	Al.	*Paqueline*, par The Baron et The Saddler mare.	
1856.	Al.	*Paquerette*, par Elthiron et Constance, par Gladiator.	
1844.	Al.	*Paquerette*, par Napoleon et Moselle, par Chateau-Margaux.	
1856.	Bb.	*Paquerette*, par Nautilus et Marguerite, par Patrick's.	

Année de la naissance.	Robe.		Année de l'importation.
1856.	B.	*Paquita*, par Sting et Reglisse (ex-*Glycyrrhine*), par Ali-Baba.	
1840.	B.	*Parasol*, par Premium et Enchanteresse, par Abron.	
**1827.	B.	*Parasolina*, par Tiresias et Poozy, par Partisan.	1827
*1852.	B.	*Parchment*, par Harkaway et Red Tape, par Rowton.	1864
1856.	B.	*Parporello*, par Malton et Quiver, par Velocipede.	
1842.	B.	*Partisan Filly*, par Lottery et Flora, par Partisan.	
*1849.	Al.	*Partlet*, par Irish Birdcatcher et Gipsy, par Tramp.	1859
1852.	Bb.	*Pasca*, par Edwin et Johannisberg, par Physician.	
*1863.	B.	*Pas-de-Charge*, par Rataplan et Frenzy, par Alarm.	1864
**1823.	Bb.	*Pasquinade*, par Sovereign et Passamaquoddi, par Lignumvitæ	1829
1838.	Bb.	*Pasquinade* (*Young*), par Paradox et Pasquinade, par Sovereing.	
1857.	B.	*Passerose*, par Assault et Anemone, par Bizarre.	
1858.	B.	*Passiflore*, par Assault et Anemone, par Bizarre.	
*1858.	B.	*Paste*, par Kingston et Pastrycook, par Sweetmeat.	1864
*1854.	B.	*Paulina*, par Sweetmeat et Bob Logic mare. . .	1864
1858.	Al.	*Pauline*. (Voyez *Kaoline*.)	
1851.	B.	*Pauline*, par Polecat et Colombine, par Harlequin.	
1851.	Bb.	*Pauline*, par Volcano et Bathilde, par Y. Emilius.	
1853.	Bb.	*Pauvrette*, par Napier et Castagnette (ex-*Castanette*), par Lanercost.	

Année de la naissance.	Robe.		Année de l'importation.
* 1848.	Al.	*Payment*, par Slane et Receipt, par Rowton. . .	1853
1838.	Al.	*Pazza*, par Nonsense et Mina, par Gaberlunzie.	
1856.	B.	*Peau-d'Ane*, par Sting et Bonita, par Gladiator.	
1858.	B.	*Peccadille*, par Pédagogue et Needle, par Lanercost.	
H1840.	B.	*Pecora* (H. I. du Pin), par Sylvio ou Mameluke et Bergère, par Eastham.	
1858.	B.	*Peggy*, par Allez-y-Gaîment et Bee's Wing (ex-*Miss Edwards*), par Doctor Syntax.	
* 1813.	B.	*Peggy*, par Sir Solomon of the Goes, par Shuttle	1819
1844.	B.	*Peine*, par Tetotum et Penance, par Emilius.	
* 1828.	B.	*Penance*, par Emilius et Jane Shore, par Woful.	1839
* 1826.	B.	*Pendulum Mare*, par Pendulum et Shuttle mare.	1836
1858.	Al.	*Penelope*, par Coueron et Hope-Formerly, par Renonce.	
1820.	B.	*Penelope*, par Don Cossack et Helen, par Whiskey.	
1855.	B.	*Penelope*, par Marly et Lantara, par Fitz Emilius.	
1858.	B.	*Peniche*, par Collingwood et Yole, par Ionian.	
1848.	B.	*Penitence*, par Assassin et Hornet, par Partisan.	
1843.	B.	*Penitence*, par Tetotum et Penance, par Emilius.	
1845.	Bb.	*Penitente*, par Alteruter ou Ibrahim (*Sultan*) et Camlet, par Camel.	
1841.	B.	*Penultima*, par Dangerous et Penultima, par Whisker.	
* 1824.	B.	*Penultima*, par Whisker et Vicissitude, par Pipator.	1836
1849.	B.	*Pepita*, par Mr d'Ecoville et Pointe-à-Pitre, par Ali-Baba.	
* 1854.	B.	*Perea Nena*, par Touchstone et The Duchess of Kent, par Belshazzar	1857

Année de la naissance.	Robe.		Année de l'importation.
H1849.	B.	*Peri* (H. I. de Pompadour), par Commodor Napier et Betzy, par Napoleon.	
H1840.	Al.	*Peri* (H. I. du Pin), par Mameluke et Worry, par Woful.	
*1847.	Al.	*Perjury* (ex-*Pandea*), par Sir Hercules et Passion, par Elis	1856
1857.	B.	*Perle-Fine*, par Caravan et The Probe, par Y. Priam.	
1854.	Bb.	*Peronelle*, par Elthiron et Breloque, par Gladiator.	
1848.	B.	*Peronelle*, par Giges et Papillotte (ex-*Albany mare*), par Albany.	
1854.	B.	*Pervenche*, par Jack Robinson et Homeward Bound, par Sheet Anchor	1855
1844.	B.	*Pervenche*, par Physician ou Ibrahim (*Sultan*) et Fleur-de-Lis, par Bourbon.	
1854.	B.	*Petite-Musique*, par Gladiator et Serenade (ex-*Posthume*), par Royal Oak.	
*1845.	Bb.	*Pet of the Fancy*, par Sir Francis et Yaratilda, par Belshazzard	1849
1835.	B.	*Petronille* (H. I. du Pin), par Emancipation et Whalebona (*Gipsy*), par Whalebone.	
*1839.	B.	*Pharmacopeia*, par Physician et Muley mare (*Underley Lass*), par Muley.	
1841.	B.	*Phenice*, par Deucalion et Gertrude, par Trance.	
1853.	Al.	*Philiberte*, par Gladiator ou Ion et Margaret, par Giges.	
1855.	B.	*Philiberte*, par Sting et My Deer, par Assassin.	
*1828.	B.	*Philip's Dam* (ex-*Catton mare*), par Catton et Dulcinea, par Cervantes.	1843
H1830.	B.	*Philomele* (H. I. du Pin), par Eastham et Comus mare.	
1842.	B.	*Philomele*, par Farmington et Fine, par Lutzen.	

Année de la naissance.	Robe.		Année de l'importation.
1852.	B.	*Philosophie*, par Philosopher et Muff, par Velocipede.	
1853.	B.	*Phosphoree* (ex-*Etincelle*), par The Baron et Allumette, par Taurus.	
1855.	B.	*Phosphorina*, par Richmond et Viola, par Emilius.	
*1850.	B.	*Phrygia*, par Phlegon et Merope, par Voltaire. .	1854
1846.	Bb.	*Physicie*, par Physician et Monime, par Ibrahim (*Sultan*).	
1847.	Bb.	*Picciola*, par Assassin et Eloa, par Royal Oak ou Terror.	
H1851.	B.	*Picciola* (H. I. du Pin), par Sylvio et Clematite, par Quoniam.	
1838.	B.	*Picciolina*, par Royal Oak et Cain mare (*Victoire*), par Cain.	
1857.	B.	*Pierrette*, par Napier et Ingratitude, par Jerry.	
1838.	B.	*Pilule*, par Pickpocket et Anna, par Godolphin.	
*1841.	B.	*Pimento*, par Maple et Pepper, par Drone. . . .	1853
H1840.	B.	*Pimperinette* (H. I. du Pin), par Sylvio et Emelina, par Emilius.	
1852.	Bb.	*Pincette*, par Garry Owen et Camelia, par Vendredi.	
*1843.	B.	*Pious Jenny*, par Jerry et Crazy Peggy, par Bedlamite	1848
1854.	Bb.	*Place-Verte*, par Elthiron et Eoline, par Muley Moloch.	
1858.	Al.	*Plaisir*, par Brimstone et Serpente, par St-Francis.	
*1844.	Al.	*Plenipotentiary mare*, par Plenipotentiary et Minima, par Rowton.	1853
1849.	B.	*Plenty* (ex-*Ecuelle*), par Va-nu-Pieds et Eva, par Sultan.	
1852.	Al.	*Pluie-d'Or* (ex-*Sans-Nom*), par Tipple Cider et Eusebia, par Emilius.	

Année de la naissance.	Robe.		Année de l'importation.
1852.	Bb.	*Plume-Loup,* par Nuncio et Eoline, par Muley Moloch.	
*1849.	B.	*Plumstead,* par Chatham et Estelle, par Brutandorf..	1854
H1848.	B.	*Podarge* (H. I. du Pin), par Royal Oak et Chimere, par Holbein.	
*1853.	...	*Poesy,* par Melbourne et Eglogue, par Emilius .	1860
1838.	B.	*Poetess,* par Royal Oak et Ada, par Whisker.	
H1843.	B.	*Pointe-à-Pitre* (H. I. de Rosières), par Ali-Baba et Venezia.	
1856.	B.	*Polemique,* par Gladiator ou Iago et The Maid of Fez, par Muley Moloch.	
1847.	B.	*Polette.* (Voyez *Fidelity.*)	
1850.	Al.	*Polka,* par William et Biche, par Friedland.	
1850.	B.	*Polowska,* par Canton et Skirmish (ex-*Skirmishere*), par Skirmisher.	
*1859.	Al.	*Polypody,* par The Fallow Buck et Defence mare (sœur d'*Oegis*), par Defence.	1864
1846.	B.	*Polyxene,* par Gigès et Ebauche, par Emancipation.	
1844.	B.	*Pomaré,* par Physician ou Royal Oak et Dubica, par Tiresias.	
1852.	N.	*Pompeia,* par Arthur et Bellina, par Lottery ou Cadland.	
1860.	B.	*Pompelia,* par Sting et Medina, par Assassin.	
1859.	B.	*Pomponette,* par Napier et Djali, par Skirmisher.	
**1819.	B.	*Poozy,* par Partisan et Pautina, par Buzzard . .	1827
*1839.	B.	*Portion,* par Lot et Palmerin mare.	1857
*1858.	B.	*Postage,* par Bay Middleton et Staffordshire Nan, par Faugh a Ballagh	1865
1845.	B.	*Posthume.* (Voyez *Serenade.*)	
1847.	B.	*Potence,* par Assassin et Juliette, par Mustachio.	
*1838.	Al.	*Potentia,* par Plenipotentiary et Acacia, par Phantom.	1854
1842.	B.	*Poule,* par Marcellus et Y. Miracle, par Harry,	
1853.	B.	*Pratelle,* par Gladiator et Midsummer, par Filho da Puta.	
*1828	Al.	*Prattler.* (Voyez *Primefit.*)	

Année de la naissance.	Robe.		Année de l'importation.
1861.	B.	*Praxis,* par Pédagogue et Hopeless, par Melbourne.	
H1838.	B.	*Precieuse,* par Alterutcr et Bellina, par Lottery.	
1849.	N.	*Precieuse* (H. I. de Rosières), par General Mina et Vanity, par Doge of Venice.	
1851.	Al.	*Preciosa,* par Red Robin et Bruyère, par Y. St-Patrick.	
1842.	B.	*Predestinee,* par Mr Wags et Destiny, par Centaur.	
1844.	B.	*Preface,* par Lanercost et Papillotte (ex-*Albany mare*), par Albany.	
1853.	B.	*Preferce,* par Sir Tatton Sykes et Grist, par Don John.	
1833.	Al.	*Preferee,* par Tigris et Pasquinade, par Sovereign.	
H1831.	Al.	*Premia* (H. I. de Rosières), par Premium et Caprice, par Walton.	
1856.	Bb.	*Première Epreuve,* par Beaucens et Mianie, par Garry Owen.	
1841.	B.	*Premula,* par Terror et Heloise, par Harlequin.	
1841.	Bb.	*Pretendante,* par Fra Diavolo et Lady, par Seymour,	
*1822.	B.	*Priestess,* par Vandyke Junior et Polymnia, par Musician.	1826
1858.	B.	*Prima,* par Sting et Rivale, par Garry Owen.	
1852.	B.	*Prima Dona,* par Nelson et Suprema, par Physician.	
1841.	B.	*Prima Dona,* par Premium et Jane, par Deucalion.	
*1848.	B.	*Prima Donna,* par The Emperor et Minaret, par Ibrahim	1857
*1828.	Al.	*Primefit*(ex-*Miss Prattler,* ex-*Fit*), par Actœon et Chat, par Quiz.	
H1838.	Al.	*Primerose* (H. I. de Rosières), par General Mina et Premia, par Premium.	
1844.	B.	*Primerose,* par Marcellus et Miss Caroline, par Seymour.	

Année de la naissance.	Robe.		Année de l'importation.
H1851.	Al.	*Primula* (H. I. du Pin), par The Baron et Dame-Blanche, par Harlequin.	
*1852.	B.	*Prioress*, par Zoe Lovell et The Abbess, par The Saddler	1855
1856.	G.	*Princess*, par Regent et Bichette (ex-*Election*), par Maître-d'Ecole.	
1855.	B.	*Princess (The)*, par Pyrrhus the First et The Empress, par Defence.	
*1833.	B.	*Princess Edwis*, par Emilius et Katherina, par Woful	1837
**1830.	Bb.	*Princess Mary*, par Emilius et Duckling, par Phantom.	1835
1855.	Al.	*Princesse*, par Garry Owen et Hope, par Premier-Août.	
1848.	B.	*Princesse-Belle-Etoile*, par Polecat et Retamosa, par Reveller.	
H1837.	B.	*Princesse-Borghèse* (H. I. du Pin), par Napoleon et Bergere, par Eastham.	
1856.	B.	*Princesse-de-la-Paix*, par Gladiator et Gringalette, par Royal Oak.	
H1852.	Al.	*Princesse-Olga* (H. I. du Pin), par The Emperor et Adeline, par Lottery.	
1858.	Al.	*Princesse-Royale*, par Dick Hatteraick et Amesbury mare, par Amesbury.	
1858.	B.	*Printanière*, par Fitz Pantaloon et Elise, par Chesterfield Junior.	
1861.	Al.	*Printanière*, par Pyrrhus the First et Miss Malton, par Malton.	
*1844.	Bb.	*Prioress*, par Lanercost et Pussy, par Pollio . .	1858
1847.	B.	*Privauté*, par Ibrahim (*Sultan*) et Papillotte (ex-*Albany mare*), par Albany.	
*1846.	Al.	*Probe (The)*, par Y. Priam et Oh! Don't, par Irish Birdcatcher.	1854
1851.	B.	*Progné*, par Y. Emilius et Mea, par Assassin ou Minster.	
1851.	B.	*Proserpine*, par Pagan et Harriet, par Rainbow.	
*1812.	Bb.	*Pucelle*, par Czar Peter et Dragon mare.	182)

Année de la naissance.	Robe.		Année de l'importation.
*1842.	B.	*Pug*, par Bay Middleton et Barbiche, par Lapdog.	1853
*1849.	Bb.	*Pulcherie*, par Y. Emilius et Minuit, par Terror.	
H1831.	Al.	*Pulchra* (H. I. de Rosières), par Premium et Y. Folly, par Asmodeus.	
**1833.	Al.	*Pyrrha*, par Bedlamite et Abjer mare.	1833
*1821.	Bb.	*Pythoness*, par Shuttle Pope et Pythoness, par Sorcerer	1828

Q

1843.	Al.	*Quadra*. (Voyez *Octavie*.)	
1842.	B.	*Quadra*, par Jonas et Fenella, par Trance.	
H1850.	B.	*Qualité* (H. I. de Pompadour), par Prospero et Didon, par Terror.	
1849.	Bb.	*Quality*, par Inheritor et Margarita, par Royal Oak.	
1842.	Al.	*Quand-Même*, par Premium et Gaiety, par Abron.	
1861.	B.	*Quarta*, par Sting et Harlequin, par The Scavenger.	
1854.	Bb.	*Queen Bee*, par Sting et Kathleen, par Windcliffe.	
*1823.	B.	*Queen Mab*, par Pionner et Discord, par Popinjay.	1826
1856.	N.	*Queen of England*. (Voyez *Clara*.)	
*1844.	B.	*Queen of the May*, par Colwick et Gipsy, par Sir Hercules.	1849
*1845.	Al.	*Queen of the May*, par Sir Hercules et Myrrha, par Malek	1855
H1850.	Bb.	*Qu'en-Dira-t-on* (H. I. de Pompadour), par Brocardo et Venezia, par Belmont.	
1857.	B.	*Qu-en-Dira-t-on*, par Sting et Valerie, par Garry Owen.	
1857.	B.	*Qu'en faire*. (Voyez *Deer Aquila*.)	
1858.	Al.	*Querida*, par Beaucens et Qui-Vive, par Royal Oak.	

Année de la naissance.	Robe.		Année de l'importation.
1843.	Bb.	*Quêteuse*, par Caravan et Emeraude, par Lutzen.	
1861.	B.	*Quid novi*, par Collingwood et Qui-Vive, par Royal Oak.	
*1846.	Bb.	*Quinine*, par Ion et Sir Hercules mare (issue d'*Electress*), par Election	1850
1860.	Al.	*Quinquina*, par The Cossack et Quinine, par Ion.	
1843.	Bb.	*Quinteuse*, par Caravan et Emeraude, par Lutzen.	
1859.	Al.	*Quirina*, par Collingwood et Qui-Vive, par Royal Oak.	
1839.	B.	*Quirina*, par Lottery et Georgina, par Rainbow.	
1843.	Al.	*Quirita*, par Farmington et Sylvia, par Sylvio.	
1839.	B.	*Quirita*, par Felix (*Rainbow*) et Leopoldine, par Hedley.	
H1850.	B.	*Quittance* (H. I. de Pompadour), par Mr d'Ecoville et Betzy, par Napoleon.	
*1846.	N.	*Quiver*, par Velocipede et Aspen, par Abbas Mirza	1855
H1850.	B.	*Qui-Vive* (H. I. de Pompadour), par Royal Oak et Benediction, par Physician.	
1839.	B.	*Quiz*, par Hercules (*Rainbow*) et Elvira, par Erix.	
1838.	B.	*Quo usque*, par Royal Oak et Nœma, par Rowlston.	

R

Année de la naissance.	Robe.		Année de l'importation.
*1817	..	*Rachel*, par Rubens et Waxy mare	1826
1842.	B.	*Rachel*, par Terror et Hebé, par Abron.	
1841.	B.	*Rachel*, par Tetotum et Grisi, par Petworth.	
**1823.	B.	*Rachel*, par Whalebone et Gohanna mare (mère de *Moses*)	1837
1845.	B.	*Rachel* (*Young*), par Peter et Rachel, par Whalebone.	

Année de la naissance	Robe.		Année de l'importation.
1845.	Al.	*Rachel Filly*, par Harlequin ou Quoniam et Heloïse, par Theodore.	
*1849.	Al.	*Rachetee*, par Irish Birdcatcher et Pantaloon mare.	1856
1846.	Bb.	*Racke'y Girl*, par Hetman Platoff et Tomboy mare.	
*1852.	Bb.	*Rambling Katie*, par Melbourne et Phryne, par Touchstone.	1858
1857.	B.	*Rameline*, par Napier et Djali, par Skirmisher.	
1847.	B.	*Raveluche*, par Y. Emilius et Philip's Dam, par Catton.	
1851.	B.	*Ravières*, par Nuncio ou Bataclan et Coquette, par Mr Wags.	
1859.	Al.	*Rayon de Soleil*, par The Cossack et Fringe, par Plenitotentiary.	
*1855.	B.	*Reading Lass*, par Orville et Sigismunda, par Buzzard	1824
n1838.	B.	*Rebecca* (H. I. du Pin), par Actœon et Rachel, par Whalebone.	
*1811.	Al.	*Rebecca* (ex-*Miss Stephens*), par Eagle et Stamford mare.	1819
1842.	B.	*Rebecca*, par Terror et Enchanteresse, par Abron.	
1850.	B.	*Rebecca*, par Vendredi et Chiquenaude, par Bizarre.	
1854.	B.	*Rebisquade*, par Ion et Victoire, par Quoniam.	
1858.	B.	*Recompense*, par Weathergage et Simoom mare (sœur de *Wanota*).	
*1835.	Bb.	*Redgauntlet mare*, par Redgauntlet et Varna, par Sultan	1838
*1833.	B.	*Reel*, par Camel et La Danseuse, par Blacklock.	1853
1848.	B.	*Reforme* (ex-*Miss Marguerite*), par Y. Emilius et Olivia, par Felix (*Rainbow*.)	
*1842.	B.	*Refraction*, par Glaucus et Prism, par Camel . .	1853
*1831.	Bb.	*Regatta*, par Camel et Boadicea, par Alexander .	1836
1851.	B.	*Regatte*, par Nautilus et Annette, par Lottery.	
1845.	B.	*Regence*. (Voyez *Miss Erymus*.)	
1853.	B.	*Regina*, par Gladiator et Miss Fury, par Lottery.	

Année de la naissance.	Robe.		Année de l'importation.
1837.	B.	*Regina* (ex *Oakine*), par Royal Oak et Fair Helene, par Crecy.	
1849.	B.	*Reglisse* (ex-*Glycyrrhine*), par Ali-Baba et Coqueluche, par Royal-Oak.	
1852.	Al.	*Regrettee*, par Gladiator et Fatima, par Elis.	
1860.	Al.	*Reine*, par The Baron et Backety Girl, par Hetman Platoff.	
1855.	Al.	*Reine-Blanche*, par Irish Birdcatcher et Bilbery, par Touchstone.	
1858.	Al.	*Reine-des-Indes*, par The Baron et Flirtation, par Rococo.	
1854.	B.	*Reine-des-Prés*, par Ascot et Chercheuse-d'Esprit, par Tigris.	
1844.	B.	*Reine-Margot*, par Mr Wags et Shirine, par Blacklock.	
1844.	Al.	*Reine-Pomaré*, par Caravan et Indiana, par Tandem.	
1849.	Al.	*Reine-Verte*, par Tipple Cider et Achaia, par Elis.	
*1843.	B.	*Repeal*, par Y. Emilius et Rint, par St-Patrick.	1854
**1823.	Ro.	*Ressemblance*, par Gainsborough et Williamson's ditto mare, par Williamson's ditto.	
1856.	Al.	*Ressource*. (Voyez *Angele*.)	
*1836.	Al.	*Retamosa*, par Reveller et Mandane, par Sultan.	1845
*1839.	Bb.	*Revival*, par Pantaloon et Linda, par Waterloo.	1847
1848.	B.	*Revolution*. (Voyez *Emilia*.)	
1839.	Bb.	*Rhinoplastic* par Royal Oak et Nœma, par Rowlston.	
*1837.	Al.	*Rhodanthe*, par Velocipède et Roseleaf, par Whisker.	1846
*1855.	B.	*Richmond hill*, par Fernhill et Y. Phantom mare.	1864
*1858.	Bb.	*Ricochet*, par Voltigeur et Mountain Flower, par Ithuriel	1863
1843.	B.	*Rigoletta*, par Quoniam et Y. Miracle, par Harry.	
1854.	Al.	*Rigolette*, par Garry Owen et Emilia, par Ali-Baba.	

Année de la naissance.	Robe.		Année de l'importation.
1845.	B.	*Rigolette*, par Ibrahim (*Sultan*) et Clio, par Napoleon.	
1853.	Al.	*Rigolette*, par Napier et Mademoiselle-Dangeville, par Ali-Baba.	
1843.	B.	*Rigolette*, par Quine et Ninette, par Pickpocket.	
1843.	B.	*Rigolette*, par Quoniam et Indiana, par Tandem.	
1844.	B.	*Rigolette*, par Terror et Flicca, par Paradox.	
1844.	Al.	*Rigolette*, par Tim et Theresa, par Terror.	
1860.	Bb.	*Ritournelle*, par Faugh a Ballagh et Ouverture, par Tipple Cider.	
1843.	B.	*Ritta*, par Terror et Jeanne, par Deucalion.	
1854.	B.	*Rivale*, par Garry Owen et Candida, par Prospectus.	
1850.	B.	*Rivoaletta*. (Voyez *Divoaletta*.)	
1855.	B.	*Roberte*, par Garry Owen et Mademoiselle Duparc, par Beggarman.	
*1841.	B.	*Robinia*, par Liverpool et Catton mare.	1845
1857.	B.	*Robinsonne*, par Calderstone et Elise, par Chesterfield Junior.	
1852.	B.	*Rocka*, par Nuncio et Coquette, par Mr Wags.	
1852.	B.	*Rogation*, par Ionian et Spiletta, par Jocko.	
*1846.	Al.	*Roma*, par Gladiator et Brutandorf mare. . . .	1855
1852.	N.	*Ronzi*, par Sir Tatton Sykes et Florida, par Mulatto.	
1859.	Al.	*Ronzina*, par Womersley et Ronzi, par Sir Tatton Sykes,	
1843.	B.	*Rosabelle*, par Y. Emilius et Olympie, par Deucalion.	
1842.	Al.	*Rosabelle*, par Terror ou Premium et Rubena, par Waxy Pope.	
1853.	B.	*Rosa Bonheur* (ex-*Symphonie*), par Liverpool et Esmeralda, par Sylvio.	
*1838.	Al.	*Rosa Langar*, par Langar et Wilde Rose, par Confederate.	1842
1844.	B.	*Rosa la Rose*, par Physician et Rosa Langar, par Langar.	

Année de la naissance.	Robe.		Année de l'importation.
1852.	B.	*Rosalie*, par Ionian ou Prospero et Reine-Margot, par Mr. Wags.	
1842.	B.	*Rosamonde*, par Terror et Nanny Shanks, par Mac Orville.	
1856.	B.	*Rosati*, par Gladiator et Cingara, par Sir Isaac.	
1845.	Al.	*Rose*, par Bizarre et Quirina, par Lottery.	
*1853.	B.	*Rose Bird*, par A. British Yeoman et Stephanie, par Stumps	1855
1859.	G.	*Rosée*, par Yerville et Primula, par Terror.	
*1843.	B.	*Rose of Sharon*, par Pantaloon et Shiraz, par Camel.	1848
1857.	Bb.	*Rosière*, par Ion et Queen of the May, par Sir Hercules.	
1851.	Al.	*Rosières*, par Nuncio ou Lioubliou et Loïsa, par Harlequin.	
*1832.	Bb.	*Rosina*, par Frolic et Otis, par Bustard (fils de *Buzzard*).	1836
1852.	B.	*Rosina*, par Napier et Cigarette, par Jacques.	
1817.	B.	*Rosina*, par sir Harry Dimsdale et Mary, par Gohanna	1825
1854.	B.	*Rosine*. (Voyez *Suzanna*.)	
1841.	B.	*Rosine*, par Bizarre et Eglé, par Rainbow.	
*1839.	...	*Rosine*, par Y. Emilius et Omphale, par Deucalion.	
1840.	B.	*Rosita*, par Hercule (*Rainbow*) et Georgina, par Rainbow.	
1839.	B.	*Roulette*, par Lottery et Y. Urganda, par Treasurer.	
1850.	Bb.	*Roulette*, par Nautilus et Bride of Abydos, par Belzoni.	
1850.	...	*Roxana*, par Lanercost et Stream, par Sheet Anchor.	
1857.	B.	*Roxana*, par Stoker et Miss Cobden, par Stockport.	
1845.	B.	*Roxanna*, par Emilius et Menalippe, par Merchant.	
1841.	Bb.	*Roxanna*, par Napoleon et Bigottini, par Captain Candid.	

Année de la naissance.	Robe.		Année de l'importation.
*1861.	B.	*Royale Doré*, par Royal-quand-même et Sans-Tache, par Ballinlecke.	
1857.	B.	*Royale Topaze*, par Royal-quand-même et Achaia, par Elis.	
1844.	Bb.	*Royal mare*, par Friedland et Baleine, par Jonas.	
1833.	Al.	*Royalty*, par Emilius et Maria, par Worthless.	
1845.	B.	*Royauté*, par Royal Oak et Philip's Dam (ex-*Catton mare*), par Catton.	
*1823.	Al.	*Rubena*, par Waxy Pope et Rubens mare. . .	1827
1834.	B.	*Rubis*, par Sylvio et Ressemblance, par Gainsborough.	
1860.	B.	*Rustique*, par Sting et Rigolette, par Garry Owen.	
*1855.	Al.	*Ruth*, par Jack Robinson et Charley boy mare.	1855
1853.	Al.	*Ruth*, par Malton et Epicharis, par Governor.	
1855.	B.	*Ruthenia*, par Lodin et Well Come, par Beggarman.	
*1840.	Bb.	*Ruthful*, par Beiram et Ruth, par Merlin	1851

S

1845.	B.	*Sabretache*, par Ibrahim (*Sultan*) et Sweetlips, par Emilius.	
1859.	B.	*Sac-au-dos*, par Sting et Candida, par Prospectus.	
*1838.	Al.	*Saddler mare*, par The Saddler et Partisan mare.	1849
*1836.	Bb.	*Saddler mare* (*The*), par The Saddler et Smolensko mare.	1850
n1840.	Al.	*Saffira* (H. I. du Pin), par Paradox et Elsy, par Holbein.	

Année de la naissance.	Robe.		Année de l'importation.
1857.	Bb.	*Sagitta*, par Caravan et Doctor Syntax mare.	
1855.	B.	*Sahara*, par Caravan et Rhinoplastie, par Royal Oak.	
1837.	B.	*Sainte-Agnès*, par Felix (*Rainbow*) et Genuine, par Master Henry.	
H1835.	B.	*Sainte-Hélène* (H. I. du Pin), par Napoleon et Comus mare.	
1843.	Bb.	*Sainte-Nitouche*, par Physician et Sweetlips, par Emilius.	
1842.	Al.	*Saintongeoise* (*Young*), par Harlequin et Brunette, par Clavelino.	
*1840.	G.	*Saint-Patrick mare*, par Saint-Patrick et Eloisa, par Emilius	1845
*1838.	Al.	*Sally*, par Sir Hercules et Ulrica, par Sherwood.	1842
*1843.	Bb.	*Samphire*, par Slane et Sea Kale, par Camel . .	1846
*1822.	Bb.	*Sampson mare*, par Sampson et Striking Beauty, par Sorcerer	1837
1852.	Al,	*Sans-Nom*. (Voyez *Pluie-d'Or*.)	
1853.	Al.	*Sans-Nom*, par Garry Owen et Couette, par Paillasse.	
1856.	B.	*Sans-Nom*. (Voyez *Deer Beaucens*.)	
1856.	Bb.	*Sans-Tache*, par Ballinkeele et Zille, par Friedland.	
1843.	B.	*Sans-Tache*, par Y. Emilius et Clio, par Napoleon.	
H1830.	B.	*Sapho* (H. I. du Pin), par Eastham et Sarah, par Catton.	
*1833.	Bb.	*Saracen mare*, par Saracen et Pawn Junior, par Waxy	1850
**1818.	B.	*Sarah*, par Catton et Sally (sœur de *Fanny*), par Sir Peter.	1828
1838.	B.	*Sarah*, par Ibrahim (*Sultan*) et Antwerp, par Vaterloo.	
1835.	Al.	*Sarah*, par Napoleon et Verona, par Whitworth ou Ardrossan.	
1843.	B.	*Sarah*, par Terror et Hébé, par Abron.	

Année de la naissance.	Robe.		Année de l'importation.
*1824.	B.	*Sarah*, par Whisker et Jenny Wren, par Y. Woodpecker	1837
*1833.	Bb.	*Sarcasm*, par Teniers et Banter, par Master Henry	1846
1860.	B.	*Sarcelle*, par The Flying Dutchman et Cuckoo, par Elis.	
1858.	Al.	*Sarrazine*, par Womersley et Damophila, par Nautilus.	
H1841.	B.	*Satisfaction* (H. I. du Pin), par Napoleon et Chimère, par Holbein.	
1853.	B.	*Satisfaction*, par Renonce et Chiquenaude, par Bizarre.	
1862.	B.	*Sauterelle*, par Commodor Napier ou Sauteret et Ortuna, par Napier.	
1859.	B.	*Sauterelle*, par The Nabob et Second Sight, par Harkaway.	
1858.	B.	*Sauterelle*, par Napier et Coqueluche, par Royal Oak.	
1855.	Al.	*Sauterelle*, par Pyrrhus the First et Coryphée, par Venison.	
H1849.	B.	*Sauterelle* (H. I. du Pin), par Royal Oak et Adeline, par Lottery.	
1855.	B.	*Sauterelle*, par Womersley et Spiletta, par Jocko.	
1857.	B.	*Sauvagine*, par Ion et Cuckoo, par Elis.	
1842.	B.	*Savenir*, par Mazaniello et Belina, par Lottery.	
*1845.	Bb.	*School Mistress*, par Liverpool et Fanny Square, par Percy	1855
**1824.	B.	*Scornful*, par Woful et Haphazard mare	1829
1855.	B.	*Scozzonne*, par Ionian et Image, par Langar.	
*1860.	Al.	*Scratch*, par Russborough et Itch, par Irish Birdcatcher	1864
**1828.	B.	*Screw* (*The*), par Banker et Beninbrough mare	1835
1858.	B.	*Scrozone*, par Sting et Antiope, par Novelist.	
*1822.	B.	*Scud mare* (ex-*Merlin mare*), par Scud ou Merlin et Remembrancer mare	1827

Année de la naissance.	Robe.		Année de l'importation
*1851.	B.	*Scutari mare*, par Scutari et Amaryllis, par Velocipede	1853
*1838.	B.	*Scylla*, par Glaucus et Whisk, par Whisker	1853
*1846.	B.	*Scythia*, par Hetman Platoff et The Princess, par Slane	1853
*1835.	Bb.	*Sea Kale*, par Camel et Sea Breeze, par Paulowitz	1851
*1846.	B.	*Second Sight*, par Harkaway et Toy, par Liverpool	1854
1853.	Al.	*Security*, par The Baron et Margarita, par Royal Oak.	
1850.	B.	*Seduisante*, par William et Royal mare, par Friedland.	
1843.	Bb.	*Selima*, par Terror et Flora, par Partisan.	
**1810.	B.	*Selima*, par Terror et Flara, per Partisan.	
1819.	B.	*Selim mare*, par Selim et Y. Camilla, par Woodpecker	1820
1843.	Bb.	*Selina*, par Mr Wags et Samphire, par Slane.	
1860.	B.	*Semiramis*, par Monarque et Comtesse, par The Baron ou Nuncio.	
*1840.	Bb.	*Semiseria*, par Voltaire et Comedy, par Comus	1853
1853.	B.	*Sensitive*, par The Scavenger et Alice, par Ali-Baba.	
*1825.	B.	*Sephora*, par Vampyre et Mushroom, par Dick Andrews	1829
*1854.	Al.	*Serenade*, par A British Yeoman et Anna the Third, par Alfred	1855
1860.	Al.	*Serenade*, par Festival et Diggory Diddle, par Velocipede.	
1845.	B.	*Serenade* (ex-*Posthume*), par Royal Oak et Georgina, par Rainbow.	
*1846.	Al,	*Serpente*, par St-Francis et Timbria, par Troilus.	1847
1857.	B.	*Serpette*, par Y. Lanercost et Chisel, par Touchstone.	
1859.	...	*Severina*, par Collingwood et Medina, par Assassin.	
1853.	Al.	*Seville*, par The Baron et Cassandra, par Priam.	

Année de la naissance.	Robe.		Année de l'importation.
1845.	B.	*Shadow*, par Royal Oak et Silhouette, par Paradox.	
1855.	B.	*Shewolf*, par Loup-Garou et Faugh a Ballagh mare.	
*1828.	B,	*Shirine*, par Blacklock et Y. Rhoda, par Walton.	1842
*1825.	B.	*Shrew* (*The*), par Master Henry et Precipitate mare.	1835
*1845.	Al.	*Shuffle*, par Steight of Hand et Hampton mare.	1853
*1811.	B.	*Shuttle mare*, par Shuttle et Drone mare. . .	1830
1858.	B.	*Siboulette* (ex-*Six-Boulettes*), par The Cossack et Silhouette, par Paradox.	
1837.	Bb.	*Silhouette*, par Paradox et Ressemblance, par Gainsborough.	1837
1854.	B.	*Silistrie*, par Surprise et Snowdrop, par Doctor Syntax.	
1854.	B.	*Silistrie*, par Tragedian et Clara Wendel, par Pickpocket.	
*1845.	B.	*Simoom mare* (sœur de *Wanota*), par Simoom et Cassandra, par Priam.	1854
1854.	B.	*Simplette*, par Lanercost et Officious, par Pantaloon.	
1859.	B.	*Sina*, par The Cossack et Allumette, par Taurus.	
**1818.	Bb.	*Sir David mare*, par Sir David et Stamford mare.	1827
*1851.	Bb.	*Sister to Filius*, par Venison et Birthday, par Pantaloon	1860
1858.	B.	*Six-Boulettes*. (Voyez *Siboulette*.)	
1843.	B.	*Skirmish* (ex-*Skirmishere*), par Skirmisher et Viola, par Emilius.	
1843.	B.	*Skirmishere*. (Voyez *Skirmish*.)	
*1855.	B.	*Slapdash*, par Annandale et Messalina, par Bay Middleton	1864
*1832.	Bb.	*Slime*, par Picton et Castrella, par Castrel . . .	1843
*1838.	B.	*Snowdrop*, par Doctor Syntax et Princess Victoria, par Middleton	1853

Année de la naissance.	Robe.		Année de l'importation.
1852.	B.	*Sola*, par Bolero ou Tipple Cider et Gringalette (ex-*Gringolette*), par Royal Oak.	
*1822.	B.	*Sola*, par Partisan et Whalebone mare (sœur de *Caroline*), par Whalebone	1837
1857.	N.	*Sologne*, par Collingwood et Theresa, par Terror.	
1858.	Bb.	*Somnambule*, par Ion et Semiseria, par Voltaire.	
*1849.	B.	*Songstress*, par Irish Birdcatcher et Cyprian, par Partisan	1859
1852.	B.	*Sontag*, par Worthless et Adele, par Tetotum.	
1847.	B.	*Sophia*, par Governor et Heloise, par Theodore.	
1854.	B.	*Sophie*, par The Prime Warden et Mylady, par Franck.	
1807.	B.	*Sorcerer mare*. (Voyez *Sorcière*.)	
*1807.	B.	*Sorcière* (ex-*Sorcerer mare*), par Sorcerer et Highflyer mare, par Highflyer	1818
1852.	N.	*Sorcière*, par Worthless et Cadichonne, par Hœmus.	
1858.	Al.	*Soubrette*, par Mr. Wags et La Chasse, par Harkaway.	
1857.	B.	*Souci*, par Zagal et Amanda, par Ali-Baba.	
1843.	B.	*Souvenir*, par Alteruter et La Meprisee, par Velocipede.	
1841.	Bb.	*Spark*, par Sylvio et Don Cossack mare.	
1856.	Bb.	*Spezzia*, par Jack Robinson et Lammas Lass, par Defence.	
1844.	B.	*Spiletta*, par Jocko et Gaiety, par Abron.	
1853.	B.	*Spirituelle*, par Ascot et Swallow, par Little Rover.	
*1848.	Bb.	*Squaw* (*The*), par Robert de Gorham et Mary, par Elis	1863
*1850.	B.	*Start*, par Irish Birdcatcher et Surprise, par Bay Middleton	1854
1846.	B.	*Steam*, par Remus et Vesperine, par Lottery.	
1859.	Al.	*Stella*, par Azis et Hope, par Premier Août,	

Année de la naissance.	Robe.		Année de l'importation.
1854.	B.	*Stella* (ex-*Cedarine*), par Cedar et Doris, par Trance.	
1836.	Al.	*Stella*, par Count Porro et Biondetta, par Rainbow.	
1846.	Al.	*Stella*, par Jocko et Huraca, par Pickpocket.	
1844.	B.	*Stella*, par Napoleon et Midsummer, par Filho da Puta.	
1856.	Al.	*Stella*, par The Prime Warden et Ninon, par Ibrahim (*Sultan*).	
1854.	Bb.	*Stella*, par Sting et Lolotte, par Tetotum.	
1859.	B.	*Stella*, par Valbruant et Omphale, par Deucalion.	
1858.	B.	*Stile*, par Sting et Tauria, par Assassin.	
1855.	B.	*Stine*, par Sting et Eloa, par Royal Oak ou Terror.	
1858.	B.	*Sting*, par Coueron et Molokine, par Moloch.	
1858.	B.	*Stinga*, par Ramadan et Bagneraise, par Sting.	
1855.	Bb.	*Sting Filly*, par Sting et My Dream Lost, par Garry Owen.	
1859.	N.	*Stradella*, par The Cossack ou Father Thames et Creeping Jenny, par Inheritor.	
1857.	B.	*Straniera*, par Napier et Fraternity, par Inheritor.	
*1850.	B.	*Strawberry Hill*, par Old England et Miss Twickenham, par Rockingham.	1855
*1842.	N.	*Stream*, par Sheet Anchor et l'Hirondelle, par Velocipede.	1849
*1858.	Al.	*Styria*, par Stockwell et Picaroon mare (*Tasmania's Dam*), par Picaroon.	1863
H1842.	B.	*Suavita* (H. I. du Pin), par Napoleon et Elvire, par Vampyre.	
1858.	B.	*Sultane*, par Moustique et Cameline, par Worthless.	
*1833.	B.	*Sultane mare*, par Sultan et Marinette, par Soothsayer.	1840
*1848.	B.	*Sunrise*, par Emilius et Sunset, par Muley Moloch.	1858
1846.	B.	*Suprema*, par Physician et Slime, par Picton.	

Année de la naissance.	Robe.		Année de l'importation.
1854.	B.	*Suprême Degré*, par Caravan et Suprema, par Physician.	
1854.	B.	*Suresnes*, par Nunnykirk ou Brocardo et Menalipe, par Merchant.	
1857.	B.	*Surprenante*, par Ethelwolf et Miss Antiope, par Garry Owen.	
1857.	B.	*Surprise*, par Ethelwolf ou Marly et Roxanna, par Emilius.	
1857.	B.	*Surprise*, par Gladiator et Gringalette (ex-*Gringolette*), par Royal Oak.	
1845.	B.	*Surprise*, par Ibrahim (*Sultan*) et Deception (ex-*Ondine*), par Royal Oak.	
1857.	B.	*Surprise*, par Napier et Selina, par Mr Wags.	
1854.	B.	*Surprise*, par The Prime Warden et Vision, par Marcellus.	
1853.	B.	*Surprise*, par Quadrilatere et La Tamise, par Shakespeare.	
1856.	Bb.	*Susannah*, par Nunnykirk ou Elthiron et Semiseria, par Voltaire.	
1854.	B.	*Suzanna* (ex-*Rosine*), par Rosas et Iris, par Alteruter.	
1844.	N.	*Suzette*, par Y. Emilius et Malvina, par Manfred.	
1846.	B.	*Swallow*, par Little Rover et Chercheuse d'Esprit, par Tigris.	
1848.	B.	*Swede* (*The*), par Charles XII et Mangel Wurzel, par Merlin	1861
1828.	B.	*Sweetlips*, par Emilius et Sorcerer mare	1833
*1857.	N.	*Swet-Lucy*, par Sweetmeat et Coquette, par Launcelot	1863
*1828.	Al.	*Swet-Moggy*, par Shaver et Cesario mare. . .	1838
1856.	Bb.	*Sweetness*, par Commodor Napier et Decency, par Nuncio.	
1831.	Al.	*Sylphide* (*the*). (Voyez *Lady Julia*.)	
1841.	Al.	*Sylphide*, par Theodore et Sola, par Partisan.	

Année de la naissance. — Robe. — Année de l'importation. —

H1834. B. *Sylphide* (H. I. du Pin), par Tramby et Abjer mare.

1844. B. *Sylvandire*, par Terror et Jane, par Deucalion.

1848. B. *Sylvia*, par Commodor Napier et Sylvina, par Fra-Diavolo.

*1856. B. *Sylvia*, par Flatcatcher et Woodnymphe, par Auckland. 1861

H1835. Al. *Sylvia* (H. I. du Pin), par Sylvio et Worry, par Woful.

1860. Bb. *Sylvie*, par Nunnykirk et Sylvia, par Commodor Napier.

H1835. B. *Sylvie* (H. I. du Pin), par Sylvio et Syrene, par Mustachio.

1840. B. *Sylvina*, par Fra Diavolo et Norma, par Sylvio.

H1849. B. *Syrene* (H. I. du Pin), par Mustachio et Poozy, par Partisan.

T

*1845. N. *Taffrail*, par Sheet Anchor et The Warwick mare, par Merman 1853

1829. Bb. *Taglioni*, par Rowlston et Geane, par Don Cossack.

1830. Al. *Taglioni*, par Tandem et Verona, par Whitworth ou Ardrossan.

1843. B. *Tailed Comet*, par Quoniam et miss Scott, par Waverley.

1858. B. *Tamara*, par The Cossack et Cingara, par Isaac.

1853. Al. *Tamise*, par Garry Owen et Monime, par Ibrahim (*Sultan*.)

1834. Bb. *Tamise* (*la*). (Voyez *la Tamise*.)

1845. B. *Tanais*, par Terror et Gaiety, par Abron.

*1834. B. *Tapage*, par Pollio et Clatter, par Clinker. . . . 1836

Année de la naissance.	Robe		Année de l'importation.
*1853.	B.	*Tapestry*, par Melbourne et Stitch, par Hornsea.	1857
*1830.	Al.	*Tarantella*, par Tramp et Katherine (mère de *Taurus*), par Soothsayer	1844
1859.	B.	*Tard venue*, par Rémus et Jambette, par Physician.	
1845.	B.	*Tartane*, par Beggarman et Jane, par Deucalion.	
1850.	B.	*Tauria*, par Assassin et Zamire, par Skirmilher.	
*1837.	Al.	*Taurus mare*, par Taurus et Mysie, par Quiz . .	1844
1855.	Al.	*Tchernaia*, par Ion et Darling, par Oak stick	
1856.	Bb.	*Tempête*, par The Baron ou Nunnykirk et Tronquette, par Royal Oak.	
1847.	B.	*Ténébreuse*, par Y. Emilius et Minuit, par Terror.	
*1825.	Al.	*Teneriffe*, par Blacklock et Moel Famma, par Tunderbolt	1829
1858.	B.	*Tentation*, par Pedagogue et Figurante, par Venison.	
*1844.	B.	*Teresina*, par Jereed et Teresa, par Langar. . .	1848
1849.	B.	*Termagant*, par Cotherstone et Virago, par Velocipede.	
1857.	B.	*Terpsichore*, par Y. Gladiator et Pomaré, par Physician ou Royal Oak.	
1829.	Al.	*Terpsichore*, par Milton et Verona, par Withworth ou Ardrossan.	
1850.	Bb.	*Terrora*, par Terror et Miltonia, par Milton.	
1846.	Al.	*Tertia*, par Titus et Miss Flora, par Theodore.	
1842.	B.	*Tertullia*, par Lottery et Kermess, par Camel.	
*1857.	B.	*Test (The)*, par Andover et Sleight of hand mare (sœur de *Juggler*).	
1856.	B.	*Teta*, par Sting et Valeriane, par Garry Owen.	
1835.	B.	*Tetota*, par Tetotum et Brunette, par Clavileno.	
1845.	B.	*Thalie*, par Y. Emilius et Olympie, par Deucalion.	
1838.	Al.	*Thalie*, par Paradox et Dartbula, par Scud.	
n1827.	B.	*Thalie* (H. I. du Pin), par Tigris et Deer, par Vandyke Junior.	
1853.	B.	*Tharistone*, par Garry Owen et Nautila, par Nautilus.	

Année de la naissance.	Robe.		Année de l'importation.
1854.	B.	*Thea*, par Electrique et Colombine, par Harlequin.	
1830.	B.	*Thelesia*, par Tancred et Medea, par Truffle.	
1841.	B.	*Thelesie*, par Lottery et Leopoldine, par Hedley.	
1852.	Al.	*Theodora*, par The Emperor et Quiz, par Hercule (*Rainbow*).	
*1835.	Bb.	*Theodorine*, par Theodore et Tancreda, par Tancred.	1837
*1848.	B.	*Theon mare* (ex-*Bay mare*), par Theon et Lady Love, par Kremlin.	1854
*1848.	Bb.	*Theorem*. (Voyez *Brunette*.)	
1838.	N.	*Theresa*, par Terror et Hambug, par Hedley ou Seymour.	
*1841.	B.	*Theresa*, par Terror et Miriam, par Harlequin.	
*1851.	Al.	*Thildette*, (ex-*Doloride*), par Copper Captain et Doloride (ex-*Dolores*), par Hercule (*Rainbow*.)	
1859.	B.	*Tiens-toi-bien*, par Elthiron ou First Born et Discretion, par Napoleon.	
1822.	Al.	*Tigresse*, par Tigris et Hirondelle, par Gohanna.	
1855.	B.	*Tire-Larigot*, par Napier et Pious Jenny, par Jerry.	
1858.	B.	*Titania*, par Saint-Germain et Fugitive, par Red Hart.	
*1843.	Al.	*Titbit*, (ex-*The Crupper*), par The Saddler et Joanna, par Sultan	1856
1858.	B.	*Titinka*, par Nunnykirk et Kate Nickleby, par Paradox.	
1858.	B.	*Tolla* (ex-*Uline*), par Festival ou Valbruant et Miss Ion, par Ion.	
1842.	B.	*Tomate*, par Lottery et Elvira, par Erix.	
1839.	Al.	*Tonadilla*, par Ibrahim (*Sultan*) et Vittoria, par Milton.	
1837.	B.	*Tontine*, par Tetotum et Odette, par Libertine.	
*1842.	Al.	*Topaz*, par Velocipede et Marinella, par Soothsayer	1851
1833.	Bb.	*Topaze*, par Mariner et Darthula, par Scud.	
850.	B.	*Topaze*, par Skirmisher et Rubis, par Sylvio.	

Année de la naissance.	Robe.		Année de l'importation.
1851.	B.	*Touch me Not*, par Y. Emilius et Bai-Brune, par Terror.	
* 1848.	Bb.	*Touch me Not*, par Touchstone et the Lady of Silverkeld Well, par Velocipede	1854
1858.	Al.	*Tourelle*, par Napier et Wavering, par Brocardo.	
1838.	B.	*Tragedie*, par Alteruter et Sweetlips, par Emilius.	
1858.	B.	*Tragedie* (ex-*Comparse*), par Loadstone et Coryphée, par Venison.	
1855.	Bb.	*Trajane*, par Lanercost et Myszka, par Bizarre.	
**1822.	Bb.	*Tramp mare*, par Tramp et Harpham Lass, par Camillus.	1827
1857.	Bb.	*Trebonaise*, par Beaucens et Sontag, par Worthless.	
1852.	B.	*Treguele*. (Voyez *Lady Stowe*.)	
1856.	...	*Treval*, par Philosopher et La Californie, par Y. Emilius.	
* 1851.	Al.	*Trick*, par Sleight of Hand et Emma Middleton, par Bay Middleton	1854
1860.	Al.	*Trompette* (ex-*Tronquette*), par Buckthorn et Miss Agreeable, par Agreeable.	
1860.	Al.	*Tronquette*. (Voyez *Trompette*.)	
1844.	B.	*Tronquette*, par Royal Oak et Redgauntlet mare.	
1849.	B.	*Trust*, par Nuncio et Loisa, par Harlequin.	
1844.	B.	*Tulipe*, par Jocko et Rubena, par Vaxy Pope.	
1837.	B.	*Turquoise*, par Cadland et Eglé, par Rainbow.	
* 1839.	Al.	*Twilight*, par Velocipede et Miss Garforth, par Walton.	1853
1851.	B.	*Tyne*, par Ali-Baba et Pious Jenny, par Jerry.	

U

1846.	Al.	*Uberty*, par Quoniam et Jocaste, par Deucalion.	

Année de la naissance.	Robe		Année de l'importation.
H1851.	B.	*Ultima* (H. I. du Pin), par Sylvio et Fraga, par Harlequin.	
1837.	B.	*Unique*, par Lottery et Fatime, par Captain Candid.	
1845.	Al.	*Upis*, par Terror et Miriam, par Harlequin.	
H1840.	B.	*Urania* (H. I. du Pin), par Mameluko et Thalie, par Tigris.	
1845.	Al.	*Urania*, par Terror et Hébé, par Abron.	
1854.	Al.	*Uranie*, par The Baron et Isole, par Prince Caradoc.	
1847.	B.	*Uranie*, par Commodor Napier et Rosabelle, par Y. Emilius.	
1847.	B.	*Urganda*, par Commodor Napier et Lalagé, par Carbon.	
1845.	B.	*Urganda*, par Terror ou Jocko et Nœma, par Premium.	
*1819.	G.	*Urganda* (*Young*), par Treasurer et Urganda, par Sorcerer.	1823
1847.	B.	*Ursule*, par Jocko et Corine, par Holbein.	
1840.	B.	*Ursule*, par Lottery et Merlin mare.	

V

1860.	Al.	*Vaillance*, par Napier et Stella, par Jocko.	
H1834.	B.	*Valentine* (H. I. du Pin), par Eastham et Eucharis, par Tigris.	
1840.	Bb.	*Valentine*, par Ibrahim (*Sultan*) et Celeste, par Lottery.	
1846.	B.	*Valentine*, par Terror et Nœma, par Premium.	
1851.	Bb.	*Valeria*, par Sting et Zibeline, par Actœon.	
1851.	B.	*Valeriane*, par Garry Owen et Ninette, par Pickpocket.	
1853.	B.	*Valerie*, par Garry Owen et Satisfaction, par Napoleon.	

Année de la naissance.	Robe.		Année de l'importation.
1850.	B.	*Valerie*, par The Heir of Linne et Ceiline, par Y. Emilius.	
H1838.	Al.	*Valerie* (H. I. du Pin), par Pickpocket et Elisabeth, par Saracen.	
1834.	Al.	*Valna*, par Gladiator et Wirthschaft, par Gigès.	
1859.	Al.	*Valteline*, par Remus et Roxanna, par Emilius.	
H1852.	B.	*Vanda* (H. I. de Pompadour), par Brocardo et Benediction, par Physician.	
1827.	B.	*Vanda*, par Truffle et Rosina, par Sir Harry Dimdsdale.	
**1817.	B.	*Vandyke Junior Mare*, par Vandyke Junior et Aquilina, par Eagle	1821
*1828.	B.	*Venessa*, par Gulliver et Quail, par Gohanna . .	1835
1847.	B.	*Vanilla*, par Commodor Napier et Olga, par Premium.	
1843.	B.	*Vanité*, par Royal Oak et Vanessa, par Gulliver.	
H1828.	B.	*Vanity* (H. I. de Rosières), par Doge of Venice et Caprice, par Walton.	
1858.	B.	*Vapeur* (ex-*Violette*), par The Baron et Wedlock, par Sultan Junior.	
1859.	Al.	*Vapeur*, par Fitz Gladiator et Miss Cobden, par Stockport.	
1842.	B.	*Vapeur*, par Hœmus et Ipsàra, par General Mina.	
1838.	B.	*Varla*, par Royal Oak et Harriet, par Rainbow.	
1856.	Bb.	*Va-te-Promener*, par Nuncio et Gladiole, par Gladiator.	
1847.	Al.	*Vaucluse*, par Caravan ou Lutin et Lauretta, par Doctor Faustus.	
1839.	Al.	*Vaxime*. (Voyez *Verveine*.)	
1848.	B.	*Velleda*, par Commodor Napier et Suzette, par Y. Emilus.	
1843.	B.	*Velleda*, par Y. Snail et Theodorine, par Theodore.	
1854.	B.	*Velocité*. (Voyez *Adalgise*.)	
*1845.	B.	*Velure*, par Muley Moloch et Zenana, par Sultan.	1855

Année de la naissance.	Robe.		Année de l'importation
H1837.	B.	*Venezia* (H. I. de Rosières), par Belmont et Vanity, par Doge of Venice.	
1853.	B.	*Venisonnette*, par Venison et Lady Bangtail, par Erymus.	
H1828.	B.	*Venitienne* (H. I. du Pin), par Doge of Venice et Eleonor, par Dick Andrews.	
1856.	Bb.	*Venus*, par Nuncio et Pulcherie, par Y. Emilius.	
*1823.	B.	*Venus*, par Smolensko et Delenda, par Gohanna.	1827
1846.	B.	*Vergogne*, par Ibrahim (*Sultan*) et Vittoria, par Milton.	
1853.	Al.	*Vermeille* (ex-*Merveille*), par The Baron et Fair Helen, par Priam.	
*1819.	Al.	*Verona*, par Whitwoth ou Ardrossan et Hambletonian mare	1828
1831.	Al.	*Veronaise*, par Captain Candid et Verona, par Whitworth ou Ardrossan.	
1837.	Al.	*Veronica*, par Felix (*Rainbow*) et Verona, par Whitworth ou Ardrossan.	
1851.	Al.	*Vertu* (ex-*Magnanimity*), par Nelson et Hard-Heart, par Physician.	
1859.	B.	*Vertu-Facile*, par Pedagogue et Débutante, par Pyrrhus The First.	
*1852.	Bb.	*Verulam mare* (ex-*Brown mare*), par Verulam et Revival, par Pantaloon	1855
1839.	Al.	*Verveine* (ex-*Vaxime*), par Ibrahim (*Halcby*) et Biondetta, par Rainbow.	
1846.	Al.	*Verveine*, par Napoleon et Moselle, par Château-Margaux.	
1828.	Bb.	*Vesper*, par Merlin et Venus, par Smolensko.	
1862.	B.	*Vesperine*, par Fulgur et Molokine, par Moloch.	
1840.	B.	*Vesperine*, par Lottery et Vesper, par Merlin.	
1851.	Al.	*Vest* (ex-*Lady London*), par Middlesex et Vestal (ex-*Anne*), par Cowl.	1864
*1860.	Bb.	*Vesta*, par Mr d'Ecoville et Rosabelle, par Terror ou Premium.	
1848.	Al.	*Vesuvienne*, par Gladiator et Diggory Diddle, par Velocipede.	

Année de la naissance.	Robe.		Année de l'importation.
1854.	B.	*Vexation*, par La Cloture ou Prince Caradoc et Etincelle, par Royal Oak.	
1832.	B.	*Victoire*. (Voyez *Cain mare*.)	
1846.	Bb.	*Victoire*, par Ali-Baba et Valentine, par Ibrahim (*Sultan*).	
H1839.	B.	*Victoire* (H. I. du Pin), par Napoleon et Jenny, par Whalebone.	
H1847.	Al.	*Victoria*, par Assassin et Camarine, par Camel.	
*1837.	B.	*Victoria*, par Belshazzar et Prim eMinster mare.	
*1840.	...	*Victoria*, par Elizondo et Saracen mare.	1850
1850.	Bb.	*Victoria*, par Ionian et Adele, par Tetotum.	
1861.	Bb.	*Victoria*, par Mors-aux-Dents et Emeyrina, par Sting.	
1854.	B.	*Victoria*, par Premier-Août et Impasse, par Paradox.	
1846.	B.	*Victoria*, par Royal Oak et Heloise, par Theodore.	
1838.	Bb.	*Victoria*, par Royal Oak et Kermesse, par Camel.	
1859,	Bb.	*Victoria*, par Saint-Simon et Sola, par Bolero ou Tipple Cider.	
1840.	B.	*Victoria*, par Tarrare et Harriet, par Rainbow.	
1856.	B.	*Victoria II*, par Ballinkeele et Victoria, par Belshazzar.	
1846.	B.	*Victorine*, par Beggarman et Victorine, par Napaleon.	
*1833.	Bb.	*Victorine*, par Partisan et Bustle, par Whalebone.	1834
1843.	B.	*Victorine*, par Quoniam et Regatta, par Camel.	
1852.	B.	*Victorine*, par Volcano et Colombine, par Harlequin.	
1849.	B.	*Victory*, par Copper Captain et Almée, par Mameluke.	
*1844.	B.	*Victress*, par Voltaire et Virginie, par Rowton .	1852
*1827.	B.	*Vigornia*, par Master Henry et Valve, par Bob Booty.	1831

Année de la naissance.	Robe.		Année de l'importation.
1859.	B.	*Villefranche*, par Ion et Illustration, par Gladiator.	
*1838.	B.	*Viola*, par Doctor Syntax et Miss Tree, par Merlin.	1852
1835.	B.	*Viola*, par Emilius et The Gimmer, par Filho da Puta.	
1861.	B.	*Violente*, par Sting et Strawberry Hill, par Old England.	
*1851.	B.	*Violet*, par Melbourne et Snowdrop, par Doctor Syntax.	1864
1845.	Al.	*Violetta*, par Franck et Sola, par Partisan.	
1858*	B.	*Violette*. (Voyez *Vapeur*.)	
1840.	Al.	*Violette*, par Hœmus et Fatime, par Captain Candid.	
1857.	Bb.	*Violette*, par Ion et Launcelot mare.	
1838.	B.	*Violette*, par Lottery et Miss Scott, par Waverley.	
1861.	...	*Violette*, par Sting et Jeanne, par Ethelwolf.	
1847.	B.	*Virago*, par Quoniam et Jocaste, par Deucalion.	
1860.	B.	*Virginie*, par The Cossack et Wedlock, par Sultan Junior.	
1845.	B.	*Virgule*, par Ibrahim (*Sultan*) ou Giges et Vittoria, par Milton.	
*1801.	B.	*Virtuosa*, par Precipitate et Certhia, par Woodpecker.	1820
1842.	B.	*Vision*, par Marcellus et Frantic, par Bedlamite.	
1831.	Bb.	*Vitesse*, par Tancred et Penelope, par Don Cossack.	
1823.	B.	*Vittoria*, par Milton et Geane, par Don Cossack.	
*1856.	Bb.	*Vivace*, par Voltigeur et Lucy Dashwood, par Sheet Anchor.	1862
1850.	B.	*Vivacité*, par Nelson et Philip's Dam (ex-*Catton mare*), par Catton.	
1850.	Bb.	*Vogue-la-Galère*, par Brocardo et Muff, par Velocipede.	
1858.	B.	*Voilà*, par Moustique et Mea, par Assassin ou Minster.	

Année de la naissance.	Robe.		Année de l'importation.
1847.	Al.	*Volante*, par Y. Emilius et Rosa Langar, par Langar.	
1832.	G.	*Volante*, par Rowlston et Geane, par Don Cossack.	
*1856.	Bb.	*Volatile*, par Voltigeur et Comfit, par Sweetmeat.	1863
1860.	Al.	*Volga*, par The Cossack et Illustration, par Gladiator.	
*1838.	B.	*Voltaire mare*, par Voltaire et Doubtful, par Emilius ou Comus	1845
1853.	B.	*Voltigeuse*, par Gladiator ou Ion et Ipsara, par General Mina.	
*1850.	Al.	*Voyageuse*, par Ratan et Sultan Junior mare . .	1854

W

1855.	Al.	*Wags Filly*, par Ratopolis ou Mr Wags et Martingale, par Y. Emilius.	
1846.	B.	*Wagsine*, par Mr. Wags et Zarah, par Reveller.	
*1846.	B.	*Wallflower*, par Magpie et Remnant (ex-*Routine*), par Picton	1854
1846.	B.	*Waltonia*, par Quoniam et Flora, par Partisan.	
*1824.	B.	*Wanderer mare* (ex-*Isabel*), par Wanderer et Caroline, par Whalebone.	1835
1847.	B.	*Want*, par Peter et Pamela, par Tigris.	
*1851.	Al.	*Warplot*, par Pyrrhus the First et Burletta, par Actœon.	1854
1855.	Bb.	*Waterwitch*, par Lanercost et Why not, par Tarrare.	
1853.	B.	*Wavering*, par Brocardo et Damophila, par Nautilus.	
*1826.	B.	*Waverley mare*, par Waverley et Evens, par Walton.	1835

Année de la naissance.	Robe.		Année de l'importation.
1858.	B.	*Weasel*, par Moustique et Kathleen, par Windcliffe.	
1856.	B.	*Wedding*, par Nuncio et Wedlock, par Sultan Junior.	
*1841.	B.	*Wedlock*, par Sultan Junior et Monimia, par Muley	1833
*1830.	B.	*Weeper*, par Woful et Theresa Panza, par Cervantes	1833
1850.	B.	*Well Come*, par Beggarman et Calliope, par Milton.	
1852.	Al.	*Well Come*, par Worthless et Kate Nickleby, par Paradox.	
1848.	B.	*Wench*, par Commodor Napier et Gaiety, par Abron.	
*1846.	B.	*Wet Nurse*, par Venison et Wedlock, par Sultan Junior	1854
**1829.	Bb.	*Whalebona (Gipsy)*, par Whalebone et Elfrid, par Wanderer	1834
1845.	Al.	*Whalebone mare*, par Harlequin et Baleine, par Jonas.	
*1847.	B.	*Whim*, par Voltaire et Fancy, par Osmond. . .	1852
*1852.	B.	*Whirl*, par Alarm et Distaffina, par Don John .	1860
*1837.	B.	*Whist*, par Camel et The Odd Trick, par Quiz. .	1839
1863.	B.	*Why not*, par Remus et Whim, par Voltaire.	
1844.	Bb.	*Why not*, par Tarrare et Ida, par Whalebone.	
1846.	B.	*Wieilliezka*, par Physician et Georgina, par Rainbow.	
1850.	B.	*Willow*, par Glory et Rosabelle, par Y. Emilius.	
*1822.	Al.	*Wings*, par The Flyer et Oleander, par Sir David.	1837
1844	B.	*Wirthschaft*, par Giges et Veeper, par Woful.	
**1818.	B.	*Witch*, par Sorcerer et Skyscraper mare. . .	1829
1843.	Bb.	*Wit's End*, par Venison et Victoria, par Tramp.	1853
*1814.	Al.	*Wizardess*, par Wizard et Sigismunda, par Buzzard	1827
1858.	Al.	*Wolfina*, par Ethelwolf et Harlequine, par The Scavenger.	
1819.	Al.	*Woodbine*, par Walton et Selima, par Selim. . .	1838

Année de la naissance.	Robe.		Année de l'importation
1835.	G.	*Woodnymph*, par Rowlston et Crystal, par Triumvir,	
**1826.	B.	*Worry*, par Woful et Sal, par Scud	1833
1856.	B.	*Worthy*, par Brocardo et Viola, par Doctor Syntax.	
*1844.	N.	*Wren*, par Irish Birdcatcher et Zillah, par Blacklock	1850
1846.	Al.	*Wyla*, par Giges et Leopoldine, par Hedley.	

X

1847.	B.	*Xantippe*, par Y. Emilius et Georgina, par Rainbow.	
**1826.	Al.	*Xarifa*, par Moses et Rubens mare	1837
1847.	B.	*Xarifa*, par Quoniam et Rosabelle, par Terror ou Premium.	
1851.	Bb.	*Xenia*, par Glory et Suzette, par Y. Emilius.	
1847.	B.	*Xenodice*, par Commodor Napier et Luna, par Napoleon.	

Y

1855.	B.	*Yelva*, par Commodor Napier et Lilia, par Harlequin.	
1848.	B.	*Yelva*, par Gladiator et Georgina, par Rainbow.	
1848.	B.	*Ymone*, par Gladiator et Deception, par Royal Oak.	
1849.	B.	*Yole*, par Ionian et Sylvandire, par Terror.	
*1845.	B.	*Yorkshire Lass*, par Jereed et Cadland (issue de *Widgeon*), par Whisker	1859

Z

Année de la naissance.	Robe.		Année de l'importation.
1832.	B.	*Zaida*, par Tigris et Arab, par Woful.	
1844.	B.	*Zamire*, par Skirmisher et Zora, par Catton.	
H1843.	B.	*Zantia* (H. I. du Pin), par Physician ou Alteruter et Parasolina, par Tiresias.	
*1835.	B.	*Zarah*, par Reveller et Rubens mare (sœur de *Wouvermens*), par Rubens.	1838
1853.	Al.	*Zelia*, par Brocardo et Pointe-à-Pitre, par Ali-Baba.	
1849.	B.	*Zerline*, par Gladiator et Deception (ex-*Oudine*), par Royal Oak.	
*1853.	Bb.	*Zeta* (ex-*Maid of Bolton*), par Van Tromp et Maid of Newton, par Sir John.	1860
1832.	...	*Zetulbé*, par Rowlston et Penelope, par Don Cossack.	
1838.	Bb.	*Zibeline*, par Actœon et Y. Mouse, par Godolphin.	
1860.	B.	*Zibeline*, par The Cossack et Cingara, par Sir Isaac.	
1849.	B.	*Zilla*, par Mr d'Ecoville et Sarah, par Terror.	
1841.	B.	*Zille*, par Friedland et Bellone, par Sober Robin.	
1856.	Bb.	*Zingara*, par Malton et Gipsy, par Sir Hercules.	
*1831.	B.	*Zitella*, par Reveller et Eveus, par Walton. . .	1836
1850.	B.	*Zizanie*, par Brocardo et Jane, par Deucalion.	
1860.	B.	*Zodine*, par Sting et Rivale, par Garry Owen.	
1858.	Bb.	*Zoemon*, par Voltigeur et Zeta (ex-*Maid of Bolton*), par Van Tromp.	
H1836.	B.	*Zoloé* (H. I. de Rosières), par General Mina et Henrica, par Woful.	
*1832.	B.	*Zora*, par Catton et Trotinda, par William son's Ditto.	1840
1849.	Al.	*Zora*, par Mr d'Ecoville et Miriam, par Harlequin.	

Année de la naissance.	Robe.		Année de l'importation.
1848.	B.	*Zuleika*, par Pagan et Lauretta, par Doctor Faustus.	
1837.	B.	*Zulema*. (Voyez *Zulima*.)	
1837.	B.	*Zulima* (ex-*Zulema*), par Colwick et Miss Scott, par Waverley.	
1844.	B.	*Zullah*, par Ibrahim (*Sultan*) et Monime, par Ibrahim (*Sultan*).	
1850.	Al.	*Zulma*, par Brocardo et Pretendante, par Fra Diavolo.	
1856.	B.	*Zulma*, par Ionian et Opale, par Terror ou Quoniam.	
1851.	Bb.	*Zulmé*, par Brocardo ou Mr d'Ecoville et Tanais, par Terror.	
1855.	B.	*Zut*, par Ion et Mariquita, par Physician.	
1839.	B.	*Zydia* (ex-*Lydia*), par Premium et Vigornia, par Master Henry.	

ÉTALONS ANGLO-ARABES.

A

Année de la naissance.	Robe.	
1843.	Al.	*Abdel.* (Voyez *Piedestal.*)
1852.	Al.	*Abd-el-Kader*, par Hamdani blanc, arabe et Saddler mare.
1853.	Al.	*Abd-el-Kader*, par Schamyl et Zeilah, de race mascate.
H1853.	Al.	*Addisson*, (H. I. de Pompadour), par Brocardo et Leana, par Massoud, arabe
1850.	Bb.	*Adim*, par Karchane, arabe, et Girfah, par Antar arabe; sa g. m. Philomele, par Adeban, arabe; sa g. g. m. Hirondelle, par Gohanna.
H1853.	B	*Adjudant* (H. I. de Pompadour), par Xenocrate, anglo-arabe et Dinarzade, par Massoud, arabe.
1850.	Al.	*Aga*, par Renonce et Zillah, par General Mina; sa g. m. Egilfé, arabe.
1848.	B.	*Akaf*, par Frivole, Anglo-arabe, et Melina, par Frigian, arabe.
1839.	G.	*Akaliba*, par Javan et Philomèle, par Adeban, arabe; sa g. m. Hirondelle, par Gohanna.
1853.	B.	*Alerte*, par Brocardo et Belle-Poule, par Napoleon; sa g. m. Bernice par Eastham; sa g. g.-m. Danaë, par Massoud, arabe.

Année de la naissance.	Robe.	
1857.	Al.	*Ali*, par Collingwood et Amine, par Brocardo ; sa g. m. Marie de Brabant, par Koheil Obayan Sederei, arabe.
1822.	B.	*Ali-Pacha*, par Truffle et Gentille, arabe.
H1853.	B.	*Amato*, (H. I. du Pin), par Pickpocket et Mignonne, par Massoud, arabe.
H1853.	B.	*Anacréon* (H. I. de Pompadour), par Xenocrate, anglo-arabe, et Medicis, par Hussein, arabe.
H1853.	B.	*Annibal* (H. I. de Pompadour), par Hamdani blanc, arabe, et Césarine (ex-*Mansoura*), par Napoleon.
1831.	G.	*Antar* (*Young*), par Antar, arabe, et Tigresse, par Tigris.
1842.	B.	*Antar* (*Young*). (Voyez *Préféré*.)
H1832.	B.	*Antithese* (H. I. du Pin), par Napoleon et Delphine, par Massoud, arabe.
H1852.	Bb.	*Arc-en-Ciel* ((H. I. de Pompadour), par Brocardo et Iris, par Napoleon, sa g. m. Dine, par Eastam; sa g.g. m. Cloris, par Aslan, turc.
H1848.	B.	*Arion* (H. I. du Pin), par Royal Oak et Agar, par Eastham ; sa g. m. Danaë, par Massoud, arabe.
H1853,	B.	*Arnac* (H. I. de Pompadour), par Brocardo et Didon, par Terror ; sa g. m. Cybèle, par Tigris ; sa g. g. m. Cloris, par Aslan turc.
H1832.	Bb.	*Arrogant* (H. I. du P.n), par Tigris et Nichab, arabe.
H1853.	B.	*Attorney* (H. I. de Pompadour), par Brocardo et Mallzia, par Hussein, arabe; sa g. m. Althea, par Paradox; sa g. g. m. Dine, par Eastham ; sa g. g. g. m. Cloris, par Aslan, turc.
H1853..	Al.	*Aviso* (H. I. de Pompadour), par Xenocrate, anglo-arabe, et Nymphæa, par Ben Massoud, arabe.

B

H1854.	B.	*Baba* (H. I. de Pompadour), par Commodor Napier et Mercedes, par Hussein, arabe; sa g. m. Fortification, par Eylau, anglo-arabe.

Année de la naissance.	Robe.	
1846.	B.	*Baboul*, par Ali-Baba et Y Melcha, par Tartare; sa g. m. Melcha, arabe.
H1854.	B.	*Backgammon* (H. I. de Pompadour), par Prince Caradoc et Pauletta, par Prospero; sa g. m. Kalonga, par Napoleon; sa g. g. m. Follette, par Eastham; sa g. g. g. m. Delphine, par Massoud, arabe.
1848.	G.	*Bagdad*, par Frigian, arabe, et Mignonne, par Massoud, arabe; sa g. m. Cloris, par Aslan, turc; sa g. g. m. Comus mare, par Comus.
H1854.	B.	*Baladin* (H. I. de Pompadour), par Commodor Napier et Nymphæa, par Ben Massoud, arabe.
1848.	B.	*Balthazar*, par Royal Oak et Amenaide, par Napoleon; sa g. m. Agar, par Eastham; sa g. g. m. Danaë, par Massoud, arabe.
H1839.	G.	*Bayard* (H. I. du Pin), par Napoleon et Mignonne, par Massoud, arabe; sa g. m. Cloris, par Aslan, turc.
1855.	Al.	*Bechir (Young)*, par Bechir, arabe et Flore, par Kouleli, arabe, ou Ali-Baba.
1834.	G.	*Bedouin* (ex-*Oiseau*), par Bedouin, arabe, et Hirondelle, par Haleby, arabe, sa g. m. Witch, par Sorcerer.
H1854.	G.	*Begone* (H. I. de Pompadour), par Bagdadli, arabe et Althea, par Paradox; sa g. m. Dine, par Eastham; sa g. g. m. Cloris, par Aslan, turc.
H1841.	B.	*Ben-Agar* (H. I. du Pin), par Lottery et Agar, par Eastham; sa g. m. Danaë, par Massoud, arabe.
1843.	G.	*Ben-Frigian* (ex-Y. *Frigian*), par Frigian, arabe, et Mignonne, par Massoud, arabe.
H1842.	B.	*Ben-Massoud* (H. I. du Pin), par Massoud, arabe, et Miss Ann, par Figaro.
1850.	Bb.	*Beyrouth*, par Commodor Napier et Hœma, par Hœmus; sa g. m. Delphine, par Massoud, arabe.
H1831.	G.	*Bienvenu* (H. I. du Pin), par Tigris et Nichab, arabe.
H1837.	B.	*Bilboquet* (H. I. du Pin), par Pickpocket et Danaë, par Massoud, arabe.
H1854.	Al.	*Bind* (H. I. de Pompadour), par Prince Caradoc et Molina, par Koheil Obayan Sederei, arabe.

Année de la naissance.	Robe	
—	—	
H1832.	Al.	*Blunder* (H. I. de Rosière), par General Mina et Zoraide, par Aslan, turc.
1851.	B.	*Braconnier*, par Balthazar, anglo-arabe, et Amie, par Beggarman.
H1844.	Al.	*Bravo* (H. I. du Pin), par Y Emilius et Agar, par Eastham; sa g. m. Danaë, par Massoud, arabe.
1845.	B.	*Brienne*, par Eylau, anglo-arabe, et Citron, par Centaur.
H1840.	Al.	*Brilla d'Oro* (H I. du Pin), par Mameluke et Danaë, par Massoud, arabe.
H1852.	B.	*Brin de Jonc* (H. I. du Pin), par Brocardo et Dinarzade, par Massoude, arabe.
H1852.	B.	*Brocard* (H. I. de Pompadour), par Brocardo et Malzzia, par Hussein, arabe.
1853.	B.	*Brocard*, par Brocardo et Lac-Dye, par Numide, arabe; sa g. m. Candour Amdam, arabe.

C.

1850.	G.	*Cadi*, par Renonce et Andaë, par Koheil Hamdani, arabe; sa g. m. Zillah, par General Mina.
H1825.	G.	*Calif* (H. I. du Pin), par D. I. O. et Nichab, arabe.
1856.	B.	*Calipsau*, par Garry Owen et Felicie, par Fitz Emilius, sa g. m. Circé, par Dangerous; sa g. g. m. Vesta, par Mustachio; sa g. g. g. m. Danaë, par Massoud, arabe.
1853.	G.	*Caliste*, par Hamdani blanc, arabe; sa g. m. Melina, par Frigian, arabe; sa g. g. m. Massoudé, par Barelegs.
H1830.	B.	*Cardigan* (H. I. de Rosières), par General Mina et Zoraime, par Aslan, turc.
1853.	G.	*Carillon*, par Hamdani blanc, arabe, et Nehalé, par Hussein, arabe; sa g. m. Brésilia, par Napoleon.
H1839.	B.	*Carlin* (H. I. du Pin), par Napoleon ou Dangerous et Carline, par Holbein; sa g. m. Zoraime, par Aslan, turc.

Année de la naissance. — Robe. —

H1835. B. *Carlino* (H. I. de Rosières), par Belmont et Carline, par Holbein; sa g. m. Zoraime, par Aslan, turc.

H1833. G. *Carthago* (H. I. de Rosières), par Impetueux, arabe, et Carline, par Holbein.

1851. Al. *Challenger*, par Hamdani blanc, arabe; et Fair Helen, par Priam.

1828. B. *Chamois* (H. I. du Pin), par Eastham et Hirondelle, par Alebi, arabe.

1853. Al. *Cherif*, par Schamyl et Mascate, de race mascate.

1843. Al. *Christal* (ex-*Abdel*), par Foscarini et Meleha, par Berk, arabe; s. g. m. Asfoura, arabe.

1851. B. *Clown*, par Commodor Napier et Hœma, par Hœmus; sa g. m. Delphine, par Massoud, arabe.

1851. G. *Clytus*, par Karchane, arabe, et Quinteuse, par Caravan.

H1855. G. *Cobad* (H. I. de Pompadour), par Xenocrate, anglo-arabe, et Samhâh, arabe.

H1824. B. *Coradin* (H. I. de Rosières), par Bedouin, arabe, et Vandyke Junior mare.

H1836. B. *Coriolan* (H. I. de Pin), par Captain Candid et Cloris, par Aslan, turc; sa g. m. Comus mare.

H1834. Al. *Cromwell* (H. I. du Pin), par Captain Candid et Vesta, par Mustachio; sa g. m. Danaë, par Massoud, arabe.

H1855. B. *Cumul* (H. I. de Pompadour), par Commodor Napier ou Prince Caradoc et Dinarzade, par Massoud, arabe.

D

H1856. Bb. *Dactyle* (H. I. de Pompadour), par Malton et Jactance, par Massoud, arabe.

H1856. B. *Dandy* (H. I. de Pompadour), par Xenocrate, anglo-arabe, et Quarantaine, par Brocardo.

H1856. Bb. *Danseur* (H. I. de Pompadour), par Commodor Napier et Nymphæa, par Ben Massoud, anglo-arabe.

Année de la naissance. — Robe. —

H1852. Bb. *Dantès* (H. I. de Pompadour), par Kohel, anglo-arabe, et Medicis, par Hussein, arabe; sa g. m. Fortification, par Eylau, anglo-arabe.

H1856. B. *Dauntless* (H. I. de Pompadour), par Commodor Napier et Iris, par Napoleon; sa g. m. Dine, par Eastham; sa g. g. m. Cloris, par Aslan, turc.

H1856. Al. *Delos* (H. I. de Pompadour), par Xenocrate, anglo-arabe, et Kebira, arabe.

H1856. G. *Delta* (H. I. de Pompadour), par Romaguesi, anglo-arabe, et Marquise de Pompadour, arabe, par Hussein, arabe.

1855. Al. *Dema*, par Sherif, arabe, et Dahra, par Frigian, arabe; sa g. m. Mignonne, par Massoud, arabe.

H1852. B. *Democrate* (H. I. de Pompadour), par Xenocrate, anglo-arabe, et Mnaceb, arabe.

H1825. B. *Derviche* (H. I. du Pin), par Massoud, arabe, et Selim mare.

1854. G. *Diamant*, par Prince Caradoc et Opale, par Hussein, arabe.

H1856. B. *Dias* (H. I. de Pompadour), par Commodor Napier et Quadrille, par Brocardo; sa g. m. Iris, par Napoleon; sa g. g. m. Dine, par Eastham; sa g. g. g. m. Cloris, par Aslan, turc.

H1853. B. *Diego* (H. I. de Pompadour), par Commodor Napier et Mauriette, par Hussein, arabe.

H1853. Al. *Dies Iaer*, par [illegible] et [illegible], par Abou Arkoub, arabe; sa g. m. Mignonne, par Massoud, arabe.

H1833. B. *Don Quichotte* (H. I. du Pin), par Sylvio et Moina, par Tigris; sa g. m. Nichab, arabe.

H1856. Al. *Donzenac* (H. I. de Pompadour), par Commodor Napier et Malzia, par Hussein, arabe.

E

1848. Al. *Eclipse* (ex-*Xyste*), par Romaguesi, anglo-arabe, et Gourbette, par Abou Arkoub, arabe.

Année de la naissance.	Robe	
1844.	B.	*Edgar*, par Bizarre et Circé, par Dangerous; sa g. m. Vesta, par Mustachio; sa g. g. m. Danaë, par Massoud, arabe.
H1847.	Bb.	*Edouard* (H. I. du Pin), par Royal Oak et Agar, par Eastham; sa g. m. Danaë, par Massoud, arabe.
H1851.	B.	*El Kebir* (H. I. de Pompadour), par Kohel, anglo-arabe, et Kebira, arabe.
H1828.	B.	*Emile* (H. I. du Pin), par Captain Candid et Delphine, par Massoud, arabe; sa g. m. Selim mare.
H1838.	B.	*Emilio* (H. I. du Pin), par Y. Emilius et Delphine, par Massoud, arabe.
H1851.	G.	*Emir* (H. I. de Pompadour), par Bagdadli, arabe, et Leana, par Massoud, arabe; sa g. m. Chanoinesse, par Napoleon.
H1819.	Al.	*Eprouvé* (H. I. du Pin), par Eastham et Hirondelle, par Haleby, arabe.
H1845.	Al.	*Eremos* (H. I. du Pin), par Y. Emilius et Agar, par Eastham; sa g. m. Danaë, par Massoud, arabe.
H1857.	B.	*Eridan*, par Commodor Napier et Iris, par Napoleon; sa g. m. Dine, par Eastham; sa g. g. m. Cloris, par Aslan, turc.
H1857.	B.	*Espagnac*, par Commodor Napier et Benedicta, par Romagnesi, anglo-arabe.
H1832.	B.	*Espérance* (H. I. du Pin), par Tigris et Delphine, par Massoud, arabe.
H1857.	B.	*Evenement* (H. I. de Pompadour), par Hussein, arabe, et Medicis, par Hussein, arabe; sa g. m. Césarine (ex-*Mansoura*), par Napoleon.
1852.	B.	*Express*, par Hamdani blanc, arabe, et Fair Helen, par Priam.
H1835.	B.	*Eylau* (H. I. du Pin), par Napoleon et Delphine, par Massoud, arabe.

F

H1851.	G.	*Fakar-el-din* (H. I. de Pompadour), par Bagdadli, arabe, et Betzy, par Napoleon.

Année de la naissance.	Robe.	
H1851.	B.	*Firman* (H. I. de Pompadour), par Kohel, anglo-arabe, et Dinarzade, par Massoud, arabe.
1860.	Al.	*Fleur-des-pois*, par Gringalet et Schammare, arabe.
1858.	Al.	*Flibustier*, par Nuncio et Aurelie, par Brocardo; sa g. m. Agar, par Eastham; sa g. g. m. Danaë, par Massoud, arabe.
H1858.	B.	*Flic-Flac*, par Commodor Napier et Nymphœa, par Massoud, arabe; sa g. m. Didon, par Terror; sa g. g. m. Cybele, par Tigris; sa g. g. g. m. Cloris, par Arlan, turc, fille de Comus mare.
H1831.	B.	*Fortuné* (H. I. du Pin), par Eastham et Delphine, par Massoud, arabe.
1847.	B.	*Fridolin*, par Emilio, anglo-arabe, et Zillah, par General Mina.
1843.	G.	*Frigian* (*Young*). (Voyez *Ben-Frigian*.)
H1828.	G.	*Frivole* (H. I. du Pin), par Tigris et Nichab, arabe.

G

H1859.	B.	*Galimatias* (H. I. de Pompadour), par Commodor Napier et Nazareth, arabe.
H1859.	B.	*Gargantua* (H. I. de Pompadour), par Commodor Napier et Benedicta, par Romagnesi, anglo-arabe.
H1839.	Al.	*Gaspardo* (H. I. du Pin), par Dangerous et Renette, par General Mina; sa g. m. Zoraïme, par Aslan, turc.
1848.	...	*Gélos*, par Ali-Baba et Celina, par Foscarini; sa g. m. Meleha, arabe.
H1859.	B.	*Geraldy* (ex-*Gobseck*, ex-*General Giulay*) (H. I. de Pompadour), par Commodor Napier et Leana, par Massoud, arabe.
H1859.	B.	*Gerbert* (H. I. de Pompadour), par Commodor Napier et Mercedes, par Hussein, arabe.
1845.	B.	*Gustave*, par Eylau, anglo-arabe, et Ketty, par Tramp.

H

Année de la naissance.	Robe.	
H1834.	B.	*Hableur* (H. I. de Pompadour), par Belmont et Validé, par Raz-el-Fedawe, arabe.
H1825.	G.	*Haly* (H. I. du Pin), par Eastham et Nichab, arabe.
H1834.	Al.	*Hemon* (H. I. de Pompadour), par Premium et Java, arabe.
1847.	B.	*Hirund,* par Kohel, anglo-arabe, et Eglantine, par Dangerous.

I

H1840.	Bb.	*Imbroglio* (H. I. du Pin), par Paradox et Agar, par Eastham; sa g. m. Danaë, par Massoud, arabe.
H1851.	B.	*Infant* (H. I. de Pompadour), par Kohel, anglo-arabe, et Isabelle, par Harlequin.
1857.	B.	*Isis,* par Papillon et Alice, par Ali-Baba, sa g. m. Melina, par Frigian, arabe.
1842.	B.	*Ismael,* par Y. Emilius et Galatée, par Massoud, arabe.
1855.	B.	*Ismael,* par Lodin et Aveyronaise, par Hableur, arabe.
1850.	Al.	*Iter Emilius,* par Fitz Emilius et Héra, par Massoud, arabe.

J

H1831.	Al.	*Javelot* (H. I. de Rosières), par General Mina et Java, ar.
1851.	B.	*Jobard,* par Kouleli, arabe, et Y. Melcha, par Tartare; sa g. m. Melcha, arabe.

Année de la naissance.	Robe	
—	—	
n1852.	B.	*Jourdain* (H. I. de Pompadour), par Kohel, anglo-arabe, et Nazareth, arabe.
n1843.	B.	*Jumeau*, par Terror ou Eylau, an.-ar., et Lilly, par Partisan.

K

n1851.	Ro.	*Kaled* (H. I. de Pompadour), par Hussein, arabe, et Molina, par Kobeil Obayan Sederci, arabe; sa g. m. Dine, par Eastham.
1854.	B.	*Kedzer*, par Durzi, arabe, et Nina, par Chaban, arabe. sa g. m. Ninette par Pickpocket.
n1836.	B.	*Kergariou* (H. I. de Pompadour), par Napoleon et Cybele, par Tigris; sa g. m. Cloris, par Aslan, turc.
1850.	B.	*Kohel* (*Young*) (ex-Y), par Kohel, anglo-arabe, et Tanais, par Terror.
1837.	Bb.	*Kohel*, par Napoleon et Biche, par Eastham; sa g. m. Galatée, par Massoud, arabe.
1839.	B.	*Kremlin* (H. I. du Pin), par Napoleon et Danaë, par Massoud, arabe.

L

1851.	B.	*Lamatrassière*, par Eylau, anglo-arabe, et Rosita, par Abou-Arkoub, arabe, par Hercule (*Rainbow*).
1853.	B.	*Lancy*, par Ulric et Mirza, par Turkman, turc; sa g. m. Ketmie, par Mezaroum, arabe; sa g. g. m. Gourbette; sa g. g. g. Zillah, par General Mina.
1848.	B.	*Leo*, par Royal Oak ou Governor et Zicka, par Napoleon; sa g. m. Galatée, par Massoud, arabe.

Année de la naissance.	Robe.	
—	—	
1853.	B.	*Lightbeam*, par Xenocrate, anglo-arabe, et Echo, par Royal Oak.
1836.	G.	*Lionceau*, par Deucalion et Philomele, par Adebau, arabe.
н1841.	Al.	*Luscoque* (H. I. de Rosières), par Nasser, arabe, et Pomponia, par Doge of Venice.
н1834.	B.	*Luxor* (H. I. de Rosières), par Imperieux, arabe, et Esly, par Holbein.

M

1849.	B.	*Mahi-Eddin*, par Kohel, anglo-arabe, et Garba, arabe, par Bedouin, arabe.
1853.	G.	*Mak*, par Bagdadli, arabe, et Juventa, par Massoud, arabe; sa g. m. Dine, par Eastham.
н1838.	B.	*Marck-Antoine* (H. I. du Pin), par Mameluke et Cléopatre, par Captain Candid; sa g. m. Danaë, par Massoud, arabe.
1848.	B.	*Mardain*, par Slane et Misere, par Dangerous; sa g. m. Galatée, par Massoud, arabe.
н1835.	Al.	*Marengo* (H. I. du Pin), par Napoleon et Cloris, par Aslan, turc.
н1838.	B.	*Marmion* (H. I. du Pin), par Mameluke et Danaë, par Massoud, arabe.
1850.	G.	*Mars*, par Hamdani blanc, arabe, et Quiz, par Hercule (*Rainbow*).
н1842.	Al.	*Mascarille* (H. I. de Rosières), par General Mina et Mascara, par Premium; sa g. m. Pomponia, par Doge of Venice; sa g. g. m. Egilfé, arabe.
н1832.	B.	*Massoud (Young)* (H. I. du Pin), par Massoud, arabe, et Cloris, par Aslan, turc; sa g. m. Cormus, mare.
н1851.	Bb.	*Maurice* (H. I. de Pompadour), par Kohel, anglo-arabe, et Mauricette, par Hussein, arabe.

Année de la naissance.	Robe.	
1840.	B.	*Maximilien*, par Dangerous et Anne de Bretagne, par The Moor; sa g. m. Hirondelle, par Haleby, arabe.
1851.	B.	*Memphis*, par Rajah, arabe, et Skirmish (ex-*Skirmishere*), par Skirmisher.
H1838.	B.	*Mentor* (H. I. de Pompadour), par Sylvio et Moina, par Tigris; sa g. m. Nichab, arabe.
H1841.	B.	*Micromegas* (H. I. du Pin), par Sylvio et Dine, par Eastham; sa g. m. Cloris, par Aslan, turc.
1851.	Al.	*Mohammed*, par Rajah, arabe, et Medea, par Chatterton; sa g. m. Aouda, barbe.
1848.	B.	*Moka*, par Frivole, anglo-arabe, et Medine, par Frigian, arabe; sa g. m. Mignonne, par Massoud, arabe; sa g. g. m. Cloris, par Aslan, turc; sa g. g. g. m. Comus mare.
1853.	B.	*Mont-de-Marsan*, par Brocardo et Nemée, par Hussein, arabe.
H1837.	Al.	*Montmirail* (H. I. du Pin), par Napoleon et Cloris, par Aslan.
1861.	B.	*Morok (Young)*, par Morok et Misere, par Bagdadli, arabe.

N

H1839.	B.	*Neptune* (H. I. de Pompadour), par Massoud, arabe, et Luna, par The Flyer.
1839.	B.	*Nerveux*, par Frigian, arabe, et Massoudé, par Barelegs; sa g. m. Asfoura, arabe.
1845.	Al.	*Nerveux*, par The Prime Warden et Aveyronaise, par Hableur, arabe.

O

Année de la naissance.	Robe.	
1834.	B.	*Oiseau*. (Voyez *Bedouin*.)
1854.	Bb.	*Omer-Pacha*, par Sting et Medeah, par Chatterton; sa g. m. Aouda, arabe.
n1840.	B.	*Onyx* (H. I. de Pompadour), par Abou-Arkoub, arabe, et Luna, par The Flyer.
1840.	B.	*Orient* (H. I. de Pompadour), par Mansouraha, rabe, et Moina, par Tigris.

P

1846.	G.	*Pacha*, par Ibrahim II, arabe, et Melina, par Frigian, arabe; sa g. m. Massoudé, par Barelegs.
1846.	G.	*Palagram*, par Hamdani, blanc arabe, et Kasba, par Deucalion.
n1827.	N.	*Pan* (H. I. du Pin), par Eastham et Nichab, arabe.
1850.	G.	*Pantin*, par Koheil Hamdani, arabe, et Juliette, par Mustachio; sa g. m. Poozy, par Partisan, anglo-arabe.
n1833.	Al.	*Partisan* (H. I. du Pin), par Massoud, arabe, et Parasolina, par Tiresias.
1851.	G.	*Pasquin*, par Agib, arabe, et Y. Pásquinade, par Paradox.
n1841.	B.	*Parroel* (H. I. de Pompadour), par Massoud, arabe, et Zilia, par General Mina.
1823.	B.	*Pegasus*, par Tiresias et Saffi, par un fils de Dick Andrews qui sortait de la poulinière barbe de lord Lowter.
1812.	B.	*Pré[illegible]l* (ex-*Y. Antar*), par Antar, arabe, et Zillah, par General Mina.
1855.	B.	*Prince du Prado* (ex-*Stephan*), par Sting et Juventa, par Massoud, arabe.

Année de la naissance.	Robe.	
—	—	
H1838.	Al.	*Problème* (H. I. du Pin), par Paradox et Dine, par Eastham ; sa g. m. Cloris, par Aslan turc.

Q

H1842.	B.	*Quaker* (H. I. de Pompadour), par Napoleon et Follette, par Eastham ; sa g. m. Delphine, par Massoud, arabe.
1836.	B	*Quine*, par Lottery et Galatée, par Massoud, arabe.

R

1855.	G.	*Régent*, par Sherif, arabe, et Topaze, par Skirmisher.
1836.	Bb.	*Richard*, par Fortuné, anglo-arabe, et Don Cossack mare.
H1843.	B.	*Riego* (H. I. de Pompadour), par Mesrur, arabe, et Dulcinée, par Eastham ; sa g. m. Danaë, par Massoud, arabe.
1855.	Ro.	*Ringlet*, par Tibi, anglo-arabe, et Alifri, par Ali-Baba.
H1843.	B.	*Rio-Janeiro* (H. I. de Pompadour), par Massoud, arabe, et Betzy, par Napoleon.
1843.	B.	*Robinson*, par Napoleon et Biche, par Eastham ; sa g. m. Galatée, par Massoud, arabe.
1853.	G.	*Robur*, par Kerbela, arabe, et Sara, par Kouleli, arabe ; sa g. m. Medine (ex-*Linda*), par Frigian, arabe ; sa g. g. m. Mignonne, par Massoud, arabe ; sa g. g. g. m. Cloris, par Aslan, turc, fille de Comus mare.
H1851.	B.	*Roi de Chypre* (H. I. de Pompadour), par Eylau, anglo-arabe, et Reine de Chypre, par Eylau, anglo-arabe ; sa g. m. Agar, par Eastham ; sa g. g. m. Danaë, par Massoud, arabe.

Année de la naissance.	Robe.	
H1843.	B.	*Romagnesi* (H. I. de Pompadour), par Massoud, arabe, et Didon, par Terror; sa g. m. Cybele, par Tigris; sa g. g. m. Cloris, par Aslan, turc; sa g. g. g. m. Comus mare, par Comus.
1860.	B.	*Rubens* (ex-*José*), par Ali-Baba et Mascate, par Ibrahim II, arabe.

S

1841.	G.	*Schami*, par Franck et Girfah, par Antar, arabe; sa g. m. Philomele, par Adeban, arabe; sa g. g. m. Hirondelle, par Gohanna.
1845.	G.	*Selim*, par Durzi, arabe, et Ada, par Captain Candid.
H1844.	Al.	*Sghir ben Abdel* (H. I. de Pompadour), par Massoud, arabe, et Althea, par Paradox.
H1844.	B.	*Sigg* (H. I. de Pompadour), par Massoud, arabe, et Dulcinée, par Eastham.
1858.	B.	*Sir*, par Ali-Baba et Mirza, par Tartare; sa g. m. Meleha, par Berk, arabe.
H1844.	Al.	*Sloop* (H. I. de Pompadour), par Terror et Lœtitia, par Napoleon, sa g. m. Delphine, par Massoud, arabe.
H1844.	B.	*Smoull* (H, I. de Pompadour), par Massoud, arabe, et Follette, par Eastham.
1855.	B	*Stephan*. (Voyez *Prince du Prado*.)
1845.	B.	*Sylphe*, par Karchane, arabe, et Bergere, par Eastham.

T

1846.	Al.	*Tahir*, par Dhamani, arabe, et Error, par Napoleon ou Harlequin.

Année de la naissance.	Robe.	
H1845.	Al.	*Tanger* (H. I. de Pompadour), par Turkman et Venezia, par Belmont.
1857.	B.	*Taurus*, par Ali-Baba et Regina, par Skirmisher; sa g. m. Mignonne, par Massoud, arabe.
H1835.	G.	*T. Ben Turkman* (H. I. de Pompadour), par Turkman, turc, et Didon, par Terror; sa g. m. Cybele, par Tigris; sa g. g. m. Cloris, par Aslan, turc.
1858.	Al.	*Termuti*, par Ethelwolf et Felicie, par Fitz Emilius; sa g. m. Circé, par Dangerous; sa g. g. m. Vesta, par Mustachio; sa g. g. g. m. Danaë, par Massoud, arabe.
H1838.	Al.	*Terne* (ex-*Triste-à-Patte*), (H. I. du Pin) par General Mina et Carline, par Holbein; sa g. m. Zoraïm, par Aslan, turc.
1853.	B.	*Terror*, par Garry Owen et Fauvette, par Quine, anglo-arabe.
1858.	Al.	*Teutates*, par Collingwood et Flicca, par Paradox; sa g. m. Dine, par Eastham; sa g. g. m. Cloris, par Aslan, turc.
1844.	B.	*Tibi*, par Eylau, anglo-arabe, et Sylvie, par Sylvio.
H1845.	B.	*Tiburce* (H. I. de Pompadour), par Turkman, turc, et Betzy, par Napoleon.
H1830.	Al.	*Tigris* (*Young*) (H. I. du Pin), par Tigris et Cloris, par Aslan, turc.
1857.	B	*Titano*, par Morok et Briseis, par Rajah, arabe; sa g. m. Andaë, par Koheil Hamdani Arbi, arabe; sa g. g. m. Zillah, par General Mina.
H1839.	Al.	*Titus* (H. I. du Pin), par Dangerous et Berenice, par Eastham; sa g. m. Danaë, par Massoud.
H1838.	B.	*Tivoli* (H. I. du Pin), par Hœmus et Follette, par Eastham; sa g. m. Delphine, par Massoud, arabe.
1846.	G.	*Tripolien*, par Karchane, arabe, et Thalie, par Tigris; sa g. m. Deer, par Vandyke Junior.
1838.	Al.	*Triste-à-Patte*. (Voyez *Terne*.)
1846.	G.	*Triton*, par Karchane, arabe, et Lovely, par Harlequin.

Année de naissance.	Robe.	
H1845.	B.	*Tu Autem* (H. I. de Pompadour), par Numide, arabe, et Hœma, par Hœmus, sa g. m. Delphine, par Massoud, arabe; sa g. g. m. Selim mare.

U

H1846.	B.	*Uhland* (H. I. de Pompadour), par Koheil Obayan Sederci, arabe, et Kalouga, par Napoleon.
H1846.	Al.	*Ulloa* (H. I. de Pompadour), par Hussein, arabe, et Didon, par Terror; sa g. m. Cybele, par Tigris.
1847.	Ro.	*Usson*, par Karchane, arabe, et Felicia, par Rainbow; sa g. m. Wizardess, par Wizard.
H1846.	Al.	*Utetur* (H. I. de Pompadour), par Koheil Obayan Sederci, arabe, et Berenice, par Eastham; sa g. m. Danaë, par Massoud, arabe.

V

H1827.	B.	*Vaillant* (H. I. du Pin), par Eastham et Hirondelle, par Alebi, arabe; sa g. m. Witch, par Sorcere.
1851.	...	*Van Tromp* (ex-*Volcan*), par Volcano et Biche, par Eastham; sa g. m. Galatée, par Massoud, arabe.
H1847.	G.	*Varus* (H. I. de Pompadour), par Hussein, arabe, et Césarine (ex-*Mansoura*), par Napoleon.
H1847.	Al.	*Vasco* (H. I. de Pompadour), par Hussein, arabe, et Belle-Poule, par Napoleon.
H1847.	B.	*Vatel* (H. I. de Pompadour), par Hussein, arabe, et Iris, par Napoleon.

Année de la naissance. — Robe. —

H1847. Al. *Vauquelin* (H. I. de Pompadour), par Saoud, arabe, et Althea, par Paradox ; sa g. m. Dine, par Eastham; sa g. g. m. Cloris, par Aslan, turc.

H1847. G. *Vésuve* (H. I. de Pompadour), par Hussein, arabe, et Follette, par Eastham ; sa g. m. Delphine, par Massoud, arabe.

1851. Bb. *Volcan*. (Voyez *Van Tromp*.)

H1847. G. *Vulcain* (H. I. de Pompadour), par Hussein, arabe, et Hœma, par Hœmus ; sa g. m. Delphine, par Massoud, arabe.

X

H1848. B. *Xantippe* (H. I. de Pompadour), par Romagnesi, anglo-arabe, et Césarine (ex-*Mansoura*), par Napoléon ; sa g. m. Follette, par Eastham; sa g. g. m. Delphine, par Massoud, arabe.

H1848. B. *Xenocrate* (H. I. de Pompadour), par Rajah, arabe, et Reine-de-Chypre, par Eylau, anglo-arabe ; sa g. m. Danaë, par Massoud, arabe.

H1848. B. *Xenophane* (H. I. de Pompadour), par Romagnesi, anglo-arabe, et Danaë, par Massoud, arabe.

H1848. G. *Xeres* (H. I. de Pompadour), par Romagnesi, anglo-arabe, et Candour Amdam, arabe.

H1848. G. *Xerxes* (H. I. de Pompadour), par Hussein, arabe et Heleis, par Abou-Arkoub, arabe ; sa g. m. Mignonne, par Massoud, arabe.

H1848. G. *Ximenes* (H. I. de Pompadour), par Koheil Obayan Sederci, arabe, et Lœtitia, par Napoleon ; sa g. m. Delphine, par Massoud, arabe.

1848. Al. *Xyste* (Voyez *Eclipse*.)

Y

Année de la naissance.	Robe.	
1850.	B.	*Y* (Voyez *Kohel Young*.)
H1849.	G.	*Y* (H. I. de Pompadour), par Hussein, arabe, et Herminie, par Massoud, arabe; sa g. m. Waverley mare, par Waverley.
H1849.	B.	*Yatagan* (H. I. de Pompadour), par Koheil Obayan Sedcrei, arabe; sa g. m. Isabelle, par Harlequin.
H1849.	G.	*Yellow* (H. I. de Pompadour), par Hussein, arabe, et Dine, par Eastham.
H1849.	B.	*Yorick* (H. I. de Pompadour), par Commodor Napier et Katinka, par Terror; sa g. m. Follette, par Eastham; sa g. g. m. Delphine, par Massoud, arabe.
H1849.	Bb.	*Young* (H. I. de Pompadour), par Prospero et Fortification, par Eylau, anglo-arabe.
1835.	Al.	*Youssouf*, par Bedouin, arabe, et Hirondelle, par Haleby, arabe; sa g. m. Witch, par Sorcerer.
H1849.	Al.	*Yercix* (H. I. de Pompadour), par Prospero et Iris, par Napoleon; sa g. m. Dine, par Eastham; sa g. g. m. Cloris, par Aslan, turc.
H1849.	Al.	*Yves* (H. I. de Pompadour), par Prospero et Dulcinée, par Eastham; sa g. m. Danaë, par Massoud, arabe.

Z

H1850.	G.	*Zaatcha* (H. I. de Pompadour), par Hussein, arabe, et Juventa, par Massoud, arabe; s. g. m. Dine, par Eastham.

Année de la naissance. — Robe —

H1850. B. *Zaim* (H. I. de Pompadour), par Kohel, anglo-arabe, et Herminie (ex-*Herminée*), par Massoud, arabe ; sa g. m. Warverley mare.

H1850. G. *Zani* (H. I. de Pompadour), par Hussein, arabe, et Pinarzade, par Massoud, arabe; sa g. m. Danaë, par Terror.

H1850. G. *Zenon* (H. I. de Pompadour), par Hussein, arabe, et Liesse, par Numide, arabe; sa g. m. Lœtitia, par Napoleon.

H1850. B. *Zephir* (H. I. de Pompadour), par Hussein, arabe, et Leana, par Massoud, arabe; sa g. m. Chanoinesse, par Napoleon.

H1850. Bb. *Zoile* (H. I. de Pompadour), par Mr d'Ecoville et Althea, par Paradox; sa g. m. Dine, par Eastham; sa g. g. m. Cloris, par Aslan, turc.

H1825. Al. *Zopire* (H. I. de Rosières), par Bedouin, arabe, et Caprice, par Walton.

POULINIÈRES ANGLO-ARABES.

A

Année de la naissance.	Robe.	
1855.	Bb.	*Abeille,* par Sting et Guepe, par Worthless; sa g. m. Fauvette, par Quine, an.-ar.
1836.	B.	*Abigail,* par Dominechino et Moustache, par Shaklawie-Amdam, arabe.
1852.	Al.	*Adda,* par Tippo Saëb, arabe, et Sylvia, par Koheil Hamdani, arbi-arabe; sa g. m. Pimperinette, par Sylvio.
1853.	B.	*Adelie,* par Neres, an.-ar., et Fatima, par Mansourah, arabe.
1856.	B.	*Adelphine,* par Garry Owen et Fauvette, par Quine, an.-arabe.
1850.	Al	*Aga,* par Renonce et Zillah, par General Mina; sa g. m. Egilfé, arabe.
H1831.	Al.	*Agar* (H. I. du Pin), par Eastham et Danaë, par Massoud, arabe; sa g. m. Dine, par Vaudyke Junior.
1840.	B.	*Aicha,* par Napoleon et Biche, par Eastham; sa g. m. Galatée, par Massoud, arabe.
1862.	Al.	*Ailah,* par Espagnac et Queteuse, par Hussein, arabe.
1859.	Bb.	*Aimée* (ex-*Titine*), par Tippo Saëb, arabe, et Houry, par Sherif, arabe; sa g. m. Horeb, par El. Ared ou Ibrahim Ier, arabes; sa g. g. m. Mignonne, an-ar.

Année de la naissance.	Robe.	
1857.	Bb.	*Aixa*, par Dantes, an.-ar., et Omphis, par Romagnesi, an.-arabe.
1844.	B.	*Alcantara*, par Napoléon et Galatée, par Massoud, arabe; sa g. m. Deer, par Vandyke Junior.
1849.	N.	*Alerte*, par Karchane, arabe, et Quinteuse, par Caravan.
1850.	Bb.	*Alexina*, par Chamois, an.-ar., et Elvire, par Vampyre.
1858.	B.	*Alga*, par Brandyface et Misère, par Bagdadli, arabe.
1860.	B.	*Alice*, par Ali-Baba et Kalifa, par Koheil Hamdané arbi, arabe.
1845.	Al.	*Alice*, par Ali-Baba et Melina, par Frigian, arabe.
1853.	Al.	*Alida*, par Nunnykirk ou Bagdadli, arabe, et Zora, par Mr d'Ecoville.
1852.	B.	*Aline*, par Garry Owen et Isma, par Emilio, an-ar; sa g. m. Pamela (*bis*) par Captain Candid.
1861.	Al.	*Aline*, par Cringalet et Shammare, arabe,
1819.	...	*Alma*, par Memphis, an-ar, et Rosas, par Hussein, arabe; sa g. m. Aidée, par Prospectus.
1855.	Al.	*Alma*, par Sledmere et Wasp, par Agib, arabe; sa g. m. Clematis, par Pickpocket; sa g. g. m. Danaë, par Massoud, arabe.
1852.	G.	*Alpha*, par Agib, arabe et Clematis, par Pickpocket; sa g. m. Danaë, par Massoud, arabe.
H1853.	B.	*Alpha* (H. I. de Pompadour) par Xenocrate, an-ar., et Herminie (ex-*Herminée*) par Massoud, arabe; sa g.m. Waverley mare.
H1839.	Al.	*Althea* (H. I. du Pin), par Paradox et Dine, par Eastham; sa g. m. Cloris, par Aslan turc; sa g. g. Comus mare.
1837.	B.	*Alza*, par Premium et Musa, par Tajar, arabe, sa g. m. Tiflis, persane.
1859.	B.	*Alzaah*, par Ethelwolf et Isma, par Emilio, an.-ar.
1857.	Al.	*Amarillis*, par Ethelwolf et Lunette, par Minster; sa g. m. Héra, par Massoud, arabe; sa g. g. m. Luna, par The Flyer.
1842.	...	*Amelie*, par Harlequin et Lilly, par Mustachio; sa g. m. Galatée par Massoud, arabe; sa g. g. m. Deer, par Vandyke junior.

Année de la naissance.	Robe.	
H1843.	B.	*Amenaide* (H. I. du Pin), par Napoleon et Agar, par Eastham ; sa g. m. Danaë, par Massoud, arabe.
1856.	B.	*Amica*, par Shérif, arabe, et Dhara, par Frigian, arabe; sa g. m. Mignonne, an-ar.
1843.	B.	*Amina*, par Paradox et Anne de Bretagne, par The Moor; sa g.m. Hirondelle, par Haleby, arabe ; sa g.g.m. Witch, par Sorcerer.
1851.	Al.	*Amine* (ex-*Anine*), par Brocardo et Marie de Brabant, par Koheil, Obayan Sederci, arabe ; sa g. m. Follette, par Eastham ; sa g. g. m. Delphine, par Massoud, arabe.
1840.	B.	*Anathase*, par Cardigan,an.-ar., et Moustache, par Shaklawie Amdam, arabe.
1844.	G.	*Andaë*, par Koheil Hamdani arbi, arabe, et Zillah, par general Mina.
1851.	Al.	*Anine*. (Voyez *Amine*.)
1852.	Al.	*Anna*, par Mehedi, arabe, et Veronica, par Felix (*Rainbow*).
1833.	Bb.	*Anne de Bretagne*, par The Moor et Hirondelle, par Haleby, arabe ; sa g. m. Witch, par Sorcerer.
1861.	G.	*Annette*, par Kerbela, arabe, ou Weathergage et Nymphœa, par Ben Massoud, an.-ar.
H1853.	B.	*Antilope* (H. I. de Pompadour), par Xenocrate, an.-ar., et Molina, par Koheil Obayan Sederci, arabe.
1840.	B.	*Antoinette*, par Sylvio ou Napoleon et Cleopatre, par Captain Candid; sa g. m. Danaë, par Massoud, arabe.
1856.	Bb.	*Arabia*, par Telemaque et Queen, par Eylau, an.-ar.
H1853.	G.	*Ariette* (H. I. de Pompadour), par Hamdani blanc, arabe, et Opale, par Hussein, arabe; sa g. m. Iris, par Napoleon.
1851.	Bb.	*Arlette*, par Eremos, an-ar., et Clementine, par Governor.
H1835.	l. A.	*Arsena* (H. I. de Rosières), par Premium et Pomponia, par Doge of Venice ; sa g. m. Egilfé, arabe.
1859.	G.	*Artheza*, par Sherif, arabe, et Ega, par Tippo Saëb, arabe ; sa g.m. Smala, par Frigian, arabe; sa g.g.m. Mignonne, an.-ar., par Massoud, arabe.
1837.	Al.	*Asfoura* (H. I. de Rosières), par Premium et Renette, par General Mina ; sa g. m. Zoraim, par Aslan, turc.

Année de la naissance.	Robe.	
1860.	Bb.	*Attala*, par Remus et Delphinia, par Prospectus ou Emilio, an.-ar.
1852.	Al.	*Aurelie*, par Brocardo et Agar, par Eastham ; sa g. m. Danaë, par Massoud, arabe.
1856.	Al.	*Aurore*, par Scheik Zaadé, arabe et Constantine, par Kohiel Hamdani, arabe; sa g. m. par Medeah, par Chatterton.
1845.	B.	*Aveyronaise*, par Hableur, arabe, et Norma, par Sylvio.
H1851.	Ro.	*Azora* (H. I. de Pompadour), par Bagdadli, arabe, et Dulcinée, par Eastham ; sa g. m. Danaë, par Massoud, arabe.
1859.	Al.	*Azorine*, par Papillon et Babiole, par Frivole, an.-ar.

B

1845.	B.	*Babet* par Ali-Baba et Y Meleha, par Tartare ; sa g. m. Meleha, par Berk, arabe.
1857.	Al.	*Babine*, par Ali-Baba et Adda, par Tippo Saëb, arabe.
1862.	B.	*Babinette*, par Baba, an.-ar., et Princesse, par Regent.
1848.	G.	*Babiole*, par Frivole, an-ar., et Y. Meleha, par Tartare sa g. m. Meleha, par Bertk, arabe.
1858.	G.	*Babine*, par Bardad, arabe, et Ymen, par Ibrahim II arabe; sa g. m. Melina, par Frigian, arabe ; sa g.g.m. Massoudé, par Barelegs.
H1852.	B.	*Bagatelle* (H. I. de Pampadour), par Hussein, arabe, et Etincelle, par Royal Oak.
1850.	B.	*Bahia*, par Philip Shah, et Bresilia, par Napoleon ; sa g. m. Danaë, par Massoud, arabe.
1854.	B.	*Barbette*, par Commodor Napier et Fortification, par Eylau, an-ar ; sa g. m. Whalebona (*Gipsy*).
1853.	B.	*Bas bleu*, par Commodor Napier et Agar, par Eastham ; sa g. m. Danaë, par Massoud, arabe.
1853.	G.	*Bas-de-soie*, par Hamdani blanc, arabe, et Berenice, par Eastham ; sa g. m. Danaë, par Massoud, arabe.

Année de la naissance. — Robe. —

1846. Al. *Basquine*, par Napoleon ou Karchane, arabe, et Georgette, par Hœmus.

1861. B. *Belette*, par Papillon et Petra, par Ibrahim Ier, arabe.

1857. B. *Beline*, par Beaucens et Lisette, par Garry Owen; sa g.m. Misère, par Dangerous; sa g. g. m. Galatée, par Massoud, arabe.

1850. G. *Belle*, par Karchane, arabe, et Sylvia, par Sylvio.

H1841. B. *Belle-Poule* (H. I. du Pin), par Napoleon et Berenice, par Eastham; sa g. m. Danaë, par Massoud, arabe.

1861. B. *Belle-Poule*, par Scheik Zaadé, arabe, et Djerid, par Kouleli, arabe; sa g. m. Melina, par Frigian, arabe; sa g. g. m. Massoudé, par Barelegs.

H1851. B. *Benedicta* (H. I. de Pompadour), par Romagnesi, an-ar., et Benediction, par Physician.

H1833. Al. *Berenice* (H. I. du Pin), par Eastham et Danaë, par Massoud, arabe.

1840. B. *Betzy*, par Y. Reveller et Geada, par Minor, arabe.

1831. B. *Biche*, par Eastham et Galatée, par Massoud, arabe.

1861. Al. *Bienfaite*, par Scheik Zaadé, arabe, et Djerid, par Kouleli, arabe; sa g. m. Melina, par Frigian, arabe; sa g. g. m. Massoudé, par Barelegs.

1854. B. *Bomarsund*, par Schamyl et Zicka, par Napoleon; sa g. m. Galatée, par Massoud, arabe.

1854. G. *Borak*, par Shérif, arabe, et Melina, par Frigian, arabe; sa g. m. Massoudé, par Barelegs.

H1835. B. *Bresilia* (H. I. du Pin), par Napoleon et Danaë, par Massoud, arabe.

1851. Al. *Briseis*, par Rajah, arabe, et Andaé, par Koheil Hamdani, arabe; sa g. m. Zillah, General Mina.

1854. B. *Brunette*, par Fridolin, an.-ar., ou Marly et Ninette, par Pickpoket.

C

H1855. Bb. *Cabriole* (H. I. de Pompadour), par Prince Caradoc et Quarantaine, par Brocardo; sa g. m. Belle-Poule, pa

Année de la naissance.	Rôle.	
		Napoléon ; sa g. g. m. Berenice, par Eastham ; sa g. g. g. m. Danaë, par Massoud, arabe.
1860.	B.	*Calla*, par Agricole et Siderce, par Napier ; sa g. m. Melina, par Frigian, arabe.
H1828.	Bb.	*Carline* (H. I. de Rosières), par Holbein et Zoraïme, par Aslan, turc.
1855.	B.	*Caroline*, par Xerxès, an.-ar., et Fée, arabe.
H1855.	B.	*Castille* (H. I. de Pompadour), par Prince Caradoc et Leana, par Massoud, arabe.
H1851.	B.	*Cavaline* (H. I. de Pompadour), par Romagnesi et Mercedes, par Hussein, arabe ; sa g. m. Fortification, par Eylau, anglo-arabe.
1841.	B.	*Celina*, par Foscarini et Melcha, par Berk, arabe.
1861.	B.	*Cendrillo*, par Napier et Pauline, par Brocardo ; sa g. m. Flicca, par Paradox ; sa g. g. m. Dine, par Eastham ; sa g. g. g. m. Cloris, par Aslan, turc.
H1852.	Al.	*Cesaree* (H. I. de Pompadour), par Brocardo et Cesarine (ex-*Mansoura*) par Napoleon ; sa g. m. Follette, par Eastham ; sa g. g. m. Delphine, par Massoud, arabe.
1840.	B.	*Cesarine* (ex-*Mansoura*), par Napoleon et Follette, par Eastham ; sa g. m. Delphine, par Massoud, arabe.
1855.	B.	*Charade* (H. I, de Pompadour), par Womersley et Didon, par Terror ; sa g. m. Cybele, par Tigris ; sa g. g. m. Cloris, par Aslan, turc.
1851.	B.	*Charité*, par Fitz Emilius et Misere, par Dangerons ; sa g. m. Galatée par Massoud, arabe.
1854.	B.	*Chatte*. (Voyez *Nizza*.)
1847.	B.	*Chloé*, par Durzi, arabe, et Ada, par Captain Candid ; sa g. m. Penelope, par Don Cossack.
1855.	B.	*Cigarette*, par Garry Owen et Elica, par Nautilus ou Worthless ; sa g. m. Zelima par Mesrur, arabe.
1859.	Al.	*Cigarette*, par Quohilet Oudjous, arabe, et Faribole, par Agib, arabe ; sa g. m. Gipsy, par Ali-Baba.
1856.	B.	*Cila*, par Napier et Katinka, par Terror ; sa g. m. Kalouga, par Napoleon ; sa g. g. m. Follette, par Eastham ; sa g. g. g. m. Delphine, par Massoud, arabe.
1854.	B.	*Cinara*, par Sting et Héra, par Massoud, arabe ; sa g. m. Lana, par The Flyer.

Année de la naissance.	Robe.	
H1837.	B.	*Circé* (H. I. du Pin), par Dangerous et Vesta, par Mustachio ; sa g. m. Danaë, par Massoud, arabe.
1861.	B.	*Citta*, par Agricole et Egine, par Sherif, arabe.
1855.	Al.	*Clarisse Harlowe* (H. I. de Pompadour), par Womersley et Mercedes, par Hussein, arabe ; sa g. m. Fortification, par Eylau, an.-ar.
H1841.	B.	*Clematis* (H.I. du Pin), par Picpocket et Danaë, par Massoud, arabe ; sa g. m. Deer, par Vandyke Junior.
1855.	B.	*Clementine*, par Balthazar, an.-ar. et Whalebone mare, par Harlequin.
H1832.	B.	*Cléopâtre* (H. I. du Pin), par Captain Candid et Danaë, par Massoud, arabe.
1861.	B.	*Clorinde*, par Sherif, arabe, et Tyne, par Ali-Baba.
1824.	G.	*Cloris* (H. I. du Pin), par Aslan, turc, et Comus mare.
1851.	Ro.	*Clytie*, par Karchane, arabe, et Sylvia, par Sylvio.
H1839.	B.	*Coalition* (H. I. du Pin), par The Juggler et Cloris, par Aslan, turc.
1858.	Al.	*Colinette*, par Collingwood et Ondine, par Mesroor, arabe.
H1855.	G.	*Combinaison* (H. I. de Pompadour), par Prince Caradoc et Molina, par Koheil Obayan Sederei, arabe.
1857.	Al.	*Cometa*, par Vulcain, anglo-arabe, et Heline, par Foscarini.
H1855.	B.	*Comtesse de la Rivière* (H. I de Pompadour), par Commodor Napier et Nymphæa, par Ben Massoud, an.-ar. ; sa g. m. Didon, par Terror.
1854.	Al.	*Confiance*, par Espérance et Mascate, arabe.
H1832.	B.	*Constance* (H. I. du Pin), par Massoud, arabe, et Parasolina, par Tiresias.
1850.	G.	*Constantine*, par Koheil Hamdani, arabe, et Medeah, par Chatterton ; sa g. m. Aouda, arabe.
1858.	B.	*Cora*, par Tipple Cider et Bomarsund, par Schamyl ; sa g. m. Zicka, par Napoleon ; sa g. g. m. Galatée, par Massoud, arabe.
1860.	B.	*Corniche*, par Willam The Conqueror et Wasp, par Agib, arabe.

Année de la naissance.	Robe.	
H1852.	B.	*Corvette* (H. I. de Pompadour), par Commodor Napier et Hermine (ex-*Herminée*), par Massoud, arabe.
H1851.	Bb.	*Courtine* (H. I. de Pompadour), par Romagnesi et Fortification, par Eylau, an.-ar.
1857.	Al.	*Crinoline*, par Mokanna ou Collingwood et Prunelle par Hussein, arabe ; sa g. m. Berenice, par Eastham.
H1829.	Al.	*Cybèle* (H. I. du Pin), par Tigris et Cloris, par Aslan, turc ; sa g. m. Comus mare.

D

1845.	G.	*Dacia*, par Frigian, arabe, et Mignonne, an.-ar., par Massoud, arabe ; sa g. m. Cloris, par Aslan, turc.
1854.	G.	*Dacia*, par Sherif, arabe, et Dahra, par Frigian, arabe ; sa g. m. Mignonne, an.-ar., par Massoud, arabe.
1845.	G.	*Dahra*, par Frigian, arabe, et Mignonne, an. ar., par Massoud, arabe ; sa g. m. Cloris, par Aslan, turc.
1852.	G.	*Danaë*, par Agib, arabe, et Clematis, par Pickpocket ; sa g. m. Danaë, par Massoud, arabe.
1861.	G.	*Danaë*, par Ethelwolf et Regina, par Skirmisher ; sa g.m. Mignonne, an.-ar., par Massoud, arabe ; sa g. g. m. Cloris, par Aslan, turc.
H1824.	B.	*Danaë* (H. I. du Pin), par Massoud, arabe, et Deer, par Vandyke Junior.
H1846.	B.	*Daulis* (H. I. de Pompadour), par Commodor Napier et Leana, par Massoud, arabe.
1848.	B.	*Dea*, par Romagnesi, an.-ar., et Diomede, par Massoud, arabe.
1854.	B.	*Defiance*, par Sting et Fauvette, par Quine, an.-ar. ; sa g. m. Adamantine, par Pickpocket.
1838.	Bb.	*Deidza*, par Y. Emilius et Biche, par Eastham ; sa g. m. Galatée, par Massoud, arabe.
1847.	G.	*Deira*, par Frivole, an.-ar., et Melina, par Frigian, arabe ; sa g. m. Massoudé, par Barelegs.

Année de la naissance. — Robe.

H1823. B. *Delphine* (H. I. du Pin), par Massoud, arabe, et Selim mare.

1849. B. *Delphinia*, par Prospectus ou Emilio, an.-ar., et Girafe, par Nautilus.

1856. B. *Derbe*, par Xenocrate, an.-ar. et Nazareth, par Hussein, arabe.

1860. B. *Desirée*, par Premier Août et Elica, par Nautilus ou Worthless; sa g. m. Zelima, par Mesrur, arabe.

1856. G. *Diane*, par Sheik Zaadé, arabe, et Naiade, par Hussein, arabe; sa g. m. Danaë, par Massoud, arabe; sa g.g.m. Deer, par Vandyke Junior.

H1837. B. *Didon* (H. I. de Pompadour), par Terror et Cybele, par Tigris; sa g. m. Cloris, par Aslan, turc.

1850. B. *Dieu-Merci*, par Fitz Gladiator ou Balthazar, an.-ar., et Amie, par Beggarman.

H1842. B. *Dinarzade* (H. I. du Pin), par Massoud, arabe, et Danaë, par Terror.

H1831. Al. *Dine* (H. I. du Pin), par Eastham et Cloris, par Aslan, turc; sa g. m. Comus mare.

H1856. G. *Discorde* (H. I. de Pompadour), par Commodor Napier et Medicis, par Hussein, arabe; sa g. m. Cesarine (ex-*Mansoura*), par Napoleon.

1860. G. *Diva*, par Ethelwolf et Sherif, arabe.

1852. G. *Djerid*, par Kouleli, arabe, et Melina, par Frigian, arabe; sa g. m. Massoudé, par Barelegs.

1856. G. *Dora*, par Sherif, arabe, et Alice, par Ali-Baba; sa g. m. Melina, par Frigian, arabe.

1857. Al. *Doria*, par Sherif, arabe, et Horeb, par El-Ared ou Ibrahim Ier, arabes; sa g. m. Mignonne, an.-ar., par Massoud, arabe.

H1856. B. *Douar-Maid* (H. I. de Pompadour), par Commodor Napier et Isabelle, par Harlequin; sa g. m. Didon, par Terror; sa g.g. m. Cybele, par Tigris; sa g. g. g. m. Cloris, par Aslan, turc.

1857. G. *Dragée*, par Ali-Baba et Mascate, par Ibrahim II, arabe; sa g. m. Dahra, par Frigian, arabe; sa g. g. m. Mignonne, an.-ar., par Massoud, arabe.

Année de la naissance.	Robe.	
—	—	
H1834.	B.	*Dulcinée* (H. I. du Pin), par Eastham et Danaë, par Massoud, arabe; sa g. m. Deer, par Vandyke Junior.

E

1851.	B.	*Ega*, par Tippo Saël, arabe, et Smala, par Frigian, arabe; sa g. m. Mignonne, an.-ar., par Massoud, arabe.
1855.	B.	*Egine*, par Sherif, arabe, et Ega, par Tippo Saëb, arabe; sa g. m. Smala, par Frigian, arabe; sa g. g. m. Mignonne, an.-ar., par Massoud, arabe.
1849.	B.	*Election*, par Maître d'École et Victoria, par Napoleon; sa g. m. Delphine, an.-ar., par Massoud, arabe.
1849.	B.	*Elica*, par Nautilus ou Worthless et Zelima, par Mesrur, arabe; sa g. m. Luna, par The Flyer.
1855.	B.	*Elisa*, par Chefetiah, arabe, et Fathma, par Mansourah, arabe; sa g. m. Nina, par Chaban, arabe; sa g. g. m. Ninette, par Pickpocket.
1855.	B.	*El-Mina*, par Xenocrate, an.-ar. et Mina, arabe; sa g. m. Numide, arabe.
1856.	Al.	*Elsbeth*, par Lindor et Charité, par Fitz Emilius; sa g. m. Misere, par Dangerous; sa g. g. m. Galatée, par Massoud, arabe.
1853.	B.	*Emilia*, par Y. Emilius et Nina, par Chaban, arabe; sa g. m. Ninette, par Pickpocket.
1852.	G.	*Emilia*, par Grey Tommy et Delphinia, par Prospectus ou Emilio, an.-ar.; sa g. m. Girafe, par Nautilus.
1845.	B.	*Emilie*, par Emilio, an.-ar., et Beresina, par Napoleon.
1857.	B.	*Emine*, par Saint-Germain et Nizida, par Ibrahim II, arabe; sa g. m. Melina, par Frigian, arabe; sa g. g. m. Massoudé, par Barelegs.
1858.	B.	*Emma*, par Collingwood et Lœtitia, par Napoleon; sa g. m. Delphine, par Massoud, arabe.
1861.	B.	*Epreuve*, par Utetur, an.-ar., et Skirmish (ex-*Skirmishere*), par Skirmisher.

Année de la naissance.	Robe.	
1838.	Al.	*Esther*, par Pickpocket et mademoiselle Saint-Clair, arabe.
1856.	Al.	*Etoile*, par Ballinkeele et Aicha, par Napoleon ; sa g. m. Biche, par Eastham ; sa g. g. m. Galatée, par Massoud, arabe.
H1837.	B.	*Eugenie* (H. I. du Pin), par Alteruter et Dine, par Eastham ; sa g. m. Cloris, par Aslan, turc.
1840.	G.	*Eura* (Voyez *Eva*), par Franck.
1860.	B.	*Eurydice*, par Rémus et Cinara, par Sting; sa g. m. Hera, par Massoud, arabe.
1853.	B.	*Eva*, par Agib, arabe, et Julia, par Bizarre.
1853.	G.	*Eva*, par El-Ared, arabe, et Celina, par Foscarini; sa g. m. Melina, par Berk, arabe.
1840.	G.	*Eva* (ex-*Eura*), par Franck et Girfah, par Antar, arabe ; sa g. m. Philomele, par Adeban, arabe ; sa g. g. m. Hirondelle, par Gohanna.
1859.	B.	*Eva*, par Roi de Chypre, an.-ar., et Fathma, par Mansourah, arabe.
1857.	B.	*Eygurande*, par Commodor Napier et Jactance, par Massoud, arabe; sa g. m. Follette, par Eastham.

F

1858.	Al.	*Fanie*, par Grey Tommy ou Garry Owen et Delphinia, par Prospectus ou Emilio, an.-ar.
1854.	G.	*Fantasia*, par Commodor Napier et Liesse, par Massoud, arabe ; sa g. m Lœtitia, par Napoleon.
1853.	Al.	*Faribole*, par Agib, arabe, et Gipsy, par Ali-Baba.
H1858.	G.	*Fasta* (H. I. de Pompadour), par Kouleli, arabe, et Mauricette, par Hussein, arabe ; sa g. m. Hœma, par Hœmus.
1849.	B.	*Fathma*, par Mansourah, arabe, et Nina, par Chaban, arabe ; sa g. m. Ninette, par Pickpocket.
1852.	G.	*Fatime*, par El-Ared, arabe, et Celina, par Foscarini ; sa g. m. Meleha, par Berk, arabe.

Année de naissance.	Robe.	
—	—	
H1851.	B.	*Faucille* (H. I. de Pompadour), par Kohel, an.-ar., et Herminie (ex-*Herminée*), par Massoud, arabe.
1843.	B.	*Fauvette*, par Quine, an.-ar., et Adamantine, par Pickpocket.
1855.	Bb.	*Fedora*, par Xenocrate, an.-ar., et Lasciva, par Numide, arabe.
1850.	B.	*Felicie*, par Fitz Emilius et Circé, par Dangerous ; sa g. m. Vesta, par Mustachio ; sa g. g. m. Danaë, par Massoud, arabe.
1857.	Al.	*Fiammina*, par Chesterfield Junior et Babet, par Ali-Baba ; sa g. m. Y. Meleha, par Tartare ; sa g. g. m. Meleha, par Berk, arabe.
1858.	G.	*Fiat-Lux*, par Commodor Napier et Molina, par Koheil Obayan Sederci, arabe ; sa g. m. Dine, par Eastham.
H1858.	B.	*Feronie* (H. I. de Pompadour), par Commodor Napier et Fortification, par Eylau, an.-ar.
1852.	B.	*Filoselle*, par Kohel, an.-ar. et Damophila, par Nautilus.
1860.	Al.	*Fleur-de-mai*, par The Heir of Linne et Lisette, par Garry Owen ; sa g. m. Misere, par Dangerous ; sa g. g. m. Galatée, par Massoud, arabe.
H1858.	...	*Fleur-des-prés* (H. I. de Pompadour), par Bagdadli, arabe, ou Commodor Napier et Parade, par Hadjar, arabe.
1854.	G.	*Fleurette*, par Agib, arabe, et Clematis, par Pickpocket ; sa g. m. Danaë, par Massoud, arabe.
1840.	Al.	*Flicca*, par Paradox et Dine, par Eastham ; sa g. m. Cloris, par Aslan, turc.
1830.	B.	*Flore*, par Captain Candid et Philomele, par Adeban, arabe ; sa g. m. Hirondelle, par Gohanna.
1851.	B.	*Flore*, par Kouleli, arabe, ou Ali-Baba et Stella, par Count Porro.
1858.	B.	*Floride*, par Ethelwolf et Lunette, par Minster ; sa g. m. Hera, par Massoud, arabe ;
H1842.	B.	*Fly* (ex-*Amelie*), par Harlequin et Lilly, par Mustachio ; sa g. m. Galatée, par Massoud, arabe.
1851.	...	*Folie* (H. I. de Pompadour), par Hussein, arabe, et Foilette, par Eastham.

Année de la naissance.	Robe.	
H1833.	B.	*Follette* (H. I. du Pin), par Eastham et Delphine, par Massoud, arabe.
1858.	Al.	*Follette*, par Marly ou Vely Pacha, arabe, et Riyf (ex-*Abeyya*), arabe.
H1841.	Al.	*Fortification* (H. I. du Pin), par Eylau, an.-ar., et Whalebona (*Gipsy*), par Walebone.
1858.	G.	*Fortuna*, par Kouleli, arabe, et Mercedes, par Hussein, arabe; sa g. m. Fortification, par Eylau, an.-ar.
1849.	B.	*Fortunata*, par Worthless ou Nautilus et Circé, par Dangerous; sa g. m. Vesta, par Mustachio; sa g. g. m. Danaë, par Massoud, arabe.
1846.	B.	*Foscarina*, par Frivole, an.-ar., et Miss Normandine, par Foscarini.
H1839.	Al.	*Fregate* (H. I. de Pompadour), par Marly ou Vely Pacha, arabe, et Riyf, arabe.
1845.	B.	*Friguen*, par Titus et Anne de Bretagne, par The Moor; sa g. m. Hirondelle, par Haleby, arabe.
1851.	Bb.	*Friponne*, par Fitz Emilius et Rigolette, par Quine, an.-ar.; sa g. m. Ninette, par Pickpocket.

G

H1825.	B.	*Galatée* (H. I. du Pin), par Massoud, arabe, et Deer, par Vandyke Junior.
1856.	Ro.	*Galatée*, par Schamyl et Fatime, par Hamdani, blanc arabe.
H1836.	Al.	*Gambade* (H. I. de Rosières), par Zopire, an.-ar., et Caracolle, par Doge of Venice.
1852.	B.	*Garriette*, par Garry Owen et Circé, par Dangerous; sa g. m. Vesta, par Mustachio; sa g. g. m. Danaë, par Massoud, arabe.
1853.	G.	*Gaudriole*, par Agib, arabe, et Pasquinade, par Paradox.
H1851.	G.	*Gavotte* (H. I. de Pompadour), par Bagdadli, arabe, et Liesse, par Numide, arabe; sa g. m. Lœtitia, par Napoleon.

Année de naissance.	Robe.	
1852.	Bb.	*Gazelle*, par Patrocle, arabe, et Zelie, par Frigian, arabe ; sa g. m. Massoudé, par Barelegs.
*1862.	G.	*Gemma*, par Grey Tommy et Isma, par Emilio, an.-ar.
1855.	B.	*Gentille*, par Tripolien, an.-ar., et Lovely, par Harlequin.
1860.	Al.	*Germaine*, par Roi de Chypre, an.-ar., et Medora, par Edwin.
1831.	G.	*Girfah*, par Antar, arabe, et Philomèle, par Adeban, arabe ; sa g. m. Hirondelle, par Gohanna.
1859.	B.	*Giselle*, par Nunnykirk et Malzzia, par Hussein, arabe ; sa g. m. Althea, par Paradox ; sa g. g. m. Dine, par Massoud, arabe.
H1840.	Al.	*Gourbette* (H. I. de Pompadour), par Abou-Arkoub, arabe, et Ziliah, par General Mina.
H1850.	B.	*Graziella* (H. I. de Pompadour), par Eylau, an-ar, et Clematite (ex-*Miss Hahnemann*), par Quoniam.
1850.	Bb.	*Guepe*, par Worthless et Fauvette, par Quine, an-ar ; sa g. m. Adamantine, par Pickpocket.
1846.	B.	*Gulnare*, par Agib, arabe, et Miss Schneitz Hœffer, par Count Porro.

H

1860.	B.	*Hebele*, par Weathergage et Benedicta, par Romagnesi, an-ar.
H1860.	B.	*Hedjaz* (H. I de Pompadour), par Xenocrate, an-ar, et Mercedes, par Hussein, arabe.
1848.	B.	*Heiress*, par Mentor et Clematis, par Pickpocket ; sa g. m. Danaë, par Massoud, arabe.
H1841.	G.	*Héléis* (H. I. de Pompadour), par Abou-Arkoub, arabe ; sa g. m. Cloris, par Aslan, turc ; sa g. g. m. Comus mare.
1849.	Ro.	*Héléna* (ex-*Helma*), par Agib, arabe et Edgworth Ress, par Glaucus.

Année de la naissance.	Robe.	
1849.	Ro.	*Helma.* (Voyez *Héléna.*)
1860.	B.	*Helvia* (H. I. de Pompadour), par Weathergage et Iris, par Napoleon ; sa g. m. Dine, par Eastham ; sa g. g. m. Cloris, par Aslan, turc.
H1841.	Al.	*Héra* (H. I. de Pompadour), par Massoud, arabe, et Luna, par The Flyer.
1841.	B.	*Herminée.* (Voyez *Herminie.*)
H1841.	B.	*Herminie* (ex-*Herminée*) (H. I. de Pompadour), par Massoud, arabe, issue de Waverley mare.
1860.	...	*Hersé*, par Xenocrate, an.-ar., et Molina, par Koheil Obayan Sederéi, arabe.
1850.	Bb.	*Hippone*, par Sidi Moussah, arabe, et Rigolette, par Quinine, an.-ar.
H1822.	B.	*Hirondelle* (H. I. de Pompadour), par Haleby, arabe, et Witch, par Sorcerer.
1861.	B.	*Hirondelle*, par Roi de Chypre, an.-ar., et Adelphine, par Garry Owen.
H1836.	B.	*Hœma* (H. I. du Pin), par Hœmus et Delphine, par Massoud, arabe.
1850.	Al.	*Horeb*, par El-Ared ou Ibrahim Ier, arabes, et Mignonne, an.-ar., par Massoud, arabe.
H1860.	Al.	*Hortensia* (H. I. de Pompadour), par Weathergage et Malzzia, par Hussein, arabe.
1854.	G.	*Houri*, par Hussein, arabe, et Zillah, par General Mina ; sa g. m. Egilfe, arabe.
1855.	N.	*Houry*, par Sherif, arabe, et Horeb, par El-Ared ou Ibrahim II, arabes ; sa g. m. Mignonne, an-ar., par Massoud, arabe.
1855.	G.	*Hussine*, par Hussein, arabe, et Zelie, par Frigian, arabe ; sa g. m. Massoudé, par Barelegs.

I

1855.	Bb.	*Ibra*, par Ibrahim, arabe, et Sylvia, par Koheil Hamdani arbi, arabe ; sa g. m. Pimperinette, par Sylvio.

Année de la naissance.	Robe.	
1856.	B.	*Ida*, par Morok et Briseis, par Rajah, arabe; sa g. m. Andaë, par Koheil Hamdani, arabe; sa g. g. m. Zillah, par General Mina.
H1842.	B.	*Idalia* (H. I. de Pompadour), par Napoleon et Bérénice, par Eastham; sa g. m. Danaë, par Massoud, arabe.
1844.	B.	*Iena*, par Eylau, an.-ar., et Niobé, par Tigris.
H1852.	B.	*Illusion* (H. I. de Pompadour), par Hussein, arabe, et Chimere, par Holbein.
H1842.	B.	*Iris* (H. I. de Pompadour), par Napoleon et Dine, par Eastham; sa g. m. Cloris, par Aslan, turc; sa g. g. m. Comus mare.
1855.	G.	*Isabelle*, par Bagdadli, arabe, et Gourbette, par Abou-Arkoub, arabe; sa g. m. Zillah, par General Mina.
M1842.	B.	*Isabelle* (H. I. de Pompadour), par Harlequin et Didon, par Terror; sa g. m. Cybèle, par Tigris; sa g. g. m. Cloris, par Aslan, turc.
1845.	B.	*Isma*, par Emilio, an.-ar., et Pamela (*bis*), par Captain Candid.
H1831.	Al.	*Isolina* (H. I. de Rosières), par Premium et Egilfé, ar.

J

1834.	Al.	*Jacinthe*, par Carbon et Philomèle, par Adeban, arabe; g. m. Hirondelle, par Gohama.
H1843.	B.	*Jactance* (H. I. de Pompadour), par Massoud, arabe, et Follette, par Eastham.
H1843.	B.	*Jane Rose* (H. I. de Pompadour), par Mesrur, arabe, et Bresilia, par Napoleon; sa g. m. Danaë, par Massoud, arabe.
1857.	B.	*Jeannette*, par Korsac et Manique, arabe, par Hamdani, blanc arabe.
1855.	B.	*Joséphine*, par Richmond et Delphinia, par Prospectus ou Emilio, an.-ar.

Année de la naissance.	Robe.	
1852.	Al.	*Jouvencelle*, par Brocardo et Juventa, par Massoud, arabe ; sa g. m. Dine, par Eastham.
н1852.	Al.	*Joyeuse* (H. I. de Pompadour), par Brocardo et Lœtitia, par Napoleon, sa g. m. Delphine, par Massoud, arabe.
н1843.	Al.	*Juventa* (H. I. de Pompadour), par Massoud, arabe, et Dine, par Eastham.

K

н1844.	Al.	*Kalmia* (H. I. de Pompadour), par Mezaroum, arabe, et Bresilia, par Napoleon.
н1839.	B.	*Kalouga* (H. I. du Pin), par Napoleon et Follette, par Eastham ; sa g. m. Delphine, par Massoud, arabe.
н1852.	Al.	*Kandha* (H. I. de Pompadour), par Brocardo et Kalouga, par Napoleon, sa g. m. Follette, par Eastham ; sa g. g. m. Delphine, par Massoud, arabe.
1835.	G.	*Kasba*, par Deucalion et Girfah, par Antar, arabe ; sa g. m. Philomèle, par Adeban, arabe ; sa g. g. m. Hirondelle, par Gohanna.
н1844.	B.	*Katinka* (H. I. de Pompadour), par Terror et Kalouga, par Napoleon ; sa g. m. Follette, par Eastham ; sa g. g. m. Delphine, par Massoud, arabe.
1855.	Al.	*Kebira*, par Kerbela, arabe, et Alice, par Ali-Baba.
1858.	G.	*Kerbine*, par Kerbela, arabe, et Borak, par Scherif, arabe ; sa g. m. Melina, par Frigian, arabe ; sa g. g. m. Massoudé, par Barelegs.
1844.	Al.	*Ketmie*, par Mezaroum, arabe, et Gourbette, par Abou Arkoub, arabe ; sa g. m. Zillah, par General Mina.
н1844.	Al.	*Ky* (H. I. de Pompadour), par Massoud, arabe, et Didon, par Terror ; sa g. m. Cybele, par Tigris ; sa g. g. m. Cloris, par Aslan, turc.

L

Année de la naissance.	Robe.	
H1845.	B.	*Lachesis* (H. I. de Pompadour), par Koheil Obayan Sederei, arabe, et Delphine, par Massoud, arabe.
1861.	G.	*Lady*, par Commodor Napier et Smala, par Frigian, arabe ; sa g. m. Mignonne, an.-ar., par Massoud, arabe.
1858.	Al.	*Lady*, par Rosas et Zelie, par Frigian, arabe ; sa g. m. Massoudé, par Barelegs.
1861.	B.	*Lady-Bird*, par Robinson et Zeilah, de race Mascate.
1861.	B.	*Lady-Charlotte*, par Gibbon et Katinka, par Terror; sa g. m. Kalouga, par Napoleon ; sa g. g. m. Follette, par Eastham ; sa g. g. g. m. Delphine, par Massoud, arabe.
1852.	Al.	*Lady-Evelyn*, par Chesterfield-Junior et Constance, par Massoud, arabe.
H1845.	Al.	*Lara* (H. I. de Pompadour), par Koheil Obayan Sederei, arabe, et Althea, par Paradox.
1861.	B.	*La Savoie* (ex-*Furette)*, par Rémus et Delphinia, par Prospectus ou Emilio, an.-ar.
H1845.	B.	*Lasciva* (H. I. de Pompadour), par Numide, arabe, et Dulcinée, par Eastham.
1836.	B.	*Laurette*, par Deucalion et Girfah, par Antar, arabe ; sa g. m. Philomele, par Adeban, arabe ; sa g. g. m. Hirondelle, par Gohanna.
1842.	B.	*Lavinie*, par Eylau, an.-ar., et Chesnut Filly, par Grey Walton.
H1842.	B.	*Leana* (H. I. du Pin), par Massoud, arabe, et Chanoinesse, par Napoleon.
1838.	B.	*Leda*, par Y. Reveller et Galatée, par Massoud, arabe ; sa g. m. Deer, par Vandyke-Junior.
1848.	B.	*Légère*, par Tachiani, arabe, et Aquila, par General Mina.

Année de la naissance.	Robe.	
H1845.	B.	*Lentille* (H. I. de Pompadour), par Numide, arabe, et Follette, par Eastham ; sa g. m. Delphine, par Massoud, arabe.
H1850.	B.	*Lesbie* (H. I. du Pin), par Eylau, an.-ar., et Lady Fashion, par Sylvio.
1859.	Al.	*Letifah*, par Fitz Pantaloon et Sahada, arabe.
1855.	B.	*Liesse*, par Garry-Owen et Fortunata, par Worthless ou Nautilus ; sa g. m. Circé, par Dangerous ; sa g. g. m. Vesta, par Mustachio ; sa g. g. g. m. Danae, par Massoud, arabe.
H1845.	G.	*Liesse* (H. I. de Pompadour), par Numide, arabe, et Lœtitia, par Napoleon.
1843.	B.	*Lilia*, par Harlequin et Lilly, par Mustachio ; sa g. m. Galatée, par Massoud, arabe.
H1830.	B.	*Lilly* (H. I. du Pin), par Mustachio et Galatée, par Massoud, arabe.
1844.	Al.	*Linda*. (Voyez *Medine*.)
1852.	B.	*Lisette*, par Garry-Owen et Misère, par Dangerous ; sa g. m. Galatée, par Massoud, arabe.
1852.	Al.	*Lisette*, par Hussein, arabe, et Gourbette, par Abou-Arkoub, arabe ; sa g. m. Zillah, par General Mina.
1856.	G.	*Livie*, par Bagdadli, arabe, et Quêteuse, par Hussein, arabe; sa g. m. Lasciva, par Numide, arabe; sa g. g. m. Dulcinée, par Eastham.
1854.	B.	*Livie*, par Tibi, an.-ar., et Comete, par Novelist.
H1839.	B.	*Lœtitia* (H. I. du Pin), par Napoleon et Delphine, par Massoud, arabe.
1862.	G.	*Lucerne*, par Xérès, an.-ar., et Skirmish (ex-*Skirmishere*), par Skirmisher.
1847.	Al.	*Lunette*, par Minster et Hera, par Massoud, arabe ; sa g. m. Luna, par The Flyer.

M

1859.	B.	*Mademoiselle-de-La-Segliere*, par Balthazar. an.-ar., et Amie, par Beggarman.

Année de la naissance.	Robe.	
1856.	Bb.	*Mademoiselle-Hamdine*, par Sledmere et Dulcinée, par Eastham; sa g. m. Danae, par Massoud, arabe.
H1843.	Al.	*Malzzia* (H. I. de Pompadour), par Hussein, arabe, et Althea, par Paradox.
1840.	B.	*Mansoura*. (Voyez *Césarine*.)
1860.	B.	*Marceline*, par Scheik Zaadé, Arabe et Alida, par Morok.
1858.	Al	*Marcine*, par Kerbela, arabe, et Olympe, par Kouleli arabe; sa g. m. alice, par Ali-Baba.
1861.	G.	*Maria*, par Ali-Baba et Olympe, par Kouleli, arabe; sa g. m. Alice, par Ali-Baba.
H1846.	B.	*Marie de Brabant* (H. I. de Pompadour), par Koheil Obayan Sederéi, arabe, et Follette, par Eastham.
1857.	B.	*Marie Stuart*, par Balthazar, an-ar. et Whalebone mare, par Harlequin.
1852.	G.	*Mariette*, par Koheil Obayan Sederei, arabe, et Curl, par Confederate.
1862.	B.	*Marline*, par Marly et Vieille, par Karchaue, arabe; sa g. m. Thalie, par Tigris.
*1844.	Bb.	*Martingale*, par The Saddler et Barbakin, par Plenipotentiary; sa g. m. Saffi, par un fils de Dick Andrews et une jument barbe.
H1837.	Al.	*Mascara* (H. I. de Rosières), par Priam et Pomponia, par Doge of Venice; sa g. m. Egilfé, arabe.
1850.	G.	*Mascate*, par Ibrahim II, arabe, et Dahra, par Frigian, arabe; sa g. m. Mignonne, an-ar., par Massoud, arabe.
H1833.	Al.	*Massoudé* (H. I. de Pau), par Barelegs et Asfoura, arabe.
H1846.	B.	*Mauriette* (H. I. de Pompadour), par Hussein, arabe, et Hœma, par Hœmus; sa g. m. Delphine, par Massoud, arabe.
H1852.	Bb.	*Mauviette* (H. I. de Pompadour), par Kohel, an-ar., et Egeste, par Royal Oak.
1857.	B.	*Mazerine*, par Napier et Babiole, par Frivol, an.-ar.
1856.	B.	*Médéa*, par Shérif, arabe, et Medine (ex-*Linda*), par Frigian, arabe; sa g. m. Mignonne, an.-ar., par Massoud, arabe.

Année de la naissance.	Robe.	
—	—	
1846.	B.	*Medeah*, par Chatterton et Aouda, arabe.
H1846.	B.	*Medicis* (H. I. de Pompadour), par Hussein, arabe, et Césarine (ex-*Mansoura*), par Napoleon.
1844.	Al.	*Medine* (ex-*Linda*), par Frigian, arabe, et Mignonne, an.-ar. par Massoud, arabe.
1851.	B.	*Medine*, par Nedjdi, arabe, et Urania, par Mameluke.
H1846.	B.	*Megg Meritliès* (H. I. de Pompadour), par Hussein, arabe et Venezia, par Belmont.
1839.	B.	*Meleha* (Youg), par Tartare et Meleha, arabe.
1840.	B.	*Melina*, par Frigian, arabe, et Massoudé, par Barelegs.
H1833.	B.	*Melkine* (H. I. de Rosières), par General Mina et Zoraime, par Aslan, turc.
H1846.	B.	*Mercedes* (H. I. de Pompadour), par Hussein, arabe, et Fortification, par Eylau, an.-ar.
1851.	B.	*Meryem*, par Durzi, arabe, et Privauté, par Ibrahim (*Sultan*)
H1833.	G.	*Mignonne* (H. I. du Pin), par Massoud, arabe, et Cloris, par Aslan, turc; sa g. m. Comus mare.
1857.	B.	*Mika*, par Fight-Away et Emilie, par Emilio, an.-ar.
1855.	B.	*Minerve*, par Elthiron et Lesbie, par Eylau, an.-ar.
1837.	G.	*Mirza*, par Deucalion et Philomele, par Adeban, arabe; sa g. m. Hirondelle, par Gohanna.
1838.	Al.	*Mirza*, par Tartare et Melcha, par Berk, arabe.
1848.	Al.	*Mirza*, par Turckman, turc, et Ketmie, par Mezaroum, arabe; sa g. m. Gourbette, par Abou Arkoub, arabe; sa g. g. m. Zillah, par General Mina.
1853.	B.	*Misera*, par Bagdadli, arabe, et Katinka, par Terror.
H1852.	G.	*Misere* (H. I. de Pompadour), par Bagdadli, arabe, et Némée, par Hussein, arabe; sa g. m. Dine, par Eastham.
1839.	B.	*Misere*, par Dangerous et Galatée, par Massoud, arabe.
1852.	Al.	*Miss Aouda*, par Rajah, arabe, et Medeah, par Chatterton.
1860.	G.	*Miss Astre*, par Astre et Horeb, par El Ared ou Ibrahim Ier, arabe.
1857.	G.	*Miss Dort*, par Brandy face et Vieille, par Karchano, arabe.

Année de la naissance.	Robe.	
1859.	B.	*Miss Ionian*, par Bagdadli, arabe, et Feuille de Rose, par Malton.
1857.	Al.	*Miss Mita*, par Ali-Baba et Yemen, par Ibrahim II, arabe.
H1825.	G.	*Mizouff* (H. I. de Rosières), par Bedouin, arabe, et Eleonor, par Dick Andrews.
H1846.	B.	*Mnaceb* (H. I. de Pompadour), par Hussein, arabe, et Delphine, par Massoud, arabe.
1850.	B.	*Moina*, par Eremos, an.-ar., et Biche, par Eastham.
H1829.	B.	*Moina* (H. I. du Pin), par Tigris et Nichab, arabe.
1856.	B.	*Moka*, par Yedo ou Ionian et Amine *(ex-Anine)*, par Brocardo; sa g.m. Marie de Brabant, par Koheil Obayan Sederei, arabe.
H1846.	G.	*Molina* (H. I. de Pompadour). par Koheil Obayan Sederei, arabe; sa g. m. Dine, par Eastham
1849.	B.	*Morena (ex-Moressa)*, par Prince Caradoc et Biche, par Eastham; sa g. m. Galatée, par Massoud, arabe.
1849.	B.	*Moressa*. (Voyez *Morena*.)
H1846.	Al.	*Mouallis* (H. I. de Pompadour), par Hussein, arabe, et Bresilia, par Napoléon.
1849.	Bb.	*Mouche*, par Nautilus ou Worthless et Fauvette, par Quine, anglo-arabe.
1838.	B.	*Musa (Young)*, par Sylvino et Musa, par Tajar, arabe; sa g. m. Tiflis, persane.
1852.	B.	*Mussidora*, par Prospero et Hœma, par Hœmus; sa g.m. Delphine, par Massoud, arabe.

N

H1847.	G.	*Naiade* (H. I. de Pompadour), par Hussein, arabe, et Danaë, par Massoud, arabe; sa g. m. Deer, par Vandyke-Junior.
H1847.	Al.	*Nanine* (H. I. de Pompadour), par Saoud, arabe, et Isabelle, par Harlequin.

Année de la naissance.	Robe.	
1844.	B.	*Nathalie*, par Frigian, arabe, et Massoudé, par Barelegs.
1861.	G.	*Nathalie*, par Sherif, arabe, et Ega, par Tippo Saëb, arabe ; sa g. m. Smala, par Frigian, arabe ; sa g. g. m. Mignonne, an.-ar., par Massoud, arabe.
H1847.	Al.	*Nausicaa* (H. I. de Pompadour), par Hussein, arabe, et Heleis, par Abou-Arkoub, arabe ; sa g. m. Mignonne, an.-ar., par Massoud, arabe.
H1847.	B.	*Nedroma* (H. I. de Pompadour), par Hussein, arabe, et Kalouga, par Napoleon.
H1847.	G.	*Nelah* (H. I. de Pompadour), par Hussein, arabe, et Bresilia, par Napoleon.
1855.	Al.	*Nelly*, par Hlavie-Obayan, arabe, et Stella, par Count Porro.
H1847.	G.	*Nemée* (H. I. de Pompadour), par Hussein, arabe, et Dine, par Eastham.
1857.	Al.	*Newa*, par Tippo Saëb, arabe, et Melina, par Frigian, arabe ; sa g. m. Massoudé, par Barelegs.
1854.	Al.	*Nina*, par Ali-Baba et Sylvia, par Koheil-Hemdani-Arbi, arabe.
1844.	G.	*Nina*, par Chaban, arabe, et Ninette, par Pickpocket.
H1847.	B.	*Ninive* (H. I. de Pompadour), par Hussein, arabe, et Lœtitia, par Napoleon.
1839.	B.	*Niobé*, par Fra Diavolo et Flore, par Captain Candid, sa g. m. Philomele, par Adeban, arabe.
H1829.	B.	*Niobé* (H. I. du Pin), par Tigris et Delphine, par Massoud, arabe.
1859.	B.	*Niva*, par Y. Antar et Nivelle, par El Ared, arabe, ou Ibrahim Ier, arabe.
1849.	B.	*Nizida*, par Ibrahim II, arabe, et Melina, par Frigian, arabe ; sa g. m. Massoudé, par Barelegs ;
1854.	B.	*Nizza* (ex-*Chatte*), par Rosas et Deidza, par Y. Emilius; sa g. m. Biche, par Eastham ; sa g. g. m. Galatée, par Massoud, arabe.
1854.	Bb.	*Noemi*, par Prince-Caradoc et Kalouga, par Napoleon ; sa g. m. Follette, par Eastham ; sa g. g. m. Delphine, par Massoud, arabe.

Année de la naissance.	Robe.	
—	—	
H1852.	B.	*Nonnette* (H. I. de Pompadour), par Brocardo et Leana, par Massoud, arabe.
1860.	Al.	*Nymphe*, par Bonbon et Diane, par Sheik Zaadé, arabe; sa g. m. Naiade, par Hussein, arabe; sa g. g. m. Danaë, par Massoud, arabe; sa g. g. g. m. Deer, par Vandyke-Junior.
H1847.	B.	*Nymphæa* (H. I. de Pompadour), par Ben Massoud, an.-ar., et Didon, par Terror.

O

1843.	B.	*Oaks-Fleet*, par Oak Stick et Niobé, par Tigris; sa g. m. Delphine, par Massoud, arabe.
H1848.	Al.	*Observance* (H. I. de Pompadour), par Koheil-Obayan Sederei, arabe, et Dine, par Eastham.
H1848.	Al.	*Occasion* (H. I. de Pompadour), par Rajah, arabe, et Didon, par Terror.
1853.	Al.	*Oculine*, par Quidam, arabe, et Gourbette, par Abou-Arkoub, arabe; sa g. m. Zillah, par General Mina.
H1848.	G.	*Oenone* (H. I. de Pompadour), par Massoud, arabe, et Herminie (ex-*Herminée*), par Massoud, arabe; sa g. m. Waverley mare.
1853.	G.	*Olympe*, par Kouleli, arabe, et Alice, par Ali-Baba.
1862.	B.	*Ombrelle*, par Ethelwolf et Alice, par Ali-Baba; sa g. m. Melina, par Frigian, arabe.
H1848.	B.	*Omphis* (H. I. de Pompadour), par Romagnesi, an.-ar., et Hermine, arabe.
H1848.	B.	*Ondine* (H. I. de Pompadour), par Mesroor, arabe, et Fortification, par Eylau, an.-ar.
H1848.	Ro.	*Opale* (H. I. de Pompadour), par Hussein, arabe, et Iris, par Napoleon.
1840.	B.	*Opalée*, par Fiddler et Flore, par Captain Candid; sa g. m. Philomele, par Aslan, turc.
1854.	Al.	*Orginia*, par Garry Owen et Delphinia, par Prospectus ou Emilio, an.-ar.

Année de la naissance.	Robe.	
—	—	
H1848.	Al.	*Ossiana* (H. I. de Pompadour), par Hussein, arabe, et Dinarzade, par Massoud, arabe ; sa g. m. Danaë, par Terror ; sa g. g. m. Alcyina, par Whisker.
H1834.	Bb.	*Ourika* (H. I. du Pin), par Holbein et Delphine, par Massoud, arabe.

P

1854.	Al.	*Palma*, par Sherif, arabe, et Medine (ex-*Linda*), par Frigian, arabe ; sa g. m. Mignonne, an.-ar., par Massoud, arabe.
1851.	B.	*Palmyre*, par El-Ared ou Kouleli, arabes, et Nathalie, par Frigian, arabe ; sa g. m. Massoudé, par Bare-Massoud, legs.
H1851.	G.	*Palmyre* (H. I. de Pompadour), par Hussein, arabe, et Damophila, par Nautilus.
H1838.	B.	*Panthere* (H. I. du Pin), par Pickpocket et Moina, par Tigris ; sa g. m. Nichab, arabe.
H1849.	Al.	*Parodie* (H. I. du Pin), par Prospero et Althea, par Paradox ; sa g. m. Dine, par Eastham ; sa g. g. m. Cloris, par Aslan, turc.
1841.	D.	*Pastourelle*, par Premium et Kasba, par Deucalion ; sa g. m. Girfah, par Antar, arabe.
H1849.	B.	*Paula* (H. I. de Pompadour), par Commodor Napier et Helcis, par Abou-Arkoub, arabe.
1849.	Bb.	*Pauletta* (H. I. de Pompadour), par Prospero et Kalouga, par Napoleon ; sa g. m. Follette, par Eastham ; sa g. g. m. Delphine, par Massoud, arabe.
1850.	B.	*Pauline*, par Brocardo et Flicca, par Paradox ; sa g. m. Dine, par Eastham ; sa g. g. m. Cloris, par Aslan, turc.
1838.	B.	*Pauline*, par Napoleon et Lilly, par Mustachio ; sa g.m. Galatée, par Massoud, arabe.

Année de la naissance.	Robe.	
1859.	B.	*Penia*, par Ionian et Flicca, par Paradox ; sa g. m. Dine, par Eastham ; sa g. g. m. Cloris, par Aslan, turc.
H1849.	G.	*Perruche* (H. I. de Pompadour), par Hussein, arabe, et Leana, par Massoud, arabe ; sa g. m. Chanoinesse, par Napoleon.
1849.	B.	*Pétra*, par Ibrahim Ier, arabe, et Medine (ex-*Linda*), par Frigian, arabe ; sa g. m. Mignonne, an.-ar., par Massoud, arabe.
1849.	G.	*Philomèle*, par Adeban, arabe, et Hirondelle, par Gohama.
H1849.	Bb.	*Pie-grièche* (H. I. de Pompadour), par Commodor Napier et Jactance, par Massoud, arabe.
H1849.	Bb.	*Pimbèche* (H. I. du Pin), par Prospero et Belle-Poule, par Napoleon ; sa g. m. Berenice, par Eastham, sa g. g. m. Danaë, par Massoud, arabe.
H1829.	Al.	*Pomponia* (H. I. de Rosières), par Doge of Venice et Egilfé, arabe.
H1852.	Al.	*Poulette* (H. I. de Pompadour), par Brocardo et Belle-Poule, par Napoleon ; sa g. m. Berenice, par Eastham; sa g. g. m. Danaë, par Massoud, arabe.
1861.	B.	*Praline*, par Ethelwolf et Dragee, par Ali-Baba ; sa g. m. Mascate, par Ibrahim II, arabe.
1857.	B.	*Pretty*, par Mokanna et Rigolette, par Terror ; sa g. m. Flicca, par Paradox ; sa g. g. m. Dine, par Eastham ; sa g. g. g. m. Cloris, par Aslan, turc.
1854.	B.	*Prima*, par Prince Caradoc et Princesse de Chypre, par Eylau, an.-ar.
1849.	B.	*Princesse*, par Prince Caradoc et Rosine, par Mameluke ; sa g. m. Galatée, par Massoud, arabe.
1861.	B.	*Princesse*, par Roi de Chypre, an.-ar., et Jacqueline, par Garry Owen.
H1849.	B.	*Princesse de Chypre* (H. I. de Pompadour), par Prospero et Reine de Chypre, par Eylau, an.-ar.
H1849.	G.	*Prunelle* (H. I. de Pompadour), par Hussein, arabe, et Berenice, par Eastham.

Q

Année de la naissance.	Robe.	
H1850.	B.	*Quadrille* (H. I. de Pompadour), par Brocardo et Iris, par Napoleon ; sa g. m. Dine, par Eastham ; sa g. g. m. Cloris, par Aslan, turc.
H1850.	B.	*Qualité* (H. I. de Pompadour), par Prospero et Didon, par Terror ; sa g. m. Cybele, par Tigris ; sa g. g. m. Cloris, par Aslan, turc.
H1850.	B.	*Quarantaine* (H. I. de Pompadour), par Brocardo et Belle-Poule, par Napoleon ; sa g. m. Berenice, par Eastham ; sa g. g. m. Danaë, par Massoud, arabe.
H1850.	Bb.	*Queen* (H. I. de Pompadour), par Elyau, an.-ar., et Agar, par Eastham ; sa g. m. Danaë, par Massoud, arabe.
H1850.	G.	*Queteuse* (H. I. de Pompadour), par Hussein, arabe, et Lasciva, par Numide, arabe ; sa g. m. Dulcinée, par Eastham.
1850.	Al.	*Quinette*, par Hussein, arabe, et Gourbette, par Abou-Arkoub, arabe ; sa g. m. Zillah, par General Mina.
1850.	B.	*Quinine*, par Brocardo et Eurydice, par Massoud, arabe; sa g. m. Validé, arabe.
1859.	Al.	*Quinine*, par Kouleli, arabe, et Queteuse, par Hussein, arabe ; sa g. m. Lasciva, par Numide, arabe ; sa g. g. m. Dulcinée, par Eastham.
H1850.	Al.	*Quirita* (H. I. de Pompadour), par Mr d'Ecoville et Berenice, par Eastham ; sa g. m. Danaë, par Massoud, arabe.

R

1858.	B.	*Rachel*, par Dantes, an.-ar., et Ariette, par Hamdani, blanc arabe ; sa g. m. Iris, par Napoleon.

Année de la naissance.	Robe.	
1843.	B.	*Rachel*, par Eylau, an.-ar , et Lady, par Seymour.
1842.	Bb.	*Rachel*, par Sylvio et Zicka, par Napoleon ; sa g. m. Galatée, par Massoud, arabe.
H1841.	G.	*Rama* (H. I. de Pompadour), par Bagdadli, arabe, et Venezia, par Belmont.
1852.	Al.	*Ramire*, par Rajah, arabe, et Zillah, par General Mina ; sa g. m. Egilfé, arabe.
1856.	B.	*Raquette*, par Morok et Pie-grièche, par Commodor Napier ; sa g. m. Jactance, par Massoud, arabe.
1858.	B.	*Rebecca* (ex-*Rebeccens*), par Collingwood et Noemi, par Prince Caradoc ; sa g. m. Kalouga, par Napoleon ; sa g. g. m. Follette, par Eastham ; sa g. g. g. m. Delphine, par Massoud, arabe.
1844.	Al.	*Rebecca*, par Koheil Hamdani Aïbi, arabe et Emeraude, par Lutzen.
1852.	G.	*Regina*, par Skirmisher et Mignonne, an.-ar., par Massoud, arabe.
1858.	G.	*Regina Cœli*, par Shérif, arabe, et Celina, par Foscarini ; sa g. m. Melcha, par Berk, arabe.
H1842.	B.	*Reine de Chypre* (H. I. du Pin), par Eylau, an-ar, et Agar, par Eastham ; sa g. m. Danaë, par Massoud, arabe.
1862.	B.	*Remude*, par Remus et Misere, par Dangerous ; sa g. m. Galatée, par Massoud, arabe.
H1831.	Al.	*Renette* (H. I. de Rosières), par General Mina et Zoraïm, par Aslan, turc.
1855.	G.	*Réveille-Matin*, par Bagdadli, arabe, et Kasba, par Deucalion
1854.	Al.	*Riga*, par Sherif, arabe, et Mignonne, an.-ar., par Massoud, arabe.
1856.	Bb.	*Rigolette*, par Beaucens et Guepe, par Worthless ; sa g. m. Fauvette, par Quine, an.-ar.
1843.	B.	*Rigolette*, par Quine, an.-ar., et Ninette, par Pickpocket.
1844.	Al.	*Rigolette*, par Terror et Flicca, par Paradox ; sa g. m. Dine, par Eastham ; sa g. g. m. Cloris, par Aslan, turc.

Année de naissance.	Robe.	
1843.	Al.	*Ritta*, par Ajax et Jacinthe, par Carbon ; sa g. m. Philomele, par Adeban, arabe.
H1852.	G.	*Ritta* (H. I. de Pompadour), par Hussein, arabe, et Lara, par Koheil Obayan Sederei, arabe ; sa g. m. Althea, par Paradox.
1860.	C.	*Ronçonette*, par Ronçoni et Vieille, par Karchane, arabe ; sa g. m. Thalie, par Tigris.
1853.	B.	*Rosa*, par Hussein, arabe, et Aidée, par Prospectus ; sa g. m. Emma, par Napoleon.
1856.	Al.	*Rosalia*, par Garry Owen et Delphinia, par Prospectus ou Emilio, an.-ar.
1859.	Al.	*Rosée*, par Ali-Baba et Riga, par Shérif, arabe ; sa g. m. Mignonne, an.-ar., par Massoud, arabe.
1858.	B.	*Roselle*, par Malton et Lasciva, par Numide, arabe ; sa g. m. Dulcinée, par Eastham.
1856.	Al.	*Rosette*, par Kerbela, arabe, et Yemen, par Ibrahim II, arabe ; sa g. m. Melina, par Frigian, arabe ; sa g. g. m. Massoudé, par Barelegs.
1840.	B.	*Rosine*, par Mameluke et Galatée, par Massoud, arabe ; sa g. m. Deer, par Vandyke Junior.

S

1851.	Al.	*Sara*, par Kouleh, arabe, et Medine (ex-*Linda*), par Frigian, arabe ; sa g. m. Mignonne, an.-ar., par Massoud, arabe.
1834.	Al.	*Sarah*, par Bedouin, arabe, et La Douce, par Haphazard.
1854.	B.	*Sarah*, par Sledmere et Fleurette, par Agib, arabe ; sa g. m. Clematis, par Pickpocket.
1855.	B.	*Seyda*, par Sherif, arabe, et Yemen, par Ibrahim II, arabe; sa g. m. Melina, par Frigian, arabe; sa g. g. m. Massoudé, par Barelegs.
1853.	B.	*Sidcree*, par Napier et Melina, par Frigian, arabe ; sa g. m. Massoudé, par Barelegs.

Année de la naissance.	Robe.	
1846.	G.	*Smala*, par Frigian, arabe, et Mignonne, an.-ar., par Massoud, arabe.
1855.	B.	*Souvenance*, par Morok et Pie-Grieche, par Commodor Napier ; sa g. m. Jactance, par Massoud, arabe.
1857.	Bb.	*Sultane*, par Commodor Napier et Megg Merillies, par Hussein, arabe ; sa g. m. Venezia, par Belmont.
1844.	B.	*Syfax*, par Beggarman et Biche, par Eastham ; sa g. m. Galatée, par Massoud, arabe.
1860.	B.	*Sylphide*, par Ionian et Aurelie, par Bracardo ; sa g. m. Agar, par Eastham ; sa g. g. m. Danaë, par Massoud, arabe.
1858.	Al.	*Sylvana*, par Saint-Germain et Nizida, par Ibrahim II, arabe ; sa g.m. Melina, par Frigian, arabe ; sa g. g. m. Massoudé, par Barelegs.
1860.	B.	*Syrienne*, par Broussa, arabe, et Princesse, par Garry Owen.
1845.	G.	*Syrienne*, par Karchane, arabe, et Emeraude, par Lutzen.

T

1848.	B.	*Taquine*, par Tachiani, arabe, et Zillah, par General Mina.
1846.	Ro.	*Terpsichore*, par Karchane, arabe, et Sylvia, par Sylvio ; sa g. m. Worry, par Woful.
1857.	B.	*Themis*, par Napier et Petra, par Ibrahim Ier, arabe ; sa g. m. Medine, par Frigian, arabe.
1853.	Al.	*Titzi*, par Garry Owen et Hera, par Massoud, arabe.
1855.	B.	*Turquoise*, par Sting et Fauvette, par Quine, an.-ar.
1855.	B.	*Typhis*, par Assault et Nizida, par Ibrahim II, arabe.

U

Année de la naissance.	Robe.	
1847.	Ro.	*Urbaine*, par Karchane, arabe, et Ny, par Franck.
1847.	G.	*Urgele*, par Karchane, arabe, et Lovely, par Harlequin.

V

1858.	Al.	*Vanité*, par Iago ou Caravan et Mascate.
H1829.	B.	*Vesta* (H. I. du Pin), par Mustachio et Danaë, par Massoud, arabe.
1848.	G.	*Vesta*, par Skirmisher et Zelie, par Frigian, arabe; sa g. m. Massoudé, par Barelegs.
H1836.	B.	*Vestale* (H. I. du Pin), par Lottery et Vesta, par Mustachio ; sa g. m. Danaë, par Massoud, arabe.
H1840.	Bb.	*Victoria* (H. I. du Pin), par Napoleon et Delphine, par Massoud, arabe.
1846.	B.	*Victoria*, par Plower et Betzy, par Y. Reveller, sa g. m. Geada Minor, arabe.
1853.	B.	*Victoria*, par Victot et Rigolette, par Terror; sa g. m. Flicca, par Paradox ; sa g. g. m. Dine, par Eastham ; sa g. g. g. m. Cloris, par Aslan, turc.
1848.	G.	*Vieille*, par Karchane, arabe, et Thalie, par Tigris.
1859.	B.	*Vigie*, par Ali-Baba et Colina, par Foscarini ; sa g. m. Meleha, arabe.
1853.	B.	*Virginie*, par Y. Emilius et Misere, par Daugerous ; sa g. m. Galatée, par Massoud, arabe.
1854.	G.	*Vitesse*, par Durzi, arabe, et Fathma, par Mansourah, arabe ; sa g. m. Nina, par Chaban, arabe ; sa g. g. m. Ninette, par Pickpoket.

W

Année de la naissance.	Robe.	
1849.	Al.	*Wasp*, par Agib, arabe, et Clematis, par Pickpocket ; sa g. m. Danaë, par Massoud, arabe.

Y

1850.	G.	*Yemen*, par Ibrahim II, arabe, et Melina, par Frigian, arabe ; sa g. m. Massoudé, par Berelegs.

Z

1860.	G.	*Zalhé*, par Shérif, arabe, et Regina, par Skirmisher ; sa g. m. Mignonne, an.-ar., par Massoud, arabe.
H1823.	B.	*Zaluca* (H. I. de Rosières), par Impétueux, arabe, et Caprice, par Walton.
1858.	Al.	*Zayda*, par Tippo Saëb, arabe, et Mignonne, an.-ar., par Massoud, arabe.
1842.	G.	*Zelie*, par Frigian, arabe, et Massoudé, par Barelegs.
1842.	Al.	*Zelima*, par Mesrur, arabe, et Luna, par The Flyer ; sa g. m. Moonschine, par Soothsayer.
1862.	Al.	*Zelita*, par Tic-Tac et Egine, par Shérif, arabe ; sa g. m. Ega, par Tippo Saëb, arabe ; sa g. g. m. Smala, par Frigian, arabe ; sa g. g. g. m. Mignonne, an.-ar., par Massoud, arabe.
1841.	B.	*Zelmire*, par Pickpocket et Galatée, par Massoud, arabe; sa g. m. Deer, par Vandyke Junior.

Année de la naissance.	Robe.	
1835.	B.	*Zicka*, par Napoleon et Galatée, par Massoud, arabe ; sa g. m. Deer, par Vandyke Junior.
H1832.	Al.	*Zillah* (H. I. de Rosières), par General Mina et Egilfé, arabe.
1851.	G.	*Zobeide*, par Bagdadli, arabe, et Kasba, par Deucalion.
H1845.	B.	*Zoë* (H. I. d'Arles), par Haly, an.-ar., et Zoraide, arabe.
1847.	B.	*Zora*, par Karchane, arabe, et Frantic, par Bedlamite.
H1822.	B.	*Zoraime* (H. I. de Rosières), par Aslan, turc, et Caprice, par Walton.
1846.	G.	*Zuleika*, par Dahmani, arabe, et Girfah, par Antar, arabe ; sa g. m. Philomèle, par Adebau, arabe ; sa g. g. m. Hirondelle, par Gohama.
1841.	G.	*Zulmé*, par Karchane, arabe, et Miss Ann, par Filho da Puta ; sa g. m. Smolensko mare.

ÉTALONS ORIENTAUX.

A

Année de la naissance.	Robe.		Année de l'importation.
**1852.	N.M.T.	*Aba Leileh*, par Scklave, arabe, et Maneki, arabe.	1857
**1855.	G	*Abassié*, par Kohelan el Gellabi, arabe, et Sahlawie, arabe	1861
*.....	G.	*Abdalla*, père et mère, arabes	...
*.....	G.	*Abdalla*, père et mère, arabes	...
*1816.	G.	*Abdoula Aga*, père et mère, arabes.	...
*1815.	G.	*Abian*, père et mère, arabes	1818
*1835.	G.	*Abian*, père et mère, arabes	1842
**1856.	Bb.	*Abin-Arkoup*, père et mère, arabes.	1865
**1814.	N.	*Abjer*, père et mère, arabes	1821
**1814.	B.	*Abou Arkoub*, père et mère, arabes.	1821
*1830.	G.	*Abou Arkoub*, père et mère, arabes.	...
**1827.	B.	*Abou Arkoub II*, père et mère, arabes.	1827
**1822.	B.	*Abouchar*, père et mère, arabes.	1830
**1848.	G.	*Abou-Erdan*, par Kohel-Adjons, arabe, et . . .	1861
*.....	B.	*Abou Hamdani*, père et mère, arabes.	1855
*1799.	Ro.	*Aboukir*, père et mère, arabes	...
*1814.	Al.	*Abou Mohureph*, père et mère, arabes	...
**1812.	G.	*Abouseif*, père et mère, arabes.	1821
H1853.	G.	*Absalon* (H. I. de Pompadour), par Hamdani, blanc arabe, et Nedjibé, arabe.	

Année de la naissance	Robe.		Année de l'importation.
**1813.	G.	*Abufar*, père et mère, arabes	1821
**1813.	B.	*Achmet Bey*, père et mère, arabes	1821
*1835.	B.	*Achy* (ex-*Hamdam*), par Cohail, arabe, et Cohaïla, arabe	1849
**1810.	G.	*Actif*, père et mère, arabes	1820
**1817.	Al.	*Addal*, père et mère, arabes	1821
*1810.	B.	*Adeban*, père et mère, arabes	...
**1851.	G.	*Adjmann*, père et mère, arabes	1854
**1852.	G.	*Adlan*, par Saklawi, arabe, et Saklawié, arabe	1861
*1860.	B.	*Aga*, père et mère, arabes	...
1841.	G.	*Agib*, par Bedouin, arabe, et Koeyl, arabe.	
1856.	G.	*Ahmed*, par Bagdalli, arabe, et Amine, arabe.	
*.....	G.	*Ahmidi el Chemri*, par Hamdane, arabe, et Queuhlé, arabe	1855
**1814.	N.	*Aimable*, père et mère, arabes	1821
**1853.	Gb.	*Aiouf*, par Kohelan el Memerech, arabe, et une jument des Anezis de Kisma	1861
H1853.	B.	*Alcoran* (H. I. de Pompadour), par Bagdadli, arabe, et Nazaretk, arabe.	
*1833.	G.	*Aleppo*, par Tajar, arabe, et Bediga, arabe	...
*.....	G.	*Algerien*, père et mère, arabes	...
1836.	B.	*Ali*, père et mère, arabes	...
*1850.	G.	*Ali*, par Gheisani, arabe, et Coré, arabe.	
*1800.	Al.	*Aljebeck*, père et mère, arabes	...
*1814.	G.	*Almanzer*, par un étalon arabe et une fille de l'étalon Elgin-Arabian, arabe	...
1831.	B.	*Almanzour*, par Shaklawie Amdam, arabe, et Warda, arabe.	
*1801.	G.	*Aly*, père et mère, arabes	...
*1853.	C.	*Amon*, par Seklavi, arabe, et Gelfan, arabe	1857
*.....	G.	*Amrou*, père et mère, arabes	...
H1810.	G.	*Amrou II* (H. I. de Rosières), par Amrou, arabe, et Momie, arabe.	
H1853.	G.	*Amurat* (H. I. de Pompadour), par Hamdani, blanc arabe, et Marquise de Pompadour, arabe.	
*.....	G.	*Ana*, père et mère, arabes	...
*1819.	Bb.	*Anazeth*, père et mère, arabes	...
*1851.	B.	*Anis*, par Obayan, arabe, et Maneki, arabe	1857

Année de la naissance.	Robe.		Année de l'importation
*1815,	G.	*Antar*, père et mère, arabes	...
*1792.	G.	*Arabe*, père et mère, arabes	...
*1821.	Al.	*Arabe*, père et mère, arabes	...
*.....	G.	*Ararath*, père et mère, arabes	...
*1817.	B.	*Ariel*, père et mère, arabes	1820
*1805.	G.	*Aslan*, père et mère, arabes	1820
**1841.	B.	*Assam*, par Saklavi, arabe, et Djulfé, arabe	1830
**1850.	G.	*Atech*, père et mère, arabes	1854
**1850.	B.	*Azis*, par Obayan, arabe, et Gelfan, arabe	1857
1849.	G.	*Azlan*, par Emir Abou Arkoub, arabe, et Zulmé, arabe.	

B

H1854.	G.	*Baal* (H. I. de Pompadour), par Bagdadli, arabe, et Parade, arabe.	
*1804.	B.	*Babylonin*, père et mère, turcs	...
*1801.	G.	*Bacha*, père et mère, turcs	...
*1842.	Al.	*Bachibouzouck*, par Hamdani, arabe, et Koheil, arabe	1850
*1813.	Al.	*Badin*, père et mère, arabes	1819
*.....	B.	*Bagdad*, père et mère, arabes	...
**1843.	G.	*Bagdadli*, père et mère, arabes	1850
*.....	G.	*Bajazet*, père et mère, arabes	...
1828.	G.	*Balizam Lebel Atdjabel*, par Shaklavie Amdam, arabe, et Candour Amdam, arabe.	
H1854.	G.	*Balkan* (H. I. de Pompadour), par Bagdadli, arabe, et Nazareth, arabe.	
H1854.	Ro.	*Banco* (H. I. de Pompadour), par Bagdadli, arabe, et Furette, arabe.	
*1812.	G.	*Barbe*, père et mère, arabes	...
**1844.	Bl.	*Bardad*, père et mère, arabes	1852
*1826.	G.	*Bark*, père et mère, barbes	...
**1849.	Ro.	*Bark*, père et mère, arabes	1852

Année de la naissance.	Robe.		Année de l'importation.
H1854.	G.	*Batoum* (H. I. de Pompadour), par Hamdani, blanc arabe, et Gamba, arabe.	
*1851.	G.	*Bawab,* père et mère, arabes.	1855
**1853.	B.	*Bayard*, père et mère, arabes	1865
*1809.	G.	*Bayrachter,* père et mère, turcs	...
**1849.	G.	*Beaubey*, père et mère, arabes.	1852
*1835.	G.	*Bechir*, par Zachaia, arabe, et Kadecha, arabe .	1842
H1846.	B.	*Beddredin* (H. I. de Pompadour), par Saoud, arabe, et Garba, arabe.	
*1813.	G.	*Bedouin*, père et mère, arabes	1821
1851.	Al.	*Ben Abian*, par Abian, arabe, et Baya, arabe, par Hlavie, arabe.	
1856.	G.	*Ben Beder*, par Irac, arabe, et Djoharah, arabe.	
H1852.	G.	*Bengali* (H.I.de Pompadour), par Bagdadli, arabe, et Gamba, arabe.	
H1852.	B.	*Ben Hussein* (H. I. de Pompadour), par Hussein, arabe et Nemesis, arabe.	
*1822.	G.	*Beni*, père et mère, arabes.	...
*1824.	B.	*Benny*, père et mère, arabes.	...
**1815.	B.	*Berck*, père et mère, arabes.	1822
*1825.	G.	*Bergout*, père et mère, arabes	1831
**1821.	G.	*Berk*, père et mère, arabes.	1830
*1794.	Al.	*Bertrand*, père et mère, arabes	...
H1854.	G.	*Bey* (H. I. de Pompadour), par Hamdani, blanc arabe, et Legende, arabe.	
*1816.	G.	*Borack*, père et mère, arabes.	...
1847.	G.	*Bou Maza*, par Hussein, arabe, et Amine, arabe.	
*1823.	Al.	*Britannicus*, par Haleby, arabe, et une jument du Nedjdi, arabe.	...
*1851.	G.	*Broussa*, par Koheil Obayan Sederei, arabe, et une jument arabe.	...
*1856.	B.	*Bulbul*, de race Abejan	1864

C

*1793.	Al.	*Cadi*, père et mère, arabes.	...
*.....	Al.	*Caligula*, père et mère, arabes.	...

Année de la naissance.	Robe.		Année de l'importation
H1855.	G.	*Calumet* (H. I. de Pompadour), par Bagdadli, arabe, et Nedjibé, arabe, par Saklavy, arabe.	
*1816.	G.	*Camash*, père et mère, arabes	...
*.....	Al.	*Cashef*, père et mère, arabes.	...
**1833.	G.	*Chaban*, père et mère, arabes	1840
*.....	G.	*Chebreis*, père et mère, arabes.	...
**1849.	Al.	*Chefetiah*, père et mère, arabes.	1852
**1816.	G.	*Cheleby*, père et mère, arabes.	1821
*1834.	G.	*Chetif*, père et mère, arabes	...
**1850.	G.	*Chibin*, par Saklawi Djedran et une jument arabe	1861
*1803.	G.	*Circassien*, père et mère, arabes	...
*1790.	Al.	*Cobail*, père et mère, arabes.	...
1843.	G.	*Codadad*, par Laisum, arabe, et Koeyl, arabe.	
1853.	G.	*Colibri*, par Hamdani, blanc arabe, et Kenhlan Yemani, arabe.	
*1811.	Al.	*Colosse*, père et mère, arabes	...
*1797.	B.	*Cophte*, père et mère, arabes.	...
H1855.	G.	*Coran* (H. I. de Pompadour), par Bagdadli, arabe et Nedjmah, arabe.	
*1814.	B.	*Courageux*, père et mère, arabes.	...
*1813.	G.	*Coureur*, père et mère, arabes	...
*.....	N.	*Craps*, père et mère, arabes	...
*.....	B.	*Curde*, père et mère, arabes	...

D

**1811.	G.	*Daher*, père et mère, arabes.	1821
**1834.	G.	*Dahmaui*, père et mère, arabes.	1842
H1856.	G.	*Dankali* (H. I. de Pompadour), par Bagdadli, arabe, et Parade, arabe.	
H1856.	G.	*Darfour* (H. I. de Pompadour), par Bagdadli, arabe, et Gueusghisa, arabe.	
*1798.	G.	*Darius*, père et mère, persans.	...
H1856.	G.	*Datan* (H. I. de Pompadour), par Rabdan, arabe, et Sobhah, arabe.	

Année de la naissance.	Robe.		Année de l'importation.
**1842.	G.	*Derviche*, par Abou Arkoub, arabe, et Koheil, arabe	1850
1853.	G.	*Desert*, par Hamdani, blanc arabe, et Zarifé, arabe.	
*.....	G.	*Diezzard*, père et mère, arabes	...
*1813.	G.	*Diligent*, père et mère, persans	...
**1815.	G.	*Divan Effendi*, père et mère, arabes	1821
*1849.	G.	*Djar*, né en Perse	1857
*1849.	G.	*Djarr*, père et mère, arabes	1860
**1860.	Al.	*Djdaan*, par Seglawi, arabe, et Bejenoube, arabe.	1850
**1847.	G.	*Djeddi*, père et mère, arabes	1865
**1846.	G.	*Djedran*, père et mère, arabes	1855
**1861.	Al.	*Djeffee*, père et mère, arabes	1865
**1850.	B.	*Doru-Pacha*, père et mère arabes, de race Koheilan	1854
**1817.	Al.	*Douhey*, père et mère arabes	1822
**1817.	B.	*Drey*, père et mère arabes	1822
*.....	G.	*Drogman*, père et mère arabes	....
*1828.	G.	*Durzi*, père et mère arabes	1842
**1815.	G.	*Durzy*, père et mère arabes	1821

E

*1796.	G.	*Eclair*, père et mère arabes	....
*1833.	G.	*Eclair*, né dans la régence de Tunis	....
*1813.	G.	*Effilé*, père et mère arabes	....
*1857.	B.	*Eitchine*, père et mère de race Nedjd	1864
*1838.	G.	*El Ared*, père et mère arabes	1846
*1834.	Al.	*El Azus*, père et mère arabes	....
**1821.	B.	*El Bedavy*, père et mère arabes	....
*1858.	N.	*El Goub*, père et mère arabes	1864
**1841.		*El Mas*, par Saklavi-Djedran et une jument arabe	1861
*1835.	G.	*Elrim*, père et mère arabes	1842

Année de la naissance.	Robe.		Année de l'importation.
—	—		—
H1844.	B.	*Emir* (H. I. de Pompadour), par Benny, arabe, et Cin, arabe.	
*1837.	G.	*Emir-Abou-Arkoub*, par Ebeyan-Abou-Djereis, arabe, et Em-Aarqoub-Schewai, arabe. . . .	1848
**1819.	G.	*Emmon*, père et mère arabes.	1825
H1810.	Al.	*Esperance* (H. I. de Rodez), par Cashef, arabe, et Houry, arabe.	
*1803.	G,	*Euphrate*, père et mère arabes	....

F

**1849.	G.	*Fana*, père et mère arabes.	1853
*1803.	N.	*Farceur*, père et mère barbes	....
**1855.	B.	*Farkan*, père et mère arabes	1864
*1810.	Al.	*Fou*, père et mère arabes	....
*1812.	B.	*Foudre*, père et mère arabes.	....
**1851.	G.	*Foukara*, père et mère arabes	1854
**1818.	G.	*Frigian*, père et mère arabes.	1823

G

*1797.	G.	*Galuzzy*, père et mère turcs	....
*1803.	G.	*Gallipoly*, père et mère persans	....
**1816.	G.	*Gazal*, père et mère arabes	1821
*1814.	G.	*Geredan*, père et mère arabes	....
*1833.	G.	*Gheisani*, père et mère arabes.	1842
*.....	B.	*Gingiskan*, père et mère persans	....
*1813.	B.	*Glorieux*, père et mère arabes	....
*.....	G.	*Godolphin*, père et mère arabes.	....
**1802.	B.	*'Gor*, père et mère arabes.	1818

H

Année de la naissance.	Robe.		Année de l'importation.
*1817.	G.	*Hadban*, père et mère arabes.	
*1813.	B.	*Haddeidi*, père et mère arabes.	1822
**1851.	B.	*Hadeban*, par Deheman-Shawan, arabe, et une jument arabe.	1851
*.	G.	*Hadjar*, père et mère mascates.	1846
**1815.	G.	*Hadjy*, père et mère arabes	1821
**. . . .	Al.	*Halavert*, père et mère arabes	. . . .
**1847.	G.	*Haleb*, père et mère arabes.	1852
**1813.	G.	*Haleby*, père et mère arabes.	1821
1835.	B.	*Hamdan*. (Voyez *Acly*.).	
*1833.	B.	*Hamdan*, par El Bedawy, arabe, et Hamdanie, arabe	. . . .
**1851.	G.	*Hamdani*, par Koheilan-Emeradi, arabe, et une jument arabe.	1851
**1835.	B.	*Hamdani* bai, père et mère arabes	1842
*1835.	G.	*Hamdani* blanc, père et mère arabes.	
H1834.	G.	*Hector* (H. I. de Pompadour), par Massoud, arabe, et Nichab, arabe	. . . .
H1823.	B.	*Helenus* (H. I. de Rodez), par Abufar, arabe, et Zaïre, arabe.	
*1798.	G.	*Heliopolis*, père et mère arabes	. . . .
*1798.	Al.	*Herac*, père et mère arabes	. . . .
H1834.	B.	*Hermes* (H. I. de Pompadour), par El Bedawy, arabe, et Koeyl, arabe.	. . . .
*1813.	Al.	*Heureux*, père et mère persans.	. . . .
*.	G.	*Hispahan*, père et mère persans	. . . .
*1837.	B.	*Hlavie*, par Bedavie Ier, arabe, et Hlavie la Vieille, arabe, fille de Coheil, arabe.	. . . .
*1838.	B.	*Hlavie-Obayan*, par Obayan, arabe, et Hlavie, arabe	. . . .
H1834.	B.	*Homère* (H. I. de Pompadour), par El Bedawy, arabe, et Warda, arabe.	

Année de la naissance.	Robe.		Année de l'importation.
**1817.	B.	*Hontief*, père et mère arabes.	1822
*1829.	G.	*Hussein*, père et mère arabes.	....

I

**1846.	G.	*Ibn-Rassan*, père et mère arabes.	1852
H1835.	N.	*Ibrahim Ier* (H. I. de Pompadour), par Haleby, arabe, et Fedawie, arabe.	
*1832.	G.	*Ibrahim II*, père et mère arabes.	1834
**1852.	Gb.	*Ikingi*, par Saklawi-Méréheri, arabe, et Saklawie-Méhéhérié, arabe.	1861
*1794.	B.	*Iman*, père et mère arabes.	....
*1801.	Al.	*Imarabe*, père et mère arabes.	....
*1812.	G.	*Impetueux*, père et mère arabes.	
H1835.	G.	*Irac* (H. I. de Pompadour), par Antar, arabe, et Monaghie, arabe.	
*1836.	G.	*Isly*, pèae et mère arabes	....
*1851.	G.	*Itassah*, père et mère arabes.	1855
1853.	G.	*Ivan*, par Kouleli, arabe, et Kalifa, arabe, par Koheil Hamdani Arbi, arabe.	

J

**1844.	G.	*Jouhara*, père et mère arabes.	1853

K

H1836.	Al.	*Kabin* (H. I. de Pompadour), par Antar, arabe, et Validé, arabe.	

Année de la naissance.	Robe		Année de l'importation.
*1840.	Al.	*Kader*, père et mère arabes	....
1835.	B.	*Kanut*, par Haleby, arabe, et Lelia, arabe. . . .	1850
**1848.	Al.	*Kara-Ali*, par Obayan, arabe, et une jument arabe	1850
*1833.	G.	*Karchane*, père et mère arabes.	1842
1855.	G.	*Karchane (Young)*, par Karchane, arabe, et Hamdine, arabe.	
**1813.	G.	*Kebeché*, père et mère arabes	1821
1856.	Al.	*Kebir*, par Mehedi, arabe, et Gracieuse, arabe.	
**1837.	B.	*Kehelan*, par Toubyan, arabe, et Kehelan, arabe	1850
**1845.	Al.	*Kehelan-Saglawy*, père et mère arabes.	1850
**1817.	Al.	*Kelly*, père et mère arabes	1822
**1849.	G.	*Kerbela*, père et mère arabes.	1853
1854.	G.	*Kerim*, par Bagdadli, arabe, et Amine, arabe.	
H1836.	Al.	*Khan* (H. I. de Pompadour), par Antar, arabe, et Koeyl, arabe.	
**1848.	Al.	*Khorsabad*, père et mère arabes.	1856
H1836.	G.	*Knout* (H. I. de Pompadour), par Frigian, arabe, et Asfoura, arabe.	
**1802.	N.	*Kochlany*, père et mère arabes.	1807
*1808.	Bb.	*Kochlany II*, père et mère arabes.	....
**1831.	Bb.	*Koheil-Habbas*, père et mère arabes	1842
**1836.	G.	*Koheil-Hamdani*, père et mère arabes	1842
*1832.	Al.	*Koheil-Hamdani-Arbi*, père et mère arabes. . .	1842
*1835.	G.	*Koheil-Obayan-Sederei*, père et mère arabes. .	1842
*1835.	G.	*Koheil-Saadan*, père et mère arabes	1842
**1839.	G.	*Kouleli*, par Obayan, arabe, et Nedjdi, arabe. .	1850
**1850.	G.	*Kur-Pacha*, père et mère arabes.	1854

L

H1837.	Al.	*Laisum* (H. I. de Pompadour), par Emmon, arabe, et Java, arabe.	

Année de la naissance.	Robe.		Année de l'importation.
1852.	G.	*Lambro*, par Hussein, arabe, et Amine, arabe.	
H1837.	Al.	*Leonidas* (H. I. de Pompadour), par Massoud, arabe, et Validé, arabe.	
*1811.	Al.	*Lion*, père et mère arabes	....
H1837.	B.	*Lynx* (H. I. de Pompadour), par Massoud, arabe, et Monaghie, arabe.	

M

Année de la naissance.	Robe.		Année de l'importation.
**1846.	B.	*Machouk-Pacha*, père et mère, arabes	1853
**1816.	B.	*Mahama*, père et mère, arabes.	1822
**1846.	G.	*Mahboub*, par Seglawi, arabe, et Koheil, arabe .	1850
H1838.	G.	*Mahmouth* (H. I. de Pompadour), par Bedouin, arabe, et Asfoura, arabe.	
1850.	G.	*Mahomet*, par Hamdani, blanc arabe, et Kenhlan-Yemani, arabe.	
**1815.	Bb.	*Mahruck*, père et mère, arabes.	1821
*1809.	G.	*Majestueux*, père et mère, arabes.	....
**1826.	B.	*Mansourah (Bay Arabian)*, père et mère, arabes.	1837
*.....	G.	*Marabout*, père et mère, arabes..	....
*1826.	G.	*Mascara*, père et mère, arabes.	....
**1815.	B.	*Massoud*, père et mère, arabes	1821
*1835.	Al.	*Massoud*, par Saklawi, arabe, et Kelat, arabe . .	1842
**1831.	B.	*Matamor*, père et mère, arabes.	1838
**1815.	G.	*Medani*, père et mère, arabes	1821
**1846.	G.	*Mehedi*, par Kohelan Abou Genoube, arabe, et El Hadba Koheil, arabe	1850
**1817.	G.	*Melhean*, père et mère, arabes.	1822
**1847.	Al.	*Mesched*, père et mère, arabes.	1853
*1832.	G.	*Mesroor*, père et mère, arabes.	....
**1831.	B.	*Mesrur*, père et mère, arabes.	1841
H1838.	B.	*Mezaroum* (H. I. de Pompadour), par Massoud, arabe, et Java, arabe.	
**1814.	G.	*Mikhawi*, père et mère, arabes.	1821

Année de la naissance	Robe.		Année de l'importation.
*1856.	B.	*Miralai*, par Kehelan, arabe, mère arabe	1861
*1801.	N.	*Mirza*, père et mère, arabes	....
*1817.	Al.	*Mocharef*, père et mère, arabes	1822
**1800.	G.	*Mocrabi*, père et mère, arabes.	1808
**1837.	Al.	*Monaghé Zahé*, par Bedavie et Monaghé Zhé 1re, arabes	1843
**1817.	B.	*Monky*, père et mère, arabes	1822
1846.	B.	*Morbal*, par Hamdani, blanc arabe, et Kenklan Hamnadi, arabe.	....
1798.	G.	*Muphti*, père et mère, arabes.	....
H1838.	B.	*Muphty* (H. I. de Pompadour), par Massoud, arabe, et Zoraide, arabe.	....
*1801.	B.	*Mustapha*, père et mère, arabes.	....

N

*1828.	Al.	*Nadar*, père et mère, arabes.	....
**1817.	B.	*Nasser*, père et mère, arabes.	1822
*1851.	B.	*Nawagk*, par Abou Maref, arabe, et une jument d'espèce Nawagk.	....
1843.	Al.	*Nedjdi*, par un étalon du Yemen, arabe, et Kenhlan Yemani, arabe.	
*1830.	Al.	*Nemerr*, père et mère, arabes	....
*1852.	Ro.	*Ninus*, père et mère, arabes	....
*1852.	G.	*Ninus*, père et mère, arabes, de race Saklaoui. .	1856
1859.	B.	*Nour*, par Açly (ex-*Hamdan*), arabe, et Mabroukal (ex-*Kebché*), arabe.	
H1839.	G.	*Numide* (H. I. de Pompadour), par Bedouin, arabe, et Asfoura, arabe.	

O

H1840.	B.	*Oakab* (H. I. de Pompadour), par Saklawie Amdam, arabe, et Balsora, arabe, par Antar, arabe, sa g. m. Nichab, arabe.	

Année de la naissance.	Robe.		Année de l'importation.
—	—		—
**1803.	G.	*Obijou*, père et mère, arabes.	1819
1846.	Al.	*Omieron*, par Polidas, arabe, et Asfoura, arabe, et une jument du Nedjdi.	
H1840.	B.	*Oriental* (H. I. de Pompadour), par Abou Arkoub, arabe, et Zoraide, arabe.	
**.....	B.	*Orkan*, père et mère, arabes.	1821
*1796.	G.	*Orosman*, père et mère, turcs, ...	....
**1860.	N.	*Othello*, père et mère, arabes	1865
H1840.	G.	*Ouadi* (H. I. de Pompadour), par Bedouin, arabe, et Java, arabe.	
H1840.	G.	*Ouesel* (H. I. de Pompadour), par Bedouin, arabe, et Monaghie, arabe.	
H1840.	G.	*Oum* (H. I. de Pompadour), par Bedouin, arabe, et Bedouine, arabe.	
H1840.	B.	*Ouran* (ex-*Ouzan*) (H. I. de Pompadour), par Abou Arkoub, arabe, et Asfoura, arabe.	
**1812.	G.	*Ourfaly*, père et mère, arabes	1821
1840.	B.	*Ouzan*. (Voyez *Ouran*.)	
**.....	Al.	*Ouzeley*, père et mère, arabes.	1818

P

*1813.	Al.	*Pacifique*, père et mère, arabes.	....
H1841.	Al.	*Polidas* (H. I. de Pompadour), par Bedouin, arabe, et Celesyrie, arabe.	
*1830.	B.	*Pompée*, père et mère, arabes	....
1851.	B.	*Prince Rosette*, par Rajah, arabe, et Rosa, arabe.	

Q

Année de la naissance.	Robe.		Année de l'importation
H1842.	B.	*Quidam* (H. I. de Pompadour), par Laisum, arabe, et Candour Amdam, arabe.	
H1842.	B.	*Quinola* (H. I. de Pompadour), par Laisum, arabe, et Dejanire, arabe.	
*1851.	G.	*Quohilet-Oudjous*, par Saklawi-Djedran, arabe, et une jument arabe.	

R

*1823.	G.	*Raad*, père et mère, arabes.	....
*1817.	Ro.	*Raas*, père et mère, arabes.	....
H1843.	B.	*Rabbin* (H. I. de Pompadour), par Laisum, arabe, et Hamdanie, arabe.	
**1850.	G.	*Rabdan*, père et mère, arabes de race Quohilet-Oudjous, du Nedjdi	1854*
H1843.	Al.	*Rajah* (H. I. de Pompadour), par Massoud, arabe, et Celesyrie, arabe.	
*1814.	G.	*Raz el Fedawe*, père et mère, arabes.	....
H1843.	Al.	*Rebus* (H. I. de Pompadour), par Mesrur, arabe, et Dalila, arabe.	
H1843.	G.	*Regent* (H. I. de Pompadour), par Laisum, arabe, et Elodie, arabe.	
H1843.	Al.	*Regulus* (H. I. de Pompadour), par Mesrur, arabe, et Eurydice, arabe.	
H1843.	Al.	*Remus* (H. I. de Pompadour), par Laisum, arabe, et Candour Amdam, arabe.	
*1816.	G.	*Renégat*, père et mère, arabes	1822
*1813.	Al.	*Rhadeban*, père et mère, arabes.	....
*.....	G.	*Richan*, père et mère, arabes.	....

Année de la naissance.	Robe.		Année de l'importation.
**1816.	G.	*Richan*, père et mère arabes.	1821
**1846.	Al.	*Richan II*, par Seklawi Hasséné, arabe, et El Obaye Koheil el Abjous, arabe.	1850
*1804.	Al.	*Rish Ham*, père et mère arabes	....
*1851.	G.Ro.	*Romani*, père et mère arabes, de la race Saklawi des Gahetans du Nedjd.	....
*1816.	G.	*Romp*, père et mère arabes	....

S

1855.	G.	*Saduy* (Voyez *Saouy*.)	
**1795.	Al.	*Sakal*, père et mère, arabes	1820
*1860.	G.	*Saklawi*, par Kader, arabe de race Saklawi Gedran, et Dauja, de race Dahman-Chaouan .	1864
**1850.	G.	*Saklawi*, père et mère, arabes de race Saklawi des Gahetans du Nedjd	1854
**1834.	G.	*Saklawi-Djedran*, par Saklawi, arabe, et Saklaouie, arabe.	1850
*1852,	Bb.	*Saladin*, par Kehelan, arabe, et une jument arabe.	1861
**1849.	Al.	*Samara*, père et mère, arabes	1853
*1850.	Bb.	*Samman*, père et mère, arabes.	1857
*1824.	G.	*Saoud*, père et mère, arabes.	....
1855.	G.	*Saouy* (ex-*Saduy*), par Bagdadli, arabe, et Moheleda *(bis)*, arabe.	
*1813.	G.	*Saraf*, père et mère, arabes	1821
*1852.	B.	*Sargoun*, père et mère, arabes	1856
**1844.	Al.	*Scheik-Zaadé*, père et mère, arabes	1853
*.....	N.	*Scipion*, père et mère, arabes	....
**1851.	G.	*Sedehan*, par Saklawi Méréhéri, arabe, et Saklawie Méréherié.	1861
*1794.	G.	*Sediman*, père et mère, arabes.	....
*1802.	B.	*Séduisant*, père et mère, turcs.	....
*1813.	B.	*Seglawie*, père et mère, arabes	....
**1836.	G.	*Seklawie Ier*, père et mère, arabes.	1842
*1838.	G.	*Seklawi II*, père et mère, arabes.	1842

Année de la naissance.	Robe.		Année de l'importation.
*1819.	Bb.	*Selim*, par Shaklavie, arabe, et Methosa, arabe.	....
*1824.	B.	*Selim*, père et mère, arabes	....
*1847.	Al.	*Selim*, père et mère, arabes	....
H1814.	B.	*Seronge* (H. I. de Rodez), par Heliopolis, arabe, et Bedouine, arabe.	
*1805.	B.	*Sesostris*, père et mère, arabes	....
*1809.	B.	*Sesostris Ier*, père et mère, arabes	....
H1844.	B.	*Scypan* (H. I. de Pompadour), par Mesrur, arabe, et Eurydice, arabe.	
**1840.	Al.	*Sfiri*, par Hamdani, arabe, et Hamdani, arabe. .	1850
*1803.	G.	*Shah*, père et mère, persans	....
*1817.	Al.	*Shaklawie-Amdam*, père et mère, arabes. . . .	....
**1825.	G.	*Saklawy*, père et mère, arabes.	1830
*1814.	G.	*Shami*, père et mère, arabes.	....
*1796.	G.	*Sheikh*, père et mère, arabes	....
*1844.	Al.	*Sheik-Zaadé*, père et mère, arabes.	....
*1800.	Al.	*Sheitam*, père et mère, persans	....
**1817.	B.	*Sheoud*, père et mère, arabes	1822
**1835.	G.	*Sherif*, par Maneki, arabe, et Djelfé, arabe . . .	1850
*1852.	G.	*Sheriff*, père de race Hamdani Semri, mère de race Abbian Keder, arabe	1856
*1818.	G.	*Shouaiman*, père, et mère, arabes.	....
**1813.	G.	*Shouaimani*, père et mère, arabes	1821
1841.	B.	*Sidi-Aoud*, par Helenus, arabe, et Aouda, barbe.	
*1815.	G.	*Sidi-Mahmoud*, père et mère, barbes	....
*1838.	G.	*Sidi-Moussah*, père et mère, arabes	....
**1830.	G.	*Sinan*, père et mère, barbes.	1838
*1807.	B.	*Soliman*, père et mère, barbes.	....
**1849.	G.	*Souedj*, père et mère, arabes.	1853
**1850.	B.	*Souk-el-Chouk*, père et mère, arabes, de race Nedjd	1854
1853.	G.	*Syrien*, par Hussein, arabe, et Schammare, arabe.	

T

*1839.	G.	*Tachiani*, père et mère, arabes.	1842
*1811.	B.	*Tadmor*, père et mère, arabes	....

Année de la naissance.	Note.		Année de l'importation.
1846.	G.	*Tamanour*, par Hamdani, blanc arabe, et Kenhlan Yemani, arabe.	
*1798.	G.	*Tamerlan*, père et mère, persans.	....
*.....	B.	*Tamerlan Ier*, père et mère, persans	....
**1849.	aubere.	*Taouk*, père et mère, arabes.	1852
*1805.	N.	*Tarracan*, père et mère, persans.	....
*1810.	G.	*Temeraire*, père et mère, arabes.	....
H1845.	Al.	*Tippo-Saëb* (H. I. de Pompadour), par Koheil Obayan Sederei, arabe, et Celesyrie, arabe.	
*1806.	Al.	*Titzican*, père et mère, barbes.	....
H1845.	Al.	*Tom Pouce* (H. I. de Pompadour), par Numide, arabe, et Furette, arabe	
*1810.	Bb.	*Trebon*, père et mère, arabes	....
*1813.	G.	*Treffy*, père et mère, arabes.	....
*1832.	G.	*Treifi*, père et mère, arabes	1842
H1845.	G.	*Tristan* (H. I. de Pompadour), par Koheil Obayan Sederei, arabe, et Dalila, arabe.	
**1830.	G.	*Turkman*, père et mère, turcs	1841

U

**1850.	Bb.	*Usbekyeh*, par Kohelan, arabe, et....	1861
H1846.	N.	*Ussel* (H. I. de Pompadour), par Saoud, arabe, et Balsora, arabe.	
H1846.	G.	*Ustuberlu* (H. I. de Pompadour), par Koheil Obayan Sederei, arabe, et Fortunée, arabe.	
H1846.	B.	*Ut-re-mi* (H. I. de Pompadour), par Hussein, arabe, et Diomeda, arabe.	
H1846.	B.	*Uzerche* (H. I. de Pompadour), par Hussein, arabe, et Gamba, arabe.	

V

**1829.	Al.	*Vadné*, par El-Bedavy, arabe, et El-Bedu, arabe .	1834

Année de la naissance.	Robe.		Année de l'importation.
H1847.	Al.	*Valençay* (H. I. de Pompadour), par Koheil Obayan Sederei, arabe, et Dalila, arabe.	
H1847.	Al.	*Vauban* (H. I. de Pompadour), par Hussein, arabe, et Hermine, arabe.	
*1840.	Al.	*Vely-Pacha*, père et mère, arabes	....
*1813.	B.	*Visir*, père et mère, arabes	....
**1854.	G.	*Visir*, père et mère, arabes	1865

W

*1835.	B.	*Warda*, par Hlavie Ier, arabe, et Warda Ire, arabe.	....
**1818.	Al.	*Wellington*, père et mère, arabes	1818

X

H1848.	G.	*Xiloë* (H. I. de Pompadour) par Koheil Obayan Sederei, arabe, et Gamba, arabe.	

Y

*1791		*Yemen*, père et mère, arabes.	....
H1849.	G.	*Yerville* (H. I. de Pompadour, par Hussein, arabe, et Gamba, arabe.	
H1849.	B.	*Yo* (H. I. de Pompadour), par Hussein, arabe, et Hermine, arabe.	
*1824.	N.	*Youssouf*, père et mère, arabes.	....

Z

Année de la naissance.	Robe.		Année de l'importation.
*1817.	G.	*Zacre*, père et mère, arabes	....
**1858.	B.	*Zarif*, père et mère, arabes	1864
1843.	B.	*Zeid-Mehemet*, par Turcman, turc, et Favorite, arabe.	
H1850.	G	*Zouave* (H. I. de Pompadour), par Hussein, arabe, et Gamba, arabe.	

POULINIÈRES ORIENTALES.

A

Année de la naissance.	Robe.		Année de l'importation
H1846.	Al.	*Abdalla* (H. I. d'Arles), par Benny, arabe.	
1858.	Al.	*Acline*, par Souk el Chouk, arabe, et Fatimah, arabe.	
*1846.	G.	*Aella*, père et mère arabes.	1857
*1837.	G.	*Aicha*, père et mère barbes.	....
1856.	G.	*Alma*, par Scheik Zaade, arabe, et Djebel Amour, arabe.	
H1812.	B.	*Amazone* (H. I. de Rodez), par Kochlany, arabe, et Houry, arabe.	
1842.	Al.	*Amine*, par Laisum, arabe, ou Emmon, arabe, et Java, arabe.	
1842.	Al.	*Amine*, par Laisum, arabe, et Koeyl, arabe.	
H1853.	B.	*Amourette* (H. I. de Pompadour), par Hamdani, blanc arabe, et Furette, arabe.	
*1830.	..	*Aouda*, père et mère barbes.	1840
1852	Bb.	*Arabie*, par Ben Abian, arabe, et Cin, arabe.	
**1805.	G.	*Artemise*, père et mère arabes.	1816
**1825.	B.	*Asfoura*, par Pacha, arabe, et une jument du Nedjdi, arabe.	1830
*1843.	G.	*Aska*, par un étalon arabe, et Obeyan, arabe. .	1851

Année de la naissance.	Robe.		Année de l'importation.
H1816.	B.	*Azemia* (H. I. de Rodez), par Kochlany, arabe, et Houry, arabe.	
**1858.	G.	*Azia*, par Kohelan Abou Mouhareff, arabe, et une jument du Nedjdi.	1861

B

1854.	G.	*Babel*, par Bagdadli, arabe, et Marquise de Pompadour, arabe.	
*1815.	Bb.	*Badawie*, père et mère arabes.	1825
1855.	G.	*Bagdadlina*, par Bagdadli, arabe, et Garba, arabe.	
1852.	Bb.	*Bagdadline*, par Bagdadli, arabe, et Eurydice, arabe.	
H1835.	G.	*Balsora* (H. I. de Pompadour), par Antar, arabe, et Nichab, arabe.	
*1835.	B.	*Bataya*, père et mère barbes.	....
1845.	B.	*Baya*, par Hlavic, arabe, et Bataya, barbe.	
H1835.	G.	*Bedouine* (H. I. de Pompadour), par Antar, arabe, et Hamdanie, arabe.	
H1808.	Al.	*Bedouine* (ex-*Beduine*) (H. I. de Rodez), par Eclair, arabe, et Momie, arabe.	
1808.	Al.	*Beduine* (Voyez *Bedouine*, par Eclair).	
1851.	G.	*Behergiour*, par Hussein, arabe, et Garba, arabe.	....
*1836.	..	*Bellone*, père et mère arabes.	
1855.	B.	*Bienvenue*, par Sherif, arabe, et Kalifa, arabe.	
1850.	G.	*Bruyère*, par Hussein, arabe, et Fortunee, arabe.	

C

H1855.	G.	*Camilla* (H. I. de Pompadour), par Bou-Maza, arabe, et Kadidjah, arabe.	

Année de la naissance.	Robe.		Année de l'importation.
*1817.	G.	*Candour*, père et mère arabes.	....
1833.	G.	*Candour Amdam*, par Shaklawie Amdam, arabe, et Candour, arabe.	
1856.	Al.	*Case*, par Sherif, arabe, et Kalifa, arabe, par Koheil Hamdani Arbi, arabe.	
H1836.	G.	*Célésyrie* (H. I. de Pompadour), par Antar, arabe, et Nichab, arabe.	
H1836.	B.	*Cin* (H. I. de Pompadour), par Antar, arabe, et Monaghic, arabe.	
1836.	.G	*Cinoth* (H. I. de Pompadour), par Antar, arabe, et Zoraïde, arabe.	
1854.	Al.	*Confiance*, par Espérance, arabe, et Mascate, père et mère mascates.	
H1845	Al.	*Cora*, par Koheil Hamdani Arbi, arabe, et Mirza, arabe.	
1852.	B.	*Cordelia*, par Bou-Maza, arabe, et Garba, arabe.	
H1836.	G.	*Coré* (H. I. de Pompadour), par Antar, arabe, et Hamdanie, arabe.	
1855.	G.	*Correze*, par Bou-Maza, arabe, et Parade, arabe.	
**1855.	Ro.	*Craiova* (H. I. de Pompadour), par Bagdadli, arabe, et Furette, arabe.	
H1855.	G.	*Crinoline*, par Berk, arabe, et Manequieh, arabe.	

D

1852.	G.	*Dahma*, par Kohelan-el-Mahassiné et une jument de race Dahman Shawan.	1861
H1837.	B.	*Dalila* (H. I. de Pompadour), par Massoud, arabe, et Nichab, arabe.	
1845.	Al.	*Datura*, par Koheil Obayan Sederei, arabe, et Validé, arabe.	
H1837.	B.	*Dejanire* (H. I. de Pompadour), par Massoud, arabe, et Hamdanie, arabe.	
**1845.	Al.	*Derech*, père et mère arabes.	1852

Année de la naissance.	Robe.		Année de l'importation.
H1837.	G.	*Desdemona* (H. I. de Pompadour), par Massoud, arabe, et Fedawie, arabe.	
H1837.	B.	*Diomeda* (H. I. de Pompadour), par Massoud, arabe, et Asfoura, arabe.	
1853.	G.	*Djali*, par Agib, arabe, et Elodie, arabe, par Massoud, arabe.	
H1856.	G.	*Djarra* (H. I. de Pompadour), par Bagdadli, arabe, et Nedjibé, arabe.	
H1856.	G.	*Djebel* (H. I. de Pompadour), par Rabdan, arabe, et Nemesis, arabe.	
H1856.	G.	*Djebel Amour* (H. I. de Pompadour), par Rabdan, arabe, et Nemesis, arabe.	
*1842.	Bb.	*Djebel Amour*, par Ismaël, barbe, et Djohra, barbe.	1849
*1842.	G.	*Djoharah*, père et mère arabes.	1854
H1856,	G.	*Djurra* (H. I. de Pompadour), par Bagdadli, arabe, et Nedjibé, arabe.	
*1820.	G.	*Dursie*, père et mère arabes.	....

E

**1815.	Al.	*Egilfé*, père et mère arabes.	1818
**1849.	G.	*El-Kebira*, par Saklawi, arabe, et une jument du pays des Fedaans	1861
H1838.	G.	*Elodie* (H. I. de Pompadour), par Massoud, arabe, et Koeyl, arabe.	
1856.	G.	*Elod Tachi Seida*, par Tachiani, arabe, et Elodie, arabe.	
H1857.	B.	*Eolie* (H. I. de Pompadour), par Bagdadli, arabe, et Furette, arabe.	
1855.	G.	*Espérance*, par Hlavie, arabe, et Kenhlan Hamdani, arabe.	
1848.	G.	*Ethonne*, par Hadjar, arabe, et Nedjdi Saihani, arabe.	
H1838.	B.	*Eurydice* (H. I. de Pompadour), par Massoud, arabe, et Validé, arabe.	

Année de la naissance.	Robe.		Année de l'importation.
1856.	B.	*Fadellah*, père arabe, et Sahada, arabe.	
1861.	Al.	*Fatima*, par Baladin, arabe, et Navarre, arabe.	
1845.	G.	*Fatima* Ire, par Hamdani, blanc arabe, et Kenhlan Yemani, arabe.	
**1849.	Ro.	*Fatimah*, père et mère arabes.	1852
*1852.	Al.	*Fatimah*, par Açly, arabe, et Mabrouka (ex-*Kébeché*), par Kehelan, arabe.	....
1859.	G	*Fatime*, par Kouleli, arabe, et Moheleda *(bis)*, arabe.	
1861.	Al.	*Fatma*, par Baladin, arabe, et Navarre, arabe.	
*1851.	G.	*Fatma*, père et mère arabes.	1856
*1847.	G.	*Fatmé*, père et mère arabes.	1856
1851.	G.	*Fatmé*, par Hamdani, blanc arabe, et Fatima Ire, arabe.	
H1839.	B.	*Favorite* (H. I. de Pompadour), par Hector, arabe, et Zoraide, arabe.	
1849.	G.	*Favorite*, par Koheil Ḥamdani, arabe, et Baya, arabe.	
*1822.	G.	*Fedawie*, père et mère arabes.	
H1839.	B.	*Fée* (H. I. de Pompadour), par Massoud, arabe, et Monaghie, arabe.	
1848.	Al.	*Ferha*, père et mère arabes.	1862
1858.	G.	*Feruka*, par Kouleli, arabe, et Legende, arabe, par Koheil Obayan Sederei, arabe.	
1858.	G.	*Flore*, par Rabdan, arabe, et Gamba, arabe, par Bedouin, arabe.	
H1858.	G.	*Fiammina* (H. I. de Pompadour), par Bagdadli, arabe, et Nazareth, arabe.	
**1850.	Al.	*Fodiah*, père et mère arabes	1852
H1839.	G.	*Fortunée* (H. I. de Pompadour), par Bedouin, arabe, et Nichab, arabe.	
H1839.	Al.	*Furette* (H. I. de Pompadour), par Massoud, arabe, et Warda, arabe.	

G

Année de la naissance.	Robe.		Année de l'importation.
H1840.	G.	*Gamba* (H. I. de Pompadour), par Bedouin, arabe, et Nichab, arabe.	
H1840.	B.	*Garba* (H. I. de Pompadour), par Bedouin, arabe, et Koeyl, arabe.	
H1859.	G.	*Gaza* (H. I. de Pompadour), par Rabdan, arabe, et Samâh, arabe.	
*1814.	G.	*Gazelle*, père et mère arabes	....
*1831.	B.	*Geada Minor*, père et mère arabes	1839
*1812.	B.	*Gentille*, père et mère arabes	1819
H1852.	G.	*Gracieuse* (H. I. de Pompadour), par Bagdadli, arabe, et Furette, arabe.	
**1845.	G.	*Gueusghisa*, père et mère arabes	1852

H

Année de la naissance.	Robe.		Année de l'importation.
1861.	G.	*Hadidjah*, par Kerbela, arabe, et Gamba, arabe.	
H1860.	G.	*Haffah* (H. I. de Pompadour), par Kerbela, arabe, et Parade, arabe.	
H1860.	G.	*Hagia* (H. I. de Pompadour), par Kerbela, arabe, et Furette, arabe.	
1853.	G.	*Hamdamone*, par Hamdani, blanc arabe, et Ethonne, arabe, par Hadjar, arabe.	
**1826.	B.	*Hamdanie*, par El Bedavy, arabe, sa mère arabe	1833
*1841.	G.	*Hamdine*, père et mère arabes.	1855
**1850.	G.	*Hamedâh*, père et mère arabes.	1852
1850.	G.	*Haydee*, par Hamdani, blanc arabe, et Mascate, arabe.	
H1841.	B.	*Hectorine* (H. I. de Pompadour), par Massoud, arabe, et Candour-Amdam, arabe.	
H1860.	Al.	*Hedjra* (H. I. de Pompadour), par Kerbela, arabe, et Legende, arabe.	
*1841.	G.	*Hemdine*, père et mère arabes.	1854

Année de la naissance.	Robe.		Année de l'importation.
1855.	G.	*Hemone*, par Bagdadli, arabe, et Haydee, arabe.	
1849.	Ro.	*Hemone*, par Hadjar, arabe, et Mascate, arabe.	
1860.	G.	*Hemonie*, par Kerbela, arabe, et Gamba, arabe.	
H1841.	B.	*Herescis* (H. I. de Pompadour), par Abou Arkoub, arabe, et Zoraide, arabe.	
H1841.	Al.	*Hermine* (H. I. de Pompadour), par Bedouin, arabe, et Warda, arabe.	
*1813.	B.	*Heureuse*, père et mère arabes	1820
1853.	G.	*Himalaia*, par Nedji, arabe, et Duchesse, arabe.	
*1798.	Al.	*Houry*, père et mère arabes	....
**1816.	Al.	*Humera*, père et mère arabes.	1818

I

H1842.	B.	*Idalie* (H. I. de Pompadour), par Mesrur, arabe, et Diomeda, arabe.	

J

H1825.	Al.	*Java* (H. I. de Pompadour), par Raz-el-Fedawe, arabe, et Egilfé, arabe.	
H1856.	Bb.	*Joyeuse*, par Bagdadli, arabe, et Fatimah, arabe.	
H1843.	B.	*Judith* (H.I. de Pompadour), par Mesrur, arabe, et Coré, arabe.	
*1837.	G.	*Julfé*, père et mère arabes.	....

K

**1840.	G.	*Kadidjah*, père et mère arabes	1852
H1844.	B.	*Kaida*. (H. I. de Pompadour), par Mesrur, arabe, et Dalila, arabe.	

Année de la naissance.	Robe.		Année de l'importation.
H1844.	G.	*Kaiffa* (H. I. de Pompadour), par Massoud, arabe, et Celesyrie, arabe.	
1845.	B.	*Kalifa*, par Koheil Hamdani Arbi, arabe, et Meleha, arabe.	
H1844.	G.	*Keabe* (H. I. de Pompadour), par Mesrur, arabe, et Nichab, arabe.	
H1844.	Al.	*Kebira* (H. I. de Pompadour), par Mesrur, arabe, et Furette, arabe.	
*.....	G.	*Kenhland Hamdani*, père et mère arabes . . .	1843
*.....	B.	*Kenhlan Yemani*, père et mère arabes.	1843
**1820.	G.	*Koeyl*, père et mère arabes.	1833
1855.	G.	*Koheil-el-Adjouz*, père et mère arabes.	1861
H1844.	Ro.	*Kowa* (H. I. de Pompadour), par Mesrur, arabe, et Candour Amdam, arabe.	

L

H1845.	G.	*Lac Dye* (H. I. de Pompadour), par Numide, arabe, et Candour Amdam, arabe.	
*1852.	B.	*La Chabbia*, par El Nassri, arabe, et La Dkekia, arabe	....
1858.	Al.	*Leda*, par Rabdan, arabe, et Moheleda (*bis*), arabe.	
H1845.	G.	*Legende* (H. I. de Pompadour), par Koheil Obayan Sederéi, arabe, et Balsora, arabe.	
1820.	B.	*Leila*, par Arabe, arabe, et Gentille, arabe.	
H1845.	G.	*Lievita* (H. I. de Pompadour), par Numide, arabe, et Eurydice, arabe.	
H1845.	B.	*Lisbeth* (H. I. de Pompadour), par Koheil Obayan Sederei, arabe, et Diomeda, arabe.	
1849.	G.	*Lorette*, par Hussein, arabe, et Dalila, arabe.	
H1851.	B.	*Lorette* (H. I. de Pompadour), par Hussein, arabe, et Furette, arabe.	
*1841.	G.	*Lydia*, par Chitan-el-Gaila, arabe, et Nedjema, arabe	1849

M

Année de la naissance. — Robe. — Année de l'importation. —

H1846. B. *Ma Belle* (H. I. de Pompadour), par Hussein, arabe, et Furette, arabe.

*1846. Bb. *Mabrouka* (ex-*Kebche*), par Kehelan, arabe, et Dahme, arabe. 1851

1851. G. *Mademoiselle Massoud*, par Mansourah, arabe, et Kaifa, arabe.

1826. Al. *Mademoiselle Saint-Clair*, par Selim, arabe, et Dursie, arabe.

**1845. Ro. *Manequich*. père et mère arabes. 1850

H1852. G. *Manique* (H. I. de Pompadour), par Hamdani, blanc arabe, et Manequich, arabe.

H1846. G. *Marquise de Pompadour* (H. I. de Pompadour), par Hussein, arabe, et Celesyrie, arabe.

*1843. B. *Mascate*, père et mère mascates 1846

H1843. Al. *Massouda* (H. I. de Pompadour), par Massoud, arabe, et Cin, arabe.

*1812. G. *Mause*, père et mère arabes . . . .

1845. G. *Medine*, par Mascara, arabe, et Favorite, arabe.

H1831. B. *Meleba* (H. I. de Pau), par Berk, arabe, et Asfoura, arabe.

1848. Al. *Mina*, par Numide, arabe, et Validé, arabe.

1850. G. *Moheleda* (*bis*), par Hussein, arabe, et Amine, ar.

*1790. Al. *Momie*, père et mère arabes.

**1822. G. *Monaghie*, père et mère arabes. 1833

1830. Al. *Moustache*, par Saklawie-Amdam, arabe, et Bedawie, arabe.

*1837. .. *Mouzaia*, père et mère barbes.

*1833. Bb. *Musa*, par Tajar, arabe, et Tiflis, persane.

N

**1858. G. *Naida*, par Dahuran-Schawan, arabe, et El Saklawie-Mereheri, arabe. 1861

Année de la naissance.	Robe.		Année de l'importation.
1857.	G.	*Navarre*, par Kerbela, arabe, et Kalifa, arabe.	
H1847.	Al.	*Nazareth* (H. I. de Pompadour), par Hussein, arabe, et Gamba, arabe.	
*.....	G.	*Nedjdi-Sahani*, père et mère arabes.	1843
*.....	B.	*Nedjdi-Yemani*, père et mère arabes	1843
1856.	G.	*Nedje*, par Nedji, arabe, et Duchesse, arabe.	
*1839.	Bb.	*Nedjia*, par Nedjd, arabe, et une jument arabe du Nedjdie.	1851
*1845.	G.	*Nedjibé*, par Saklavy, arabe, et Saklawie, arabe.	1851
**1852.	G.	*Nedjma*, par Saklawi, arabe, et Kohel-Rabda-Cherakia, arabe	1861
**1839.	G.	*Nedjmah*, père et mère arabes.	1852
*1849.	G.	*Nedjouma*, père et mère arabes.	1854
H1847.	B.	*Nemesis* (H. I. de Pompadour), par Saoud, arabe, et Eurydice, arabe.	
*1818.	G.	*Nichab*, père et mère arabes	1821
1845.	G.	*Nisa*, par Numide, arabe, et Coré, arabe.	
1851.	G.	*Nivelle*, par El-Ared ou Ibrahim Ier, arabes, et Fée, arabe.	
**1816.	Al.	*Noma*, père et mère arabes	1818
H1852.	G.	*Nouvelle* (H. I. de Pompadour), par Bagdadli, arabe, et Legende, arabe.	

O

H1848.	G.	*Omphale* (H. I. de Pompadour), par Koheil-Obayan-Sederei, arabe, et Furette, arabe.	
**1849.	G.	*Ouchaia*, père et mère arabes.	1861

P

1849.	Al.	*Pacifique*, par Hussein, arabe, et Diomeda, arabe.	
*1846.	Al.	*Palmyre*, père et mère arabes	1856

Année de la naissance.	Robe.		Année de l'importation.
H1808.	G.	*Palmyre* (H. I. de Rodez), par Eclair, arabe, et Zenobie, arabe.	
1849.	G.	*Papillotte*, par Hussein, arabe, et Kowa, arabe.	
H1849.	G.	*Parade* (H. I. de Pompadour), par Hadjar, arabe, et Kebira, arabe.	
H1849.	B.	*Perrette* (H. I. de Pompadour), par Hussein, arabe, et Furette, arabe.	

Q

1853.	G.	*Quand-Même*, par Bou-Maza, arabe, et Garba, arabe.	
H1850.	B.	*Quiloa* (H. I. de Pompadour), par Hussein, arabe, et Legende, arabe.	

R

*.....	B.	*Riyf* (ex-*Abeyya*), par Dakhyaran, arabe, et Cohail, arabe.	1849
*1840.	G.	*Rosa*, par Mansour, arabe, et Taïga, arabe. . .	1849
1856.	G.	*Rosette*, par Chefetiah, arabe, et Rosa, par Mansour, barbe.	

S

*1850.	G.	*Sabha*, par Saklawi, arabe, et Kokelan-el-Mohakef, arabe.	1861
*1849.	B.	*Sahada*, père et mère arabes.	1856
*1849.	G.	*Saïda*, père et mère arabes.	1862
*1841.	G.	*Saklawié-Oubérié*, par Obeyan, arabe, et une jument, Saklawié-Oubérié.	1855
**1841.	G.	*Samhâh*, père et mère arabes	1852
1847.	G.	*Sarah*, par Chelif, barbe, et Massouda, arabe.	

Année de la naissance.	Robe.		Année de l'importation.
*1844.	G.	*Schammare*, par Hamdani, arabe, et Emm Arkoub, arabe..	1850
**1841.	Al.	*Seyda*, par Seglawi, arabe, et Djectnic, arabe. .	1851
*.....	G.	*Shabat*, père et mère arabes	...
**1848.	N.	*Sobhah*, père et mère arabes.	1852
H1844.	N.	*Solima* (H. I. de Pompadour), par Nadar, arabe, et Bedouine, arabe.	
1855.	Al.	*Sultane*, par Scheik-Zaadé, arabe, et Schammare, arabe.	
1853.	B.	*Syrienne*, par Hadjar, arabe, et Baya, arabe.	

T

1857.	G.	*Tachianette*, par Tachiani, arabe, et Nedjmah, arabe.	
1848.	G.	*Tafna*, par Mesroor, arabe, et Dalila, arabe.	
1851,	G.	*Taquine*, par Tachiani, arabe, et Kenhlan-Yemani, arabe.	
H1815.	Al.	*Taurus* (H. I. de Rodez), par Tamerlan, persan, et Palmyre, arabe.	
H1852.	G.	*Thamar*, par Bagdadli, arabe, et Dalila, arabe.	

V

H1826.	Al.	*Validé* (H. I. de Rosières), par Raz-el-Fedawé, arabe.	

W

**1831.	B.	*Warda*, père et mère arabes.	1833
*1821.	B.	*Warda*, par Shaklawé, arabe, et Warda, arabe.	1824
1829.	B.	*Warda-Bouza*, par Shaklawie-Amdam, arabe, et Warda, arabe.	

Z

Année de la naissance.	Robe.		Année de l'importation
1857.	Al.	*Zaadée*, par Scheik-Zaadé, arabe, et Gracieuse, arabe.	
H1852.	G.	*Zaire* (H. I. de Pompadour), par Bagdadli, arabe, et Marquise de Pompadour, arabe.	
H1813.	B.	*Zaire* (H. I. de Rodez), par Heliopolis, arabe, et Momie, arabe.	
**1841.	G.	*Zarifé*, père et mère arabes.	1850
*1842.	Al.	*Zeilah*, père et mère mascates.	1846
**.....	G.	*Zenobie*, père et mère arabes.	1807
1847.	Ro.	*Zeramna*, par Chelif, barbe, et Cin, arabe.	
*1850.	B.	*Zora*, par Haradj, de race des Emirs Fadel, arabe, et Djelfa, arabe.	1855
*1826.	B.	*Zoraide*, père et mère arabes.	
1849.	G.	*Zulaika*, par Hussein, arabe, et Fortunée, arabe.	
H1813.	B.	*Zulmé* (H. I. de Rodez), par Heliopolis, arabe, et Artemise, arabe.	

INDEX.

PARIS. — Imprimerie PAUL DUPONT, rue de Jean-Jacques-Rousseau, 41.

www.ingramcontent.com/pod-product-compliance
Ingram Content Group UK Ltd.
Pitfield, Milton Keynes, MK11 3LW, UK
UKHW021129260726
13994UKWH00001B/54